全国高等职业教育技能型紧缺人才培养培训推荐教材

消防联动系统施工

（楼宇智能化工程技术专业）

本教材编审委员会组织编写

孙景芝　主　编

曹龙飞　副主编

黄　河　主　审

中国建筑工业出版社

图书在版编目（CIP）数据

消防联动系统施工/孙景芝主编. —北京：中国建筑
工业出版社，2005（2024.1重印）
全国高等职业教育技能型紧缺人才培养培训推荐教材.
楼宇智能化工程技术专业
ISBN 978-7-112-07162-3

Ⅰ. 消…　Ⅱ. 孙…　Ⅲ. 消防-高等学校：技术学
校-教材　Ⅳ. TU998.1

中国版本图书馆 CIP 数据核字（2005）第 077050 号

全国高等职业教育技能型紧缺人才培养培训推荐教材

消防联动系统施工

（楼宇智能化工程技术专业）

本教材编审委员会组织编写

孙景芝　主　编

曹龙飞　副主编

黄　河　主　审

*

中国建筑工业出版社出版、发行（北京西郊百万庄）

各地新华书店、建筑书店经销

建工社（河北）印刷有限公司印刷

*

开本：787×1092毫米　1/16　印张：16¾　插页：5　字数：400千字
2005 年 9 月第一版　2024 年 1 月第十一次印刷
定价：**29.00**元
ISBN 978-7-112-07162-3
（21636）

本社网址：http：//www.cabp.com.cn
网上书店：http：//www.china-building.com.cn

本书是根据国家教委高等职业技术学院建筑类紧缺人才培养方案编写的。全书共分七个单元，内容是：建筑消防概述；火灾自动报警系统施工；自动执行灭火系统施工；安全疏散诱导与防排烟系统施工；消防系统的供电、安装、布线与接地；消防系统的调试、验收与维护；消防系统的设计及应用实例。本书作者有从教多年的老教师，也有从事消防工程设计与施工的工程技术人员，可以说是校企合作的产物。

　　本书结合高职教学培养应用型人才的特点，采用项目教学法。在阐述的过程中密切联系工程实际即结合实际工程项目，针对工程项目的实际设计、安装施工及运行维护中所需要的知识点展开分析，具有实用性，是指导学生工程实践的必修内容。另外，为使读者参与消防资质考试，书中给出了相关题型。

　　本书除可作为大专院校师生教材外，也是消防工程技术人员的一本好参考书。

*　*　*

　　本书在使用过程中有何意见和建议，请与我社教材中心（jiaocai@china-abp.com.cn）联系。

责任编辑：齐庆梅　张　晶
责任设计：郑秋菊
责任校对：李志瑛　刘　梅

本教材编审委员会名单

主　任：张其光

副主任：陈　付　刘春泽　沈元勤

委　员：（按拼音排序）

陈宏振　丁维华　贺俊杰　黄　河　蒋志良　李国斌

李　越　刘复欣　刘　玲　裴　涛　邱海霞　苏德全

孙景芝　王根虎　王　丽　吴伯英　邢玉林　杨　超

余　宁　张毅敏　郑发泰

序

改革开发以来，我国建筑业蓬勃发展，已成为国民经济的支柱产业。随着城市化进程的加快、建筑领域的科技进步、市场竞争的日趋激烈，急需大批建筑技术人才。人才紧缺已成为制约建筑业全面协调可持续发展的严重障碍。

面对我国建筑业发展的新形势，为深入贯彻落实《中共中央、国务院关于进一步加强人才工作的决定》精神，2004 年 10 月，教育部、建设部联合印发了《关于实施职业院校建设行业技能型紧缺人才培养培训工程的通知》，确定在建筑施工、建筑装饰、建筑设备和建筑智能化等四个专业领域实施技能型紧缺人才培养培训工程，全国有 71 所高等职业技术学院、94 所中等职业学校、702 个主要合作企业被列为示范性培养培训基地，通过构建校企合作培养培训人才的机制，优化教学与实训过程，探索新的办学模式。这项培养培训工程的实施，充分体现了教育部、建设部大力推进职业教育改革和发展的办学理念，有利于职业院校从建设行业人才市场的实际需要出发，以素质为基础，以能力为本位，以就业为导向，加快培养建设行业一线迫切需要的高技能人才。

为配合技能型紧缺人才培养培训工程的实施，满足教学急需，中国建筑工业出版社在跟踪"高等职业教育建设行业技能型紧缺人才培养培训指导方案"编审过程中，广泛征求有关专家对配套教材建设的意见，组织了一大批具有丰富实践经验和教学经验的专家和骨干教师，编写了高等职业教育技能型紧缺人才培养培训"建筑工程技术"、"建筑装饰工程技术"、"建筑设备工程技术"、"楼宇智能化工程技术" 4 个专业的系列教材。我们希望这 4 个专业的系列教材对有关院校实施技能型紧缺人才的培养培训具有一定的指导作用。同时，也希望各院校在实施技能型紧缺人才培养培训工作中，有何意见及建议及时反馈给我们。

建设部人事教育司

2005 年 5 月 30 日

前　言

我国的消防技术从 20 世纪 80 年代逐步迅速发展起来，消防设备从分立元件、集成器件、地址编码到智能产品；消防系统也自然从传统的多线制向现代总线制转型；随着智能建筑的发展，作为楼宇自动化系统的子系统的消防系统 FA，通过信息网络技术和计算机控制技术在智能系统中进行了网络集成，这就使消防技术又大大向前迈进了一步，由此可见消防技术包含了多学科技术，是多种技术的交叉和综合。

随着我国对消防的重视和提升，从事消防工程的设计、施工、监测、运行维护人员大大增加，急需掌握这一领域的知识和技能，本书不仅可作院校教材，也同时为社会上相关从业人员继续教育提供参考，可做到本书在手，消防工程不愁。

本书编写的指导原则是：

1. 紧紧围绕高等职业教育紧缺人才的培养目标，以其所要求的专业能力并结合建筑电气专业岗位的基本要求为主线，安排本书的内容。

2. 注意与系列其他教材之间的关系，不重复其他教材的内容。

3. 编写的内容结合消防工程项目，强化了实训内容，突出针对性和实用性，同时考虑先进性和通用性，既可作为教科书，也可为从业者提供重要的参考依据。

本书第一、二、五单元由孙景芝编写；第三单元由王统杰编写；第四单元由张铁东编写；第六、七单元由曹龙飞编写。全书由孙景芝主编，并负责统一定稿及完成文前、文后的内容，曹龙飞为副主编，黄河对本书进行了认真的审阅，黑龙江省建筑设计研究院的陈永江总工提供了设计实例并提出了宝贵的意见，在此一并表示感谢。

本书参考了大量的书刊资料，并引用了部分资料，除在参考文献中列出外，在此谨向这些书刊资料作者表示衷心谢意！

由于消防技术不断发展，新修正的相关规范还没问世，我们的专业水平有限，书中必有不当之处，恳请广大读者批评指正。

目　录

单元 1　建筑消防绪论

知 识 点：从消防系统的形成和发展前景以及消防系统的组成、类型等入手，对高层建筑、防火类别、保护对象级别、耐火极限的定义及相关区域（报警区域、探测区域、防火分区、防烟分区）的划分进行了较详细的阐述；并介绍了消防系统的设计与施工依据，为后续课学习奠定了基础。

教学目标：

（1）了解火灾的形成、危害，消防系统的组成；

（2）掌握报警区域、探测区域、防火分区、防烟分区、防火类别、保护对象级别、耐火极限的划分和定义；

（3）具有使用相关规范的能力。

（4）教学法建议：结合参观项目教学，激发学生对本课程的兴趣。

课题 1　建筑消防系统概述

随着我国建筑行业的飞速发展，"消防"作为一门专门学科，正伴随着现代电子技术、自动控制技术、计算机技术及通讯网络技术的发展进入到高科技综合学科的行列。

一部人类文明的进步史，就是人类的用火史。火是人类生存的重要条件，它可造福于人类，但也会给人们带来巨大的灾难。因此，在使用火的同时一定注意对火的控制，就是对火的科学管理。"以防为主，防消结合"的消防方针是相关的工程技术人员必须遵循执行的。

有效监测建筑火灾、控制火灾、迅速扑灭火灾，保障人民生命和财产的安全，保障国民经济建设，是建筑消防系统的任务。建筑消防系统就是为完成上述任务而建立的一套完整、有效的体系，该体系就是在建筑物内部，按国家有关规范规定设置必需的火灾自动报警及消防设备联动控制系统、建筑灭火系统、防烟排烟系统等建筑消防设施。

1.1　消防系统的形成与发展

早期的防火，灭火都是人工实现的。当发生火灾时，立即组织人工在统一指挥下采取一切可能措施迅速灭火，这便是早期消防系统的雏形。随着科学技术的发展，人们逐步学会使用仪器监视火情，用仪器发出火警信号，然后在人工统一指挥下，用灭火器械去灭火，这便是较为发达的消防系统。

消防系统无论从消防器件、线制、还是类型的发展大体经历可分为传统型和现代型两种。传统型主要指开关量多线制系统，而现代型主要是指可寻址总线制系统及模拟量智能系统。

智能建筑、高层建筑及其群体的出现，展示了高科技的巨大威力。"消防系统"作为智能大厦中的子系统之一，必须与建筑业同步发展，这就使得从事消防的工程技术人员努力将现代电子技术、自动控制技术、计算机技术及通讯网络技术等较好的运用，以适应智能建筑的发展。

目前，自动化消防系统在功能上可实现自动检测现场、确认火灾，发出声、光报警信号，启动灭火设备自动灭火、排烟、封闭火区等。还能实现向城市或地区消防队发出救灾请求，进行通信联络。

在结构上，组成消防系统的设备、器件结构紧凑，反应灵敏，工作可靠，同时还具有良好的性能指标。智能化设备及器件的开发与应用，使自动化消防系统的结构趋向于微型化及多功能化。

自动化消防系统的设计，已经大量融入微机控制技术、电子技术、通讯网络技术及现代自动控制技术，并且消防设备及仪器的生产已经系列化、标准化。

总之，现代消防系统，作为高科技的结晶，为适应智能建筑的需求，正以日新月异的速度发展着。

1.2　消防系统的组成

所谓消防系统主要由三大部分构成：一部分为感应机构，即火灾自动报警系统；另一部分为执行机构，即灭火自动控制系统；还有避难诱导系统（后两部分也可称消防联动系统）。

火灾自动报警系统由探测器、手动报警按钮、报警器和警报器等构成，以完成检测火情并及时报警的任务。

现场消防设备种类繁多。它们从功能上可分为三大类：第一类是灭火系统，包括各种介质，如液体、气体、干粉以及喷洒装置，是直接用于扑火的；第二是灭火辅助系统，是用于限制火势、防止灾害扩大的各种设备；第三类是信号指示系统，用于报警并通过灯光与声响来指挥现场人员的各种设备。对应于这些现场消防设备需要有关的消防联动控制装置，主要有：

（1）室内消火栓灭火系统的控制装置；

（2）自动喷水灭火系统的控制装置；

（3）卤代烷、二氧化碳等气体灭火系统的控制装置；

（4）电动防火门、防火卷帘等防火区域分割设备的控制装置；

（5）通风、空调、防烟、排烟设备及电动防火阀的控制装置；

（6）电梯的控制装置、断电控制装置；

（7）备用发电控制装置；

（8）火灾事故广播系统及其设备的控制装置；

（9）消防通信系统，火警电铃、火警灯等现场声光报警控制装备；

（10）事故照明装置等。

在建筑物防火工程中，消防联动系统可由上述部分或全部控制装置组成。

综上所述，消防系统的主要功能是：自动捕捉火灾探测区域内火灾发生时的烟雾或热气，从而发出声光报警并控制自动灭火系统，同时联动其他的设备的输出接点，控制事故照明及疏散标记，事故广播及通信、消防给水和防排烟设施，以实现监测、报警和灭火的自动化。消防系统的组成如图1-1所示。

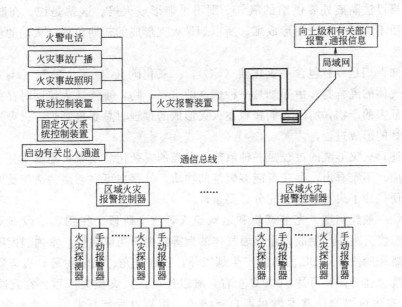

图 1-1　消防系统的组成

1.3　消防系统的分类

消防系统的类型，按报警和消防方式可分为两种：

1. 自动报警、人工消防

中等规模的旅馆在客房等处设置火灾探测器，当火灾发生时，在本层服务台处的火灾报警器发出信号（即自动报警），同时在总服务台显示出某一层（或某分区）发生火灾，消防人员根据报警情况采取消防措施（即人工灭火）。

2. 自动报警、自动消防

这种系统与上述不同点在于：在火灾发生时自动喷洒水进行消防。而且在消防中心的报警器附设有直接通往消防部门的电话。消防中心在接到火灾报警信号后，立即发出疏散通知（利用紧急广播系统）并开动消防泵和电动防火门等消防设备，从而实现自动报警、自动消防。

课题 2　火灾形成过程

火灾形成的过程及形成原因的研究一直是消防产品研发人员的重要依据，它是建立消防系统的理论基础，是人们研发各种消防设施的重要依据。

2.1　火灾形成条件

在时间上失去控制的燃烧所造成的火害称为火灾，火灾形成过程如下：

例如有固体材料、塑料、纸及布等，当它们处在被热源加热升温的过程中，其表面会产生挥发性气体，这就是火灾形成的开始阶段。一旦挥发性气体被点燃，就会与周围的氧气起反应，由于可燃物质被充分的燃烧，从而形成光和热，即形成火焰。一旦挥发性气体被点燃，如果设法隔离外界供给的氧气，则不可能形成火焰。这就是说。在断氧的情况下，可燃物质不能充分燃烧而形成烟。所以烟是火灾形成的初期象征。火焰的形成，说明火灾就要发生。

众所周知，烟是一种包含一氧化碳（CO）、二氧化碳（CO_2）、氢气（H_2）、水蒸气及许多有毒气体的混合物。由于烟是一种燃烧的重要产物，是伴随火焰同时存在的一种对人体十分有危害的产物，所以人们在叙述火灾形成的过程时总要提到烟。火灾形成过程也就是火焰和烟的形成过程。

综上所述，火灾形成的过程是一种放热、发光的复杂化学现象，是物质分子游离基的一种连锁反应。不难看出，存在有能够燃烧的物质，又存在可供燃烧的热源及助燃的氧气或氧化剂，便构成了火灾形成的充分必要条件。

物体燃烧一般经阴燃、充分燃烧和衰减熄灭等三个阶段。在阴燃阶段（即 AB 段），主要是预热温度升高，并生成大量可燃气体的烟雾。由于局部燃烧，室内温度不高，易灭火。在充分燃烧阶段（即 BC 段）除产生烟以外，还伴有光、热辐射等，火势猛且蔓延迅速，室内温度急速升高，可达 1000℃ 左右，难以扑灭，火灾损失严重。在衰减熄灭阶段（即 CD 段）室内可燃物已基本燃尽而自行熄灭。燃烧过程特征曲线（也称温度-时间曲线）如图 1-2 所示。也可用图 1-3 所示框图描述燃烧特征。

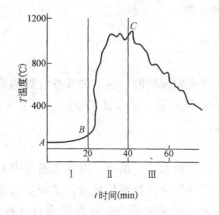

图 1-2　燃烧过程特征曲线
（温度-时间曲线）

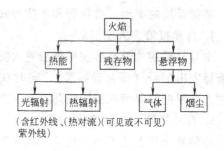

图 1-3　燃烧特征框图

火灾发展的三个阶段，每段持续的时间以及达到某阶段的温度值，都是由当时燃烧的条件决定的。为了科学实验及制定防火措施，世界各国都相继进行了建筑火灾实验，并概括地制定了一个能代表一般火灾温度发展规律的标准"温度-时间曲线"。我国制定的标准火灾温度-时间曲线为制定防火措施以及设计消防系统提供了参考依据。曲线的值由表 1-1 列出，曲线的形状已经表示在图 1-2 中。

掌握了火灾的形成规律，就为防火提供了理论基础。分析可知：燃烧必须具备三个条件即可燃物，氧化剂、引火源（温度）。

时间(min)	温度(℃)	时间(min)	温度(℃)	时间(min)	温度(℃)
5	535	30	840	180	1050
10	700	60	925	240	1090
15	750	90	975	360	1130

2.2　造成火灾的原因

建筑物起火的原因多种多样，主要可归纳为由于生活用火不慎引起火灾、生产活动中违规操作引发火灾、化学或生物化学的作用造成的可燃和易燃物自燃，以及因为用电不当造成的电气火灾等。其中，随着我国经济的飞速发展，人民生活水平日益提高，用电量剧增，电气火灾在建筑火灾中所占的比重越来越大。

2.2.1　人为火灾

工作中的疏忽，是造成火灾的直接原因。

例如：电工带电维修设备，不慎产生的电火花造成火灾；焊工不按规程操作，动用气焊或电焊工具进行野蛮操作造成火灾；在建筑内乱接临时电源、滥用电炉等电加热器造成火灾；乱扔火柴梗，烟头等造成的火灾更为常见；人为纵火是火灾形成的最直接原因。

2.2.2　可燃固体燃烧造成火灾

可燃固体从受热到燃烧需经历较长时间。可燃固体受热时，先蒸发水分，当达到或超过一定温度时开始分解出可燃气体。此时，如遇明火，便开始与空气中的氧气进行激烈的化学反应，并产生热、光和二氧化碳气体等，即称之为燃烧。用明火点燃可燃固体时燃烧的最低温度，称为该可燃物体的燃点。部分可燃固体的燃点如表 1-2 所示。

可燃性固体的燃点　　　　　　　　　　　　表 1-2

名　称	燃点(℃)	名　称	燃点(℃)
纸张	130	粘胶纤维	235
棉花	150	涤纶纤维	390
棉布	200	松木	270～290
麻绒	150	橡胶	130

有些可燃固体还具有自燃现象，如木材、稻草、粮食、煤炭等。以木材为例：当受热超过 100℃时就开始分解出可燃气体，同时释放出少量热能，当温度达到 260～270℃时，释放出的热能剧烈增加，这时即使撤走外界热源，木材仍可依靠自身产生的热能来提高温度，并使其温度超过燃点温度而达自燃温度发焰燃烧。

2.2.3　可燃液体的燃烧

可燃液体在常温下挥发的快慢不同。可燃液体是靠蒸发（汽化）燃烧的，所以挥发快的可燃液体要比挥发慢的危险。在低温条件下，可燃液体与空气混合达到一定浓度时，如遇到明火就会出现"闪燃"，此时的最低温度叫做闪点温度。部分易燃液体的闪点温度如表 1-3 所示。

名　称	闪点(℃)	名　称	闪点(℃)
石油醚	−50	吡啶	+20
汽油	−58～+10	丙酮	−20
二硫化碳(CS_2)	−45	苯(C_6H_6)	−14
乙醚(CH_3OCH_3)	−45	醋酸乙醇	+1
氯乙烷(CH_3CH_2Cl)	+38	甲苯	+1
二氯乙烷(CH_2ClCH_2Cl)	+21	甲醇(CH_3OH)	+7

　　从表中可见，易燃液体的闪点温度都很低。如小于或等于闪点温度，液体蒸发汽化的速度还供不上燃烧的需要，故闪燃持续时间很短。如温度继续上升，到大于闪点温度时，挥发速度加快，这时遇到明火就有燃烧爆炸的危险。由此可见，闪点是可燃、易燃液体燃烧的前兆，是确定液体火灾危险程度的主要依据。闪点温度越低，火灾的危险性越大，越要注意加强防火措施。

　　为了加强防火管理，消防规范规定：将闪点温度小于或等于 45℃ 的液体称易燃性液体，闪点温度大于 45℃ 的液体称为可燃性液体。

2.2.4　可燃气体的燃烧

　　可燃性气体（包括上述的可燃、易燃性液体蒸汽）与空气混合达到一定浓度时，如遇到明火就会发生燃烧或爆炸。遇到明火发生爆炸时的最低混合气体浓度称作该混合气体的爆炸下限；而遇明火发生爆炸时的最高混合气体浓度称该混合气体的爆炸上限。可燃性气体（包括可燃、易燃性液体蒸汽）发生爆炸的上、下限值如表 1-4 所示。在爆炸下限以下时不足以发生燃烧；在爆炸上限以上时则因氧气不足（如在密闭容器内的可燃性气体）遇明火也不会发生燃烧或爆炸，但如重新遇到空气，仍有燃烧或爆炸的危险。

部分可燃气体（包括可燃、易燃液体的蒸汽）的爆炸上、下限　　　　表 1-4

气体名称	爆炸极限(%)		自燃点(℃)
	下　限	上　限	
甲烷 CH_4	5.0	15	537
乙烷 C_2H_6	3.22	12.5	472
丙烷 C_3H_8	2.37	9.5	446
丁烷 C_4H_{10}	1.9	8.5	430
戊烷 C_5H_{12}	1.4	8.0	309
乙烯 C_2H_4	2.75	34.0	425
丙烯 C_3H_6	2.0	11.0	410
丁烯 C_4H_8	1.7	9.4	384
硫化氢 H_2S	4.3	46.0	246
一氧化碳 CO	12.5		

　　当混合气体浓度在爆炸上、下限之间时，遇到明火就会燃烧或爆炸。为防爆安全，应避免爆炸性混合气体浓度在爆炸上、下限值之间，一般多强调爆炸性混合气体浓度的爆炸

下限值。

多种可燃混合气体的燃烧或爆炸极限值可用下式计算：

$$t = \frac{100}{\sum\limits_{i=1}^{n} \frac{V_i}{N_i}} \%$$ (1-1)

式中 t——可燃混合气体的燃烧或爆炸极限；

    V_i——可燃混合气体中各成分所占的体积百分数；

    N_i——可燃混合气体中各成分的爆炸极限（下限或上限）。

【例】 已知液化石油气中，丙烷占体积的 50％，丙烯占体积的 10％，丁烷占体积的 35％，戊烷占体积的 5％，求该液化石油气的燃烧（爆炸）浓度极限。

【解】 由表 1-4 分别查得丙烷、丙烯、丁烷、戊烷的爆炸下限值及上限值代入（1-1）式得：

$$t_1 = \frac{100}{\frac{50}{2.37} + \frac{10}{2.0} + \frac{35}{1.9} + \frac{5}{1.4}} \% = 2\%$$

$$t_h = \frac{100}{\frac{50}{9.5} + \frac{10}{11.0} + \frac{35}{8.5} + \frac{5}{8.0}} \% = 9.16\%$$

由计算可知，该液化石油气的燃烧（爆炸）极限为 2％～9.16％。

在高层建筑和建筑群体中，可燃物多、用电量大、配电管线集中等，电气绝缘损坏或雷击等都可能引起火灾。所以在消防系统设计中，应针对可燃物燃烧条件和现场实际情况，采取防火、防爆的具体措施。

2.2.5 电气事故造成的火灾

在现代高层建筑中，用电设备复杂，用电量大，电气管线纵横交错，火灾隐患多。如电气设备安装不良，长期带病或过载工作，破坏了电气设备的电气绝缘，电气线路一旦短路就会造成火灾。防雷接地不合要求，接地装置年久失修等也能造成火灾。

由以上火灾产生的原因可知，火灾有五种：固体物质火灾称 A 类；液体火灾或可熔化的固体物质火灾为 B 类；气体火灾为 C 类；金属火灾为 D 类；带电物体燃烧的火灾称带电火灾。只要堵住火灾蔓延的路径，将火灾控制在局部地区，就可避免形成大火而殃及整个建筑物。

课题 3   高层建筑的特点及相关区域的划分

3.1   高层建筑的定义及特点

3.1.1   高层建筑的定义

关于高层建筑的定义范围，早在 1972 年联合国教科文组织下属的世界高层建筑委员会就讨论过这个问题，提出将 9 层及 9 层以上的建筑定义为高层建筑，并建议按建筑的高度将其分为 4 类：

9～16 层（最高到 50m），为第一类高层建筑；

17～25 层（最高到 75m），为第二类高层建筑；

26～40 层（最高到 100m），为第三类高层建筑；

40 层以上（高度在 100m 以上），为第四类高层建筑（亦称超高层建筑）。

但是，目前各国对高层建筑的起始高度规定不尽一致，如法国规定为住宅 50m 以上，其他建筑 28m 以上；德国规定为 22 层（从室内地面算起）；日本规定为 11 层，31m；美国规定为 22～25m，或 7 层以上。我国关于高层建筑的界限规定也不完全统一，如《民用建筑设计通则》（JGJ 37—87）、《民用建筑电气设计规范》（JGJ/T 16—92）和《高层民用建筑设计防火规范》（GB 50045—95）均规定，10 层及 10 层以上的住宅建筑（包括底层设置商业网点的住宅）和建筑高度超过 24m 的其他民用建筑为高层建筑；而行业标准《钢筋混凝土高层建筑结构设计与施工规程》（JGJ 3—91）规定，8 层及 8 层以上的钢筋混凝土民用建筑属于高层建筑。这里，建筑高度为建筑物室外地面到檐口或屋面面层高度，屋顶上的瞭望塔、水箱间、电梯机房、排烟机房和楼梯出口小间等不计入建筑高度和层数内，住宅建筑的地下室、半地下室的顶板面高出室外地面不超过 1.5m 者也不计入层数内。

3.1.2 高层建筑的特点

（1）建筑结构特点

高层建筑由于其层数多，高度过高，风荷载大，为了抗倾浮，采用骨架承重体系，为了增加钢度均有剪力墙，梁板柱为现浇钢筋混凝土，为了方便必须设有客梯及消防电梯。

（2）高层建筑的火灾危险性及特点

1）**火势蔓延快**：高层建筑的楼梯间、电梯井、管道井、风道、电缆井、排气道等竖向井道，如果防火分隔不好，发生火灾时就易形成烟囱效应。据测定，在火灾初起阶段，因空气对流，在水平方向造成的烟气扩散速度为 0.3m/s，在火灾燃烧猛烈阶段，可达 0.5～3m/s；烟气沿楼梯间或其他竖向管井扩散速度为 3～4m/s。如一座高度为 100m 的高层建筑，在无阻挡的情况下，仅半分钟烟气就能扩散到顶层。另外风速对高层建筑火势蔓延也有较大影响，据测定，在建筑物 10m 高处风速为 5m/s，而在 30m 处风速就为 8.7m/s，在 60m 高处风速为 12.3m/s，在 90m 处风速可达 15.0m/s。

2）**疏散困难**：由于层数多，垂直距离长，疏散引入地面或其他安全场所的时间也会长些，再加上人员集中，烟气由于竖井的拔气，向上蔓延快，这些都增加了疏散难度。

3）**扑救难度大**：由于层楼过高，消防人员无法接近着火点，一般应立足自救。

（3）高层建筑电气设备特点

1）**用电设备多**：如弱电设备；空调制冷设备；厨房用电设备；锅炉房用电设备；电梯用电设备；电气安全防雷设备；电气照明设备；给排水设备；洗衣房用电设备；客房用电设备；消防用电设备等。

2）**电气系统复杂**：除电气子系统外，各子系统也相当复杂。

3）**电气线路多**：根据高层系统情况，电气线路分为火灾自动报警与消防联动控制线路，音响广播线路，通信线路，高压供电线路及低压配电线路等。

4）**电气用房多**：为确保变电所设置在负荷中心，除了把变电所设置在地下层、底层外，有时也设置在大楼的顶部或中间层。而电话站、音控室、消防中心、监控中心等都要占用一定房间。另外，为了解决种类繁多的电气线路，在竖向上的敷设，以及干线至各层的分配，必须设置电气竖井和电气小室。

5）供电可靠性要求高：由于高层建筑中大部分电力负荷为二级负荷，也有相当数量的负荷属一级负荷，所以，高层建筑对供电可靠性要求高，一般均要求有两个及以上的高压供电电源。为了满足一级负荷的供电可靠性要求，很多情况下还需设置柴油发电机组（或气轮发电机组）作为备用电源。

6）用电量大，负荷密度高：由上已知高层建筑的用电设备多，尤其空调负荷大，约占总用电负荷的40％～50％，因此说高层建筑的用电量大，负荷密度高。例如：高层综合楼、高层商住楼、高层办公楼、高层旅游宾馆和酒店等负荷密度都在$60W/m^2$以上，有的高达$150W/m^2$，即便是高层住宅或公寓，负荷密度也有$10W/m^2$，有的也达到$50W/m^2$。

7）自动化程度高：根据高层建筑的实际情况，为了降低能量损耗、减少设备的维修和更新费用、延长设备的使用寿命、提高管理水平，就要求对高层建筑的设备进行自动化管理，对各类设备的运行、安全状况、能源使用状况及节能等实行综合自动监测、控制与管理，以实现对设备的最优化控制和最佳管理。特别是计算机与光纤通信技术的应用，以及人们对信息社会的需求，高层建筑正沿着自动化、节能化、信息化和智能化方向发展。高层建筑消防应"立足自防、自救，采用可靠的防火措施，做到安全适用、技术先进、经济合理"。

3.2　高层建筑的分类及相关区域的划分

3.2.1　建筑防火分类

（1）高层建筑防火分类

高层建筑应根据其使用性质、火灾危害性、疏散和扑救难度等进行分类。并应符合表1-5所示。

（2）车库的防火分类

车库防火分四类，如表1-6所示。

3.2.2　高层建筑耐火等级的划分

（1）名词解释

1）耐火极限：建筑构件按时间-温度曲线进行耐火试验，从受到火的作用时起，到失去支持能力或完整性被破坏或失去隔火作用时止这段时间，用小时表示。

2）建筑构件不燃烧体：用不燃烧材料做成的建筑构件。

3）建筑构件难燃烧体：用难燃烧材料做成的建筑构件。

4）燃烧体：用燃烧材料做成的建筑构件。

（2）耐火等级

高层建筑的耐火等级根据高层建筑规范规定应分为一、二两级，其建筑构件的燃烧性能和耐火极限不应低于表1-7的规定。

1）预制钢筋混凝土构件的节点缝隙或金属承重构件节点的外露部位，必须加设防火保护层，其耐火极限不应低于表1-7规定相应建筑构件的耐火极限。

2）一类高层建筑的耐火等级应为一级，二类高层建筑的耐火等级不应低于二级，裙

名　称	一　类	二　类
居住建筑	高级住宅 19 层及 19 层以上的普通住宅	10～18 层的普通住宅
公共建筑	(1)医院； (2)高级旅馆； (3)建筑高度超过 50m 或每层建筑面积超过 1000m² 的商业楼、展览楼、综合楼、电信楼、财贸金融楼； (4)建筑高度超过 50m 或每层建筑面积超过 1500m² 的商住楼； (5)中央级和省级(含计划单列市)广播电视楼； (6)网局级和省级(含计划单列市)电力调度楼； (7)省级(含计划单列市)邮政楼、防灾指挥调度楼； (8)藏书超过 100 万册的图书馆、书库； (9)重要的办公楼、科研楼、档案楼等； (10)建筑高度超过 50m 的教学楼和普通的旅馆、办公楼、科研楼、档案楼等	(1)除一类建筑以外的商业楼、展览楼、综合楼、电信楼、财贸金融楼、商住楼、图书馆、书库； (2)省级以下的邮政楼、防灾指挥调度楼、广播电视楼、电力调度楼； (3)建筑高度不超过 50m 的教学楼和普通的旅馆、办公楼、科研楼、档案楼等

注：1. 高级住宅是指建筑装修复杂、室内满铺地毯、家具和陈设高档、设有空调系统的住宅；

2. 高级宾馆指建筑标准高、功能复杂、火灾危险性较大和设有空气调节系统的具有星级条件的旅馆；

3. 综合楼是指由两种及两种以上用途的楼层组成的公共建筑，常见的组成形式有商场加办公写字楼加高级公寓、办公加旅馆加车间仓库、银行金融加旅馆加办公等等；

4. 商住楼指底部作商业营业厅、上面作普通或高级住宅的高层建筑；

5. 网局级电力调度楼指可调度若干个省（区）电力业务的工作楼，如东北电力调度楼、中南电力调度楼、华北电力调度楼等；

6. 重要的办公楼、科研楼、档案楼指这些楼的性质重要，如有关国防、国计民生的重要科研楼等；

7. 建筑装修标准高，即与普通建筑相比，造价相差悬殊；

8. 设备、资料贵重主要指高、精、尖的设备，机密性大、价值高的资料；

9. 火灾危险性、发生火灾后损失大、影响大，一般指可燃物多，火源或电源多，发生火灾后也容易造成重大损失和影响。

名称 ＼ 数量 ＼ 类别	Ⅰ	Ⅱ	Ⅲ	Ⅳ
汽车库(辆)	＞300	151～300	51～150	≤50
修车库(车位)	＞15	6～15	3～5	≤2
停车库(辆)	＞400	251～400	101～250	≤100

注：汽车库的屋面亦停放汽车时，其停车数量应计算在汽车库的总车辆数内。

构件名称	燃烧性能和耐火极限(h)	耐火等级	
		一级	二级
墙	防火墙	不燃烧体 3.00	不燃烧体 3.00
	承重墙、楼梯间、电梯井和住宅单元之间的墙	不燃烧体 2.00	不燃烧体 2.00
	非承重外墙、疏散走道两侧的隔墙	不燃烧体 1.00	不燃烧体 1.00
	房间隔墙	不燃烧体 0.75	不燃烧体 0.50

构 件 名 称	燃烧性能和耐火极限(h)		
		耐 火 等 级	
		一级	二级
柱		不燃烧体 3.00	不燃烧体 2.50
梁		不燃烧体 2.00	不燃烧体 1.50
楼板、疏散楼梯、屋顶承重构件		不燃烧体 1.50	不燃烧体 1.00
吊顶		不燃烧体 0.25	难燃烧体 0.25

房的耐火等级不应低于二级。高层建筑地下室的耐火等级应为一级。

3）二级耐火等级的高层建筑中，面积不超过 100m² 的房间隔墙，可采用耐火极限不低于 0.50h 的难燃烧体或耐火极限不低于 0.30h 的不燃烧体。

4）二级耐火等级高层建筑的裙房，当屋顶不上人时，屋顶的承重构件可采用耐火极限不低于 0.50h 的不燃烧体。

5）高层建筑内存放可燃物的平均重量超过 200kg/m² 的房间，当不设自动灭火系统时，其柱、梁、楼板和墙的耐火极限应比表 1-7 规定提高 0.50h。

6）玻璃幕墙的设置应符合下列规定：

A. 窗间墙、窗槛墙的填充材料应采用不燃烧材料。当其外墙面采用耐火极限不低于 1.00h 的不燃烧体时，其墙内填充材料可采用难燃烧材料。

B. 无窗间墙和窗槛墙的玻璃幕墙，应在每层楼板外沿设置耐火极限不低于 1.00h、高度不低于 0.80m 的不燃烧实体裙墙。

C. 玻璃幕墙与每层楼板、隔墙处的缝隙，应采用不燃烧材料严密填实。

D. 高层建筑的室内装修，应按现行国家标准《建筑内部装修设计防火规范》的有关规定执行。

3.2.3 火灾自动报警系统保护对象级别的划分

火灾自动报警系统保护的对象应根据其使用性质、火灾危险性、疏散和扑救难度等分为特级、一级和二级，并宜符合表 1-8 的规定。

火灾自动报警系统保护对象分级　　　　　　　　　表 1-8

等级	保 护 对 象	
特级	建筑高度超过 100m 的高层民用建筑	
一级	建筑高度不超过 100m 的高层民用建筑	一类建筑
	建筑高度不超过 24m 的民用建筑及建筑高度超过 24m 的单层公共建筑	(1) 200 床及以上的病房楼，每层建筑面积 1000m² 及以上的门诊楼； (2) 每层建筑面积超过 3000m² 的百货楼、商场、展览楼、高级旅馆、财贸金融楼、电信楼、高级办公楼； (3) 藏书量超过 100 万册的图书馆、书库； (4) 超过 3000 座位的体育馆； (5) 重要的科研楼、资料档案楼； (6) 省级（含计划单列市）的邮政楼、广播电视楼、电力调度楼、防灾指挥调度楼； (7) 重点文物保护场所； (8) 大型以上的影剧院、会堂、礼堂

等级	保护对象	
一级	工业建筑	(1)甲、乙类生产厂房;(2)甲、乙类物品库房;(3)占地面积或总建筑面积超过1000m² 的丙类物品库房;(4)总建筑面积超过1000m² 的地下丙、丁类生产车间及物品库房
	地下民用建筑	(1)地下铁道、车站; (2)地下电影院、礼堂; (3)使用面积超过1000m² 的地下商场、医院、旅馆、展览厅及其他商业或公共活动场所; (4)重要实验室、图书、资料、档案库
二级	建筑高度不超过100m 的高层民用建筑	二类建筑
	建筑高度不超过24m 的民用建筑	(1)设有空气调节系统的或每层建筑面积超过2000m² 但不超过3000m² 的商业楼、财贸金融楼、电信楼、展览楼、旅馆、办公楼、车站、海河客运站、航空港等公共建筑及其他商业或公共活动场所;(2)市、县级的邮政楼、广播电视楼、电力调度楼、防灾指挥调度楼;(3)中型以下的影剧院;(4)高级住宅;(5)图书馆、书库、档案楼
	工业建筑	(1)丙类生产厂房; (2)建筑面积大于50m² 但不超过10000m² 的丙类物品库房; (3)总建筑面积不超过1000m² 的地下丙、丁类生产车间及地下物品库房
	地下民用建筑	(1)长度超过500m 的城市隧道; (2)使用面积不超过1000m² 的地下商场、医院、旅馆、展览厅及其他商业或公共活动场所

注:1. 一类建筑、二类建筑的划分,应符合《高层民用建筑设计防火规范》的规定;工业厂房、仓库的火灾危险性分类,应符合《建筑设计规范》的规定;

2. 本表未列出的建筑的等级可按同类建筑的类比原则确定。

3.2.4 相关区域的划分

(1)报警区域

将火灾自动报警系统的警戒范围按防火分区或楼层划分的单元称报警区域。一个报警区域由一个或同层几个相邻防火分区组成。

(2)探测区域的划分

1)定义:将报警区域按探测火灾的部位划分的单元称探测区域。

2)探测区域的划分应符合如下规定:

A. 探测区域应按独立房(套)间划分。一个探测区域的面积不宜超过500m²;从主要入口能看清其内部,且面积不超过1000m² 的房间,也可划为一个探测区域。

B. 红外光束线型感烟火灾探测器的探测区域长度不宜超过100m;缆式感温火灾探测器的探测区域长度不宜超过200m;空气管差温火灾探测器的探测区域长度宜在20~100m 之间。

3)符合下列条件之一的二级保护对象,可将几个房间划分为一个探测区域。

A. 相邻房间不超过5 间,总面积不超过400m²,并在门口设有灯光显示装置。

B. 相邻房间不超过 10 间，总面积不超过 1000m²，在每个房间门口均能看清其内部，并在门口设有灯光显示装置。

4）下列场所应分别单独划分探测区域：

A. 敞开或封闭楼梯间；

B. 防烟楼梯间前室、消防电梯前室、消防电梯与防烟楼梯间合用的前室；

C. 走道、坡道、管道井、电缆隧道；

D. 建筑物闷顶、夹层。

（3）防火分区

1）定义：采用防火分隔措施划分出的、能在一定时间内防止火灾向同一建筑的其余部分蔓延的局部区域称为防火分区。

2）不同场所的划分原则

对厂房防火分区的划分应按表 1-9 执行。

厂房的耐火等级、层数和占地面积（m²） 表 1-9

生产类别	耐火等级	最多允许层数	防火分区最大允许占地面积			
			单层厂房	多层厂房	高层厂房	厂房的地下室和半地下室
甲	一级	除生产必须采用多层者外,宜采用单层	4000	3000	—	—
	二级		3000	2000	—	—
乙	一级	不限	5000	4000	2000	—
	二级	6	4000	3000	1500	—
丙	一级	不限	不限	6000	3000	500
	二级	不限	8000	4000	2000	500
	三级	2	1000	2000	—	—
丁	二级	不限	不限	不限	4000	1000
	三级	3	4000	2000	—	—
	四级	1	1000	—	—	—
戊	一、二级	不限	不限	不限	6000	1000
	三级	3	5000	3000	—	—
	四级	1	1500	—	—	—

注：1. 防火分区间应用防火墙分隔。一、二级耐火等级的单层厂房（甲类厂房除外）如面积超过本表，设置防火墙有困难时，可用防火水幕带或防火卷帘加水幕分隔。

2. 一级耐火等级的多层及二级耐火等级的单层、多层纺织房（麻纺厂除外）可按本表的规定增加 50%，但上述厂房的原棉开包、清花车间均应设防火墙分隔。

3. 一、二级耐火等级的单层、多层造纸生产联合厂房，其防火分区最大允许占地面积可按本表的规定增加 1.5 倍。

4. 甲、乙、丙类厂房装有自动灭火设备时，防火分区最大允许占地面积可按本表的规定增加 1 倍；丁、戊类厂房装设自动灭火设备时，其占地面积不限。局部设置时，增加面积可按该局部面积的 1 倍计算。

5. 一、二级耐火等级的谷物筒仓工作塔，且每层人数不超过 2 人时，最多允许层数可不受本表限制。

6. 邮政楼的邮件处理中心可按丙类厂房确定。

对库房的防火分区可按表 1-10 执行。

表 1-10

库房的耐火等级、层数和建筑面积（每个防火分区）

储存物品类别		耐火等级	最多允许层数	最大允许建筑面积(m²)						库房地下室半地下室
				单层库房		多层库房		高层库房		
				每座库房	防火墙间	每座库房	防火墙间	每座库房	防火墙间	防火墙间
甲	3、4项	一级	1	180	60	—	—	—	—	—
	1、2、5、6项	一、二级	1	750	250	—	—	—	—	—
乙	1、3、4项	一、二级	3	2000	500	900	300	—	—	—
		三级	1	500	250	—	—	—	—	—
	2、5、6项	一、二级	5	2800	700	1500	500	—	—	—
		三级	1	900	300	—	—	—	—	—
丙	1项	一、二级	5	4000	1000	2800	700	—	—	150
		三级	1	1200	400	—	—	—	—	—
	2项	一、二级	不限	6000	1500	4800	1200	4000	1000	300
		三级	3	2100	700	1200	400	—	—	—
丁		一、二级	不限	不限	3000	不限	1500	4800	1200	500
		三级	3	3000	1000	1500	500	—	—	—
		四级	1	2100	700	—	—	—	—	—
戊		一、二级	不限	不限	不限	不限	2000	6000	1500	1000
		三级	3	3000	1000	2100	700	—	—	—
		四级	1	2100	700	—	—	—	—	—

对汽车库建筑防火分区的划分应为：

A. 汽车库应设防火墙划分防火分区。每个防火分区的最大允许建筑面积应符合表 1-11 的规定。

汽车库防火分区最大允许建筑面积（m²）　　　表 1-11

耐火等级	单层汽车库	多层汽车库	地下汽车库或高层汽车库
一、二级	3000	2500	2000
三级	1000		

B. 汽车库内设有自动灭火系统时，其防火分区的最大允许建筑面积可按表 1-11 的规定增加一倍。

C. 机械式立体汽车库的停车数超过 50 辆时，应设防火墙或防火隔墙进行分隔。

D. 甲、乙类物品运输车的汽车库、修车库，其防火分区最大允许建筑面积不应超过 500m²。

E. 修车库防火分区最大允许建筑面积不应超过 2000m²，当修车部位与相邻的使用有机溶剂的清洗和喷漆工段采用防火墙分隔时，其防火分区最大允许建筑面积不应超过 4000m²。设有自动灭火系统的修车库，其防火分区最大允许建筑面积可增加一倍。

对民用建筑防火分区的划分为：

A. 民用建筑的耐火等级、层数、长度和面积应符合表 1-12 的规定。

民用建筑的耐火等级、层数、长度和面积　　　　　表 1-12

耐火等级	层数允许层数	防火分区间		备　注
		最大允许长度(m)	每层最大允许建筑面积(m²)	
一、二级	按相关规定处理	150	2500	(1)体育馆、剧院的长度和面积可以放宽； (2)托儿所、幼儿园的儿童用房不应设 4 层及 4 层以上
三级	5 层	100	1200	(1)托儿所、幼儿园的儿童用房不应设 3 层及 3 层以上； (2)电影院、剧院、礼堂、食堂不应超过 2 层； (3)医院、疗养院不应超过 3 层
四级	2 层	60	600	学校、食堂、菜市场、托儿所、幼儿园、医院等不应超过 1 层

B. 建筑物内如设有上下层相连通的走廊、自动扶梯等开口部位时，应按上下连通层作为一个放火分区。

C. 建筑物的地下室、半地下室应采用防火墙分隔成面积不超过 500m² 的防火分区。

对于高层民用建筑防火分区的划分为：

A. 高层建筑内应采用防火墙等划分防火分区，每个防火分区的允许最大建筑面积，不应该超过表 1-13 的规定。

最大建筑面积 （m²）　　　　　　　　　　表 1-13

建筑类别	每个防火分区建筑面积	建筑类别	每个防火分区建筑面积
一类建筑	1000	地下室	500
二类建筑	1500		

注：设有自动灭火的防火分区，其允许最大建筑面积可按本表增加一倍；当局部设置自动灭火系统时，增加面积可按该局部面积的一倍计算；一类建筑的电信楼，其防火分区允许最大建筑面积可按上表增加 50%。

B. 高层建筑内的商业营业厅、展览厅等，当设有火灾自动报警系统和自动灭火系统，且采用不燃烧或难燃烧材料装修时，地上部分防火分区的允许最大建筑面积为 4000m²，地下部分防火分区的允许最大面积为 2000m²。

C. 当高层建筑与其裙房之间设有防火墙等防火分隔设施时，其裙房的防火分区允许最大建筑面积不应大于 2500m²，当设有自动喷水灭火系统时，放火分区允许最大建筑面

积可增加 1 倍。（裙房：与高层建筑相连的建筑高度不超过 24m 的附层建筑）

D. 高层建筑内设有上下层相连通的走廊、敞开楼梯、自动扶梯、传送带等开口部位时，应按上下连通层作为一个防火分区，其允许最大建筑面积之和不应超过表 1-13 的规定，当上下开口部位设有耐火极限大于 3.00h 的防火卷帘或水幕等分隔设施时，其面积可不迭加计算。

高层建筑中庭防火分区面积应按上、下连通的面积迭加计算，当超过一个防火区面积时，应符合下列规定：

A. 房间与中庭相通的门、窗，应设自行关闭的乙级防火门、窗。

B. 与中庭相通的过厅、通道等，应设乙级防火门或耐火极限大于 3.00h 的防火卷帘分隔。

C. 中庭每层回廊应设有自动喷水灭火系统。

D. 中庭每层回廊应设火灾自动报警系统。

（4）防烟分区的划分

以屋顶挡烟隔板、挡烟垂壁或从顶棚下突出不小于 0.5m 的梁为界，从地板到屋顶或吊顶之间的空间和防烟分区。

防烟分区的划分为：

1）设置排烟设施的走道、净高不超过 6.00m 的房间，应采用挡烟垂壁、隔墙或从顶棚下突出不小于 0.50m 的梁划分防烟分区。人防工程中或垂壁至室内地面的高度不应小于 1.8m。

2）每个防烟分区的建筑面积不宜超过 500m²，且防烟分区不应跨越防火分区。人防工程中，每个防烟分区的面积不应大于 400m²，但当顶棚（或顶板）高度在 6m 以上时，可不受此限制。

3）有特殊用途的场所，如防烟楼梯间、避难层（间）、地下室、消防电梯等，应单独划分防烟分区。

4）防烟分区一般不跨越楼层，但如果一层面积过小，允许一个以上楼层为一个防烟分区，但不宜超过三层。

5）不设排烟设施的房间（包括地下室）和走道，不划分防烟分区。

6）走道和房间（包括地下室）按规定都设排烟设施时，可根据具体情况分设或合设排烟设施，并按分设或合设情况划分防烟分区。

7）人防工程中，丙、丁、戊类物品库宜采用密闭防烟措施。

8）防烟分区根据建筑物种类及要求的不同，可按用途、面积、楼层来划分。

实践证明：准确地划分区域是完成好消防设计的前提。

课题 4   消防系统设计、施工及维护技术依据

4.1   法 律 依 据

消防系统的设计、施工及维修必须根据国家和地方颁布的有关消防法规及上级批准的文件的具体要求进行。从事消防系统的设计、施工及维护人员应具备国家公安消防监督部

门规定的有关资质证书，在工程实施过程中还应具备建设单位提供的设计要求和工艺设备清单，在基建主管部门主持下，由设计、建筑单位和公安消防部门协商确定的书面意见。对于必要的设计资料，建筑单位又提供不了的，设计人员可以协助建筑单位调研后，由建设单位确认为其提供的设计资料。

4.2 设 计 论 据

消防系统的设计，在公安消防部门的政策、法规的指导下，根据建筑单位给出的设计资料及消防系统的有关规程、规范和标准进行，有关规范如下：

(1)《高层民用建筑设计防火规范》（GB 50045—95）（2001 版）；

(2)《火灾自动报警系统设计规范》（GBJ 116—88）；

(3)《人民防空工程设计防火规定》（GB 50116—98）；

(4)《汽车库、修车库、停车场设计防火规范》（GB 50067—97）；

(5)《建筑设计防火规范》（GBJ 16—87）（2001 版）；

(6)《自动喷水灭火系统设计规范》（GB 50084—2001）；

(7)《建筑灭火器配置设计规范》（GBJ 140—90）（1997 年版）；

(8)《低倍数泡沫灭火系统设计规范》（GB 50151—92）（2000 年版）；

(9)《建筑电气设计技术规程》（JGJ 16—83）；

(10)《通用用电设备配电设计规范》（GB 50055—93）；

(11)《爆炸和火灾危险环境电力装置设计规程》（GB 50058—92）；

(12)《火灾报警控制器通用技术条件》（GB 4717—93）；

(13)《消防联动控制设备通用技术条件》（GB 16806—97）；

(14)《水喷雾灭火系统设计规范》（GB 50219—95）；

(15)《卤代烷 1211 灭火系统设计规范》（GBJ 110—87）；

(16)《卤代烷 1301 灭火系统设计规范》（GB 50163—92）；

(17)《民用建筑电气设计规范》（JGJ/T 16—92）；

(18)《供配电系统设计规范》（GB 50052—95）；

(19)《石油库设计规范》（修订本）（GBJ 74—84）；

(20)《民用爆破器材工厂设计安全规范》（GB 50089—98）；

(21)《村镇建筑设计防火规范》（GBJ 39—90）；

(22)《建筑灭火器配置设计规范》（GBJ 140—90）（1997 年版）；

(23)《氧气站设计规范》（GB 50030—91）；

(24)《乙炔站设计规范》（GB 50031—91）；

(25)《地下及覆土火药炸药仓库设计安全规范》（GB 50154—92）；

(26)《小型石油库及汽车加油设计规范》（GB 50160—92）；

(27)《地下铁道设计规范》（GB 50157—92）；

(28)《石油化工企业设计防火规范》（GB 50160—92）；

(29)《烟花爆竹工厂设计安全规范》（GB 50161—92）；

(30)《原油和天燃气工程设计防火规范》（GB 50183—93）；

(31)《高倍数、中倍数泡沫灭火系统设计规范》（GB 50196—93）；

(32)《小型火力发电厂设计规范》(GB 50049—94);

(33)《建筑物防雷设计规范》(GB 50057—94)(2000 年版);

(34)《二氧化碳灭火系统设计规范》(GB 50193—93);(1999 年版);

(35)《发生炉煤气站设计规范》(GB 50195—94);

(36)《输气管道工程设计规范》(GB 50251—94);

(37)《输油管道工程设计规范》(GB 50253—94);

(38)《建筑内部装修设计防火规范》(GB 50222—95);

(39)《火力发电厂与变电所设计防火规范》(GB 50229—96);

(40)《水力水电工程设计防火规范》(SDJ 278—90)。

4.3 施 工 依 据

在消防系统施工过程中,除应按设计图纸之外,还应执行下列规则、规范:

(1)《火灾自动报警系统施工及验收规范》(GB 50166—92);

(2)《自动喷水灭火系统施工及验收规范》(GB 50261—96);

(3)《气体灭火系统施工及验收规范》(GB 50263—97);

(4)《钢质防火卷帘通用技术条件》(GB 14102—93);

(5)《钢质防火门通用技术条件》(GB 12955—91);

(6)《电气装置安装工程接地装置施工及验收规范》(GB 50169—92);

(7)《电气装置安装工程 1kV 及以下配线工程施工及验收规范》(GB 50258—96)。

单 元 小 结

本单元是消防系统的入门知识,主要任务是使读者对消防系统有一个综合的了解,以使后续课程学习在明确的目标中进行。

本单元对建筑消防系统的形成、发展、组成及分类进行了概括的说明,对火灾的形成条件和原因进行了阐述,对高层建筑的特点及本书后面用到的相关区域如报警区域、探测区域、防火分区、防烟分区及防火类别、耐火等级、耐火极限等给出了较准确的定义,同时介绍了消防系统设计、施工及维护的技术依据。

习题与能力训练

【习题部分】

1. 消防系统由几部分组成?每部分的基本作用是什么?

2. 消防系统有几种类型?

3. 什么叫火灾?火灾形成的条件是什么?

4. 造成火灾的原因来自几个方面?

5. 什么叫高层建筑?高层建筑的特点是什么?

6. 高层建筑防火分为几类?如 42m 的普通住宅应属几类防火?

7. 什么叫耐火极限?耐火等级分为几级?

8. 火灾自动报警系统保护对象级别是根据什么划分的？

9. 什么叫报警区域、探测区域、防火分区、防烟分区？比较四个区域的大小？

10. 我国的消防方针是什么？

11. 探测区域如何划分？

【能力训练】消防系统认识训练

（1）目的：增强感性认识，形成宏观印象；

（2）到消防工程现场或结合图纸及工程课件，通过观察或识读获得下列信息：本工程属于几类防火；本工程包含哪些系统；本工程的防火分区和防烟分区各有几个。

（3）写出实训报告。

单元 2　火灾自动报警系统

知识点：本单元是建筑消防系统的核心内容，从火灾自动报警系统的形成和发展及火灾自动报警系统的组成入手，介绍了火灾探测器的分类、构造、原理、选择、计算、安装及布置；阐述了系统的常用器件及心脏部分火灾报警控制器的分类、构造、原理及应用；并对火灾自动报警系统不同形式的布线、构成进行了认真分析；给出了消防系统在智能化系统中的联网概念。

教学目标：

(1) 本单元是该课程的核心内容，应了解火灾报警系统的组成、分类；

(2) 熟悉报警设备的使用、选择；

(3) 重点掌握火灾自动报警系统工作过程及相关设计知识；

(4) 具有独立操作火灾自动报警系统工作过程的能力。

课题 1　概　　述

随着现代建筑消防系统的发展，火灾自动报警系统的结构、形式更加灵活多样。尤其近年来，各科研、单位与厂家合作推出了一系列新型火灾报警设备，同时由于在楼宇自动化系统中的集成及不同的网络需求也开发出一些新的系统。火灾报警系统将越来越向智能化系统方向发展，这就为系统组合创造了方便条件，可构成不同的网络结构。

1.1　火灾自动报警系统的形成和发展

1.1.1　火灾自动报警系统的形成

1847 年美国牙科医生 channing 和缅甸大学教授 Farmer 研究出世界上第一台城镇火灾报警发送装置，拉开了人类开发火灾自动报警系统的序幕。此阶段主要是感温探测器。20 世纪 40 年代末期，瑞士物理学家 Ernst Meili 博士研究的离子感烟探测器问世，70 年代末，光电感光探测器形成。80 年代随着电子技术、计算机应用及火灾自动报警技术的不断发展，各种类型的探测器在不断的形成，同时也在线制上有了很多的改观。

1.1.2　火灾自动报警系统的发展

火灾自动报警系统的发展大体可分为五个阶段：

(1) 第一代产品称传统的（多线制开关量式）火灾自动报警系统（主要是 20 世纪 70 年代以前）。其特点是：简单、成本低。但有明显的不足：一是因为火灾判断依据仅仅是根据所探测的某个火灾现象参数是否超过其自身设定值（阈值）来确定是否报警，因此无法排除环境和其他干扰因素。它以一个不变的灵敏度来面对不同使用场所、不同使用环境的变化，这是不科学的。灵敏度选低了，会使报警不及时或漏报，灵敏度选高了，又会形成误报。另外由于探测器的内部元器件失效或漂移现象等因素，也会发生误报。国外统计数据表明：误报与真实火灾报警之比达 20∶1 之多。二是性能差、功能少，无法满足发展需要。例如：多线制系统费钱费工；不具备现场编程能力；不能识别报警的个别探测器（地址编码）及探测器类型；无法自动探测系统重要组件的真实状态；不能自动补偿探测器灵敏度的漂移；当线路短路或开路时，不能切断故障点，缺乏故障自诊断、自排除能力；电源功耗大等等。

（2）第二代产品称总线制可寻址开关量式火灾探测报警系统（在 20 世纪 80 年代初形成）。其优点是：省钱、省工；所有的探测器均并联到总线上；每只探测器设置一地址编码；使用多路传输的数据传输法；还可连接带地址码模块的手动报警按钮、水流指示器及其他中继器等；增设了可现场编程的键盘；系统自检和复位功能；火灾地址和时钟记忆与显示功能；故障显示功能；探测点开路、短路时隔离功能；准确地确定火情部位，增强了火灾探测或判断火灾发生的能力等。但对火灾的判断和处置无大改进。

（3）第三代产品称模拟量传输式智能火灾报警系统（20 世纪 80 年代后期出现）。其特点是：在探测处理方法上做了改进，即把探测器的模拟信号不断地送到控制器去评估或判断，控制器用适当的算法辨别虚假或真实火灾及其发展程度，或探测器受污染的状态。可以把模拟量探测器看作一个传感器，通过一个串联发讯装置，不仅能提供探测器位置信号，还能将火灾敏感现象参数（如：烟雾浓度、温度等）以模拟值（一个真实的模拟信号或者等效的数字编码信号）传送给控制器，对火警的判断和发送由控制器决定，报警方式有多火灾参数复合式、分级报警式和响应阈值自动浮动式等。还能降低误报，提高系统的可靠性。在这种集中智能系统中，探测器无智能，属于初级智能系统。

（4）第四代产品称分布智能火灾报警系统（亦称多功能智能火灾自动报警系统）。探测器具有智能，相当于人的感觉器官，可对火灾信号进行分析和智能处理，做出恰当的判断，然后将这些判断信息传给控制器，控制器相当于人的大脑，既能接收探测器送来的信息，也能对探测器的运行状态进行监视和控制。由于探测部分和控制部分的双重智能处理，系统运行能力大大提高。此类系统分三种，即：智能侧重于探测部分，智能侧重控制部分和双重智能型。

（5）第五代产品称无线火灾自动报警系统和空气样本分析系统（同时出现在 20 世纪90 年代）及早期可视烟雾探测火灾报警系统（VSD）。无线式火灾自动报警系统由传感——发射机、中继器以及控制中心三大部分组成，以无线电波为传播媒体。探测部分与发射机合成一体，由高能电池供电，每个中继器只接收自己组内的传感发射机信号。当中继器接到组内某传感器的信号时，进行地址对照，一致时判读接收数据并由中继器将信息传给控制中心，中心显示信号。此系统具有节省布线费及工时、安装开通容易的优点。适于不宜布线的楼宇、工厂、仓库等，也适于改造工程。空气样本分析系统中采用高灵敏吸气式感烟探测器（HSSD 探测器），主要抽取空气样本并进行烟粒子探测，还采用了特殊设计的检测室，高强度的光源和高灵敏度的光接收器件，使感烟灵敏度增加了几百倍。这一阶段还相继产生了光纤温度探测报警系统和载波系统等。早期可视烟雾探测火灾报警系统（VSD）是利用计算机对标准 CCTV 摄像机提供的图像进行分析，采用先进的图像处理技术，加之广角探测和已知的误报现象算法，自动识别烟雾的特定方式，并提醒操作人员在最短时间内到达现场。总之，火灾产品不断更新换代，使火灾报警系统发生了一次次革命。为及时而准确地报警提供了重要保障。

1.2 火灾自动报警系统的组成

火灾自动报警系统由触发器件（探测器、手动报警按钮）、火灾报警装置（火灾报警控制器）、火灾警报装置（声光报警器）、控制装置（包括：各种控制模块、火灾报警联动一体机；自动灭火系统的控制装置；室内消火栓的控制装置；防烟排烟控制系统及空调通风系统的控制装置；常开防火门、防火卷帘的控制装置；电梯迫降控制装置；以及火灾应急广播、火灾警报装置、消防通信设备、火灾应急照明及疏散指示标志的控制装置等）、电源等组成。其各部分的作用是：

火灾探测器的作用：它是火灾自动探测系统的传感部分，能在现场发出火灾报警信号或向控制和指示设备发出现场火灾状态信号的装置。可形象地称之为"消防哨兵"。俗称"电鼻子"。

手动报警按钮的作用：也是向报警器报告所发生火情的设备，只不过探测器是自动报警而它是手动报警而已，其准确性更高。

警报器的作用：当发生火情时，能发出区别环境声光的声或光报警信号。

（1）火灾报警控制器：可向探测器供电，并具有下述功能：

接收探测信号并转换成声、光报警信号，指示着火部位和记录报警信息；

（2）可通过火警发送装置启动火灾报警信号或通过自动消防灭火控制装置启动自动灭火设备和消防联动控制设备；

（3）自动地监视系统的正确运行和对待定故障给出声光报警。

控制装置：在火灾自动报警系统中，当接收到来自触发器件的火灾信号或火灾报警控制器的控制信号后，能通过模块自动或手动启动相关消防设备并显示其工作状态的装置；

电源：火灾自动报警系统属于消防用电设备，其主电源应当采用消防电源，备用电源一般采用蓄电池组。系统电源除为火灾报警控制器供电外，还为与系统相关的消防控制设备等供电。

1.2.1 区域报警系统（地方性的警报系统）

由区域火灾报警控制器和火灾探测器等组成，或由火灾报警控制器和火灾探测器等组成，是功能简单的火灾自动报警系统。其构成如图 2-1 所示。

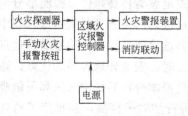

图 2-1 区域报警系统

1.2.2 集中报警系统（遥远的警报系统）

由集中火灾报警控制器、区域火灾报警控制器和火灾探测器等组成或由火灾报警控制器、区域显示器和火灾探测器等组成的功能较复杂的火灾自动报警系统。其构成如图 2-2 所示。

1.2.3 控制中心报警系统（控制中心警报系统）

由消防控制室的消防设备、集中火灾报警控制器、区域火灾报警控制器和火灾探测器

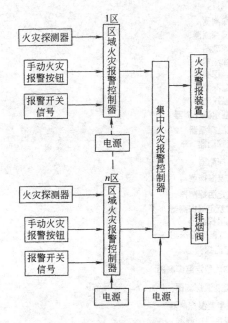

图 2-2　集中火灾报警系统

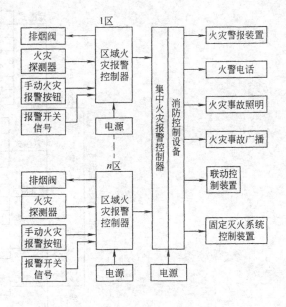

图 2-3　控制中心报警系统

等组成，或由消防控制室的消防控制设备、火灾报警控制器、区域显示器和火灾探测器等组成的功能复杂的火灾自动报警系统。其构成如图 2-3 所示。

　　综上所述，火灾自动报警系统的作用是：能自动（手动）发现火情并及时报警，以不失时机地控制火情的发展，将火灾的损失减到最低限度。可见火灾自动报警系统是消防系统的核心部分。

课题 2　火灾探测器

　　20 世纪 40 年代末，瑞士的耶格（W. C. Jaeger）和梅利（E. Meili）等人根据电离后的离子受烟雾粒子影响会使电离电流减小的原理，发明了离子感烟探测器，极大的推动了火灾探测技术的发展。20 世纪 70 年代末，人们根据烟雾颗粒对光产生散射效应和衰减效应发明了光电感烟探测技术。由于光电感烟探测器具有无放射性污染、受风流和环境湿度变化影响小、成本低等优点，光电感烟探测技术逐渐取代离子感烟探测技术。

2.1　探测器的分类及型号

2.1.1　探测器分类
　　火灾探测器因为其在火灾报警系统中用量最大同时又是整个系统中最早发现火情的设备，因此地位非常重要，自然其种类多、科技含量高。因此根据对可燃固体、可燃液体、可燃气体及电气火灾等的燃烧试验，为了准确无误对不同物体的火灾进行探测，目前研制出来的常用探测器有感烟、感温、感光，复合及可燃气体探测器五种系列，另外，根据探测器警戒范围的不同又分为点型和线型两种形式，具体分类如下：

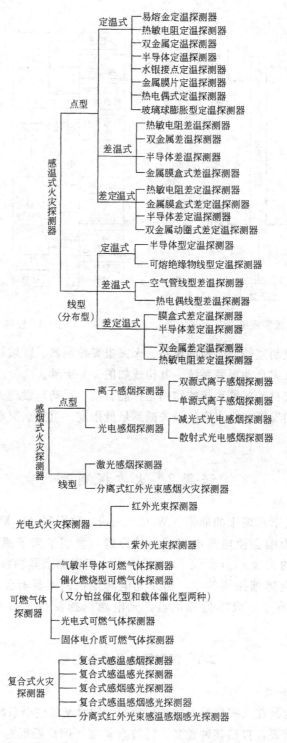

定温式 {
　易熔金定温探测器
　热敏电阻定温探测器
　双金属定温探测器
　半导体定温探测器
　水银接点定温探测器
　金属膜片定温探测器
　热电偶式定温探测器
　玻璃球膨胀型定温探测器
}

点型

感温式火灾探测器

差温式 {
　热敏电阻差温探测器
　双金属差温探测器
　半导体差温探测器
　金属膜盒式差温探测器
}

差定温式 {
　热敏电阻差定温探测器
　金属膜盒式差定温探测器
　半导体差定温探测器
　双金属动圈式差定温探测器
}

线型（分布型）

定温式 {
　半导体型定温探测器
　可熔绝缘物线型定温探测器
}

差温式 {
　空气管线型差温探测器
　热电偶线型差温探测器
}

差定温式 {
　膜盒式差定温探测器
　半导体差定温探测器
　双金属差定温探测器
　热敏电阻差定温探测器
}

感烟式火灾探测器

点型 {
　离子感烟探测器 { 双源式离子感烟探测器 / 单源式离子感烟探测器 }
　光电感烟探测器 { 减光式光电感烟探测器 / 散射式光电感烟探测器 }
}

线型 {
　激光感烟探测器
　分离式红外光束感烟火灾探测器
}

光电式火灾探测器 {
　红外光束探测器
　紫外光束探测器
}

可燃气体探测器 {
　气敏半导体可燃气体探测器
　催化燃烧型可燃气体探测器
　（又分铂丝催化型和载体催化型两种）
　光电式可燃气体探测器
　固体电介质可燃气体探测器
}

复合式火灾探测器 {
　复合式感温感烟探测器
　复合式感温感光探测器
　复合式感烟感光探测器
　复合式感温感烟感光探测器
　分离式红外光束感温感烟感光探测器
}

2.1.2 探测器型号及图形符号

(1) 探测器的型号命名

火灾报警产品种类较多，附件更多，但都是按照国家标准编制命名的。国标型号均是按汉语拼音字头的大写字母组合而成，只要掌握规律，从名称就可以看出产品类型与特征。

火灾深测器的型号意义：

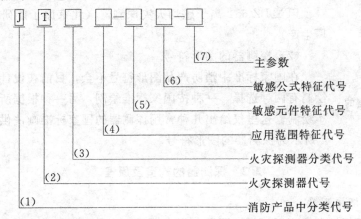

1）J（警）——火灾报警设备

2）T（探）——火灾探测器代号

3）火灾探测器分类代号，各种类型火灾探测器的具体表示方法：

Y（烟）——感烟火灾探测器

W（温）——感温火灾探测器

G（光）——感光火灾探测器

Q（气）——可燃气体探测器

F（复）——复合式火灾探测器

4）应用范围特征代号表示方法：

B（爆）——防爆型（无"B"即为非防爆型，其名称亦无须指出"非防爆型"）

C（船）——船用型

非防爆或非船用型可省略，无须注明

5）探测器特征表示法（敏感元件，敏感方式特征代号）：

LZ（离子）——离子	MD（膜、定）——膜盒定温
GD（光、电）——光电	MC（膜、定）——膜盒差温
SD（双、定）——双金属定温	MCD（膜差定）——膜盒差定温
SC（双、差）——双金属差温	GW（光温）——感光感温
GY（光、烟）——感光感烟	YW（烟温）——感烟感温
YW——HS（烟温-红束）——红外光束感烟感温	
BD（半、定）——半导体定温	ZD（阻、定）——热敏电阻定温
BC（半、差）——半导体差温	ZC（阻、差）——热敏电阻差温
BCD（半差定）——半导体差温	ZCD（阻、差、定）——热敏电阻差定温
HW（红、外）——红外感光	ZW（紫、外）——紫外感光。

6）主要参数：表示灵敏度等级（Ⅰ、Ⅱ、Ⅲ级），对感烟感温探测器标注（灵敏度：对被测参数的敏感程度）

【例】 JTY-GD-G3 智能光电感烟探测器（海湾安全技术有限公司生产）。

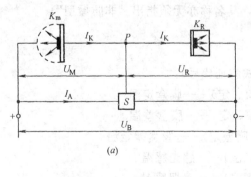

警卫信号探测器

感温探测器

感烟探测器

感光探测器

图 2-4　探测器的
图形符号

JTY-HS-1401 红外光束感烟火灾探测器（北京核仪器厂生产）。

JTW-ZD-2700/015 热敏电阻定温火灾探测器（国营二六二厂生产）。

JTY-LZ-651 离子感烟火灾探测器（北京原子能研究院电子仪器厂生产）

（2）探测器的图形符号

在国家标准中消防产品图形符号不全，目前在设计中图形符号的绘制有两种选择，一种按国家标准绘制，另一种根据所选厂家产品样本绘制，这里仅给出几种常用探测器的国家标准画法供参考，如图 2-4 所示为探测器的图形符号。

2.2　探测器的构造及原理

2.2.1　感烟探测器

常用的感烟探测器有离子感烟探测器、光电感烟探测器及红外光束感烟探测器。感烟探测器对火灾前期及早期报警很有效，应用最广泛，应用数量居首位。

（1）感烟探测器的作用及构造

1）作用：

感烟探测器是对探测区域内某一点或某一连续路线周围的烟参数敏感响应的火灾探测器。

2）构造及原理：

感烟探测器有双源双室和单元双室之分，双源双室探测器是由两块性能一致的放射源片（配对）制成相互串联的两个电离室及电子线路组成的火灾探测装置。一个电离室开孔称采样电离室（或称作外电离室）K_m，烟可以顺利进入；另一个是封闭电离室，称参考

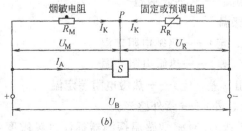

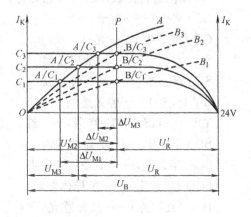

图 2-5　双源双室探测器电路示意

（a）双源双电离室；（b）等效电路

图 2-6　双源双室探测器 I—U 特性曲线

电离室（或内电离室）K_R，烟无法进入仅能与外界温度相通如图 2-5（a）所示。两电离室形成一个分压器。两电离室电压之和 $U_M + U_R$ 等于工作电压 U_B（例如 24V）。流过两个电离室的电流相等，同为 I_k。采用内、外电离室串联的方法，是为了减少环境温度、湿度、气压等自然条件对电离电流的影响，提高稳定性，防止误报。把采样电离室等效为烟敏电阻 R_M，参考电离室等效为固定或预调电阻 R_R，I_A 为报警电流，S 为电子线路，等效电路如图 2-5（b）所示。两个电离室的特征如图 2-6 所示。图中，A 为无烟存在时采样室的特征曲线，B（B_1、B_2、B_3），为有烟时采样时的特征曲线，C（C_1、C_2、C_3）为参考室的特征曲线，特征曲线 C_1 对应低灵敏度，C_2 对应中灵敏度，C_3 对应高灵敏度。

单元双室探测器：构造及外形如图 2-7 所示。图中进烟孔既不敞开也不节流，烟气流通过防虫网从采样室上方扩散到采样室内部。采样电离室和参考电离室内部的构造及特性曲线如图 2-8。两电离室共用一块放射源，参考室包含在采样室中，参考室小，采样室大。采样室的 α 射线是通过中间电极的一个小孔放射出来的。在电路上，内外电离室同样是串联，在相同的大气条件下，电离室的电离平衡是稳定的，与双源双室探测器类似。当发生火灾时，烟的绝大部分进入采样室，采样室两端的电压变化为 $\Delta U = U_0' - U_0$，当 ΔU 达到预定值（即阈值）时，探测器便输出火警信号。

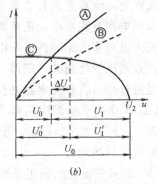

图 2-7 单元双室探测器的构造及外形

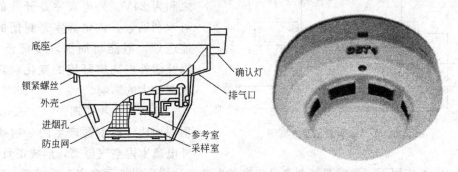

U_2……加在内外电离室两端的电压
U_1……无烟时加在参考电离室两端的电压
U_1'……有烟时加在参考电离室两端的电压

U_0……无烟时加在采样电离室两端的电压
U_0'……有烟时加在采样电离室两端的电压

图 2-8 单元双室探测器的构造及 I-U 特性曲线
（a）内部构造；（b）特性曲线

单源双室与双源双室探测器比较，特点如下：

A. 内电离室与外电离室联通，有利于抗温，抗潮，抗气压变化对探测器性能的影响；

B. 抗灰尘污秽的能力增强，当有灰尘轻微地沉积在放射源表面上时，采样室分压的变化不明显；

C. 能做成超薄型探测器，具有体积小，重量轻及美观大方的特点；

D. 只需较微弱的 α 放射源（比双源双室的源强减少一半），并克服了双源双室要求两源片相互匹配的缺点；

E. 源极和中间极的距离是连续可调的，能够比较方便地改变采样室的分压，便于探测器响应阈值的一致性调整，简单易行。

（2）离子感烟探测器

离子感烟探测器是对能影响探测器内电离电流的燃烧物质敏感的探测器。离子感烟探测器有双源双室和单元双室之分。它利用放射源制成敏感元件，并由内电离室 K_R 和外电离室 K_M 及电子线路或编码线路构成。

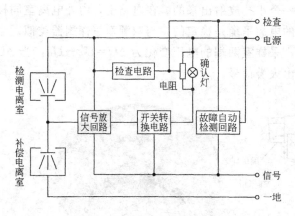

图 2-9　离子感烟探测器方框图

如图 2-9 所示。在串联两个电离室两端直接接入 24V 直流电源。两个电离室形成一个分压器，两个电离室电压之和为 24V。外电离室是开孔的，烟可顺利通过；内电离室是封闭的，不能进烟，但能与周围环境缓慢相通，以补偿外电离室环境的变化对其工作状态发生的影响。

放射源由物质镅[241]（[241]Am）α 放射源构成。放射源产生的 α 射线使内外电离室内空气电离，形成正负离子，在电离室电场作用下，形成通过两个电离室的电流。这样可以把两电离室看成两个串联的等效电阻，两电阻交接点与"地"之间维持某一电压值。

当发生火灾时，烟雾进入外电离室后，镅[241]产生的 α 射线被阻挡，使其电离能力降低率增大，因而电离电流减小。正负离子被体积比其大得多的烟粒子吸附，外电离室等效电阻变大，而内电离室因无烟进入，电离室的等效电阻不变，因而引起两电阻交接点电压变化。当交接点电压变化到某一定值，即烟密度达到一定值时（由报警阈值确定）交接点的超阈部分经过处理后，开关电路动作，发出报警信号。

现以 FJ-2701 型离子感烟探测器为例说明其工作原理，电路图如图 2-10 所示。由于两电离子的镅[241]α 放射源是串联的，所以等效阻抗很大，大约在 10^{10} Ω 左右，这样就必须采用高输入阻抗的场效应管。

由 V_1、V_2 两只三极管组成正反馈电路，当外离子室由于受烟粒子影响电阻变大而使场效应管导通后，又使 V_1 导通，使稳压管 V_{D5} 达到稳定值后也导通，使三极管 V_3 也随之导通，V_3 的集电极电流使确认灯亮，同时使信号线输出火警信号。三极管 V_4 作为探测器断线监控，安装在终端时，起断线故障报警作用。由于离子感烟探测器自身的误报率相对较高，且后期维护费用高，加之其有一定的环境污染问题，所以现在已基本不使用了。

（3）光电式感烟探测器

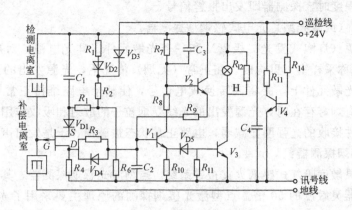

图 2-10 离子感烟探测器原理图

它是对能影响红外、可见和紫外电磁波频谱区辐射的吸收或散射的燃烧物质敏感的探测器。光电式感烟探测器根据其结构和原理分为遮光型和散射型两种。

1）散射光型感烟探测器：

光电感烟探测器由传感器（光学探测室和其他敏感器件）、火灾算法及处理电路构成。如图 2-11 所示。光学探测室是光电感烟探测器的重要部件，是烟雾传感器。它主要由发射管、接收管、聚焦透镜、保证光学暗室的遮光窗、防虫网组成。光学探测室主要决定着探测器的烟雾探测性能（探测烟雾的种类、火灾灵敏度、一致性、方位性）、抗误报性能（抗灰尘特性、抗纤维特性、防虫特性、抗环境光干扰特性、抗气流特性）。

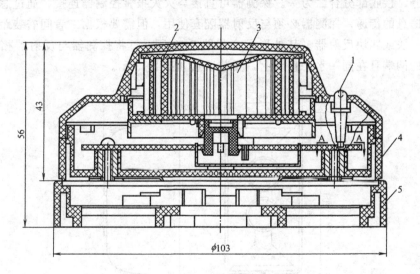

图 2-11　光电感烟探测器结构示意图

1—导光柱；2—迷宫；3—敏感空间；4—外壳；5—底座

基本原理为：在敏感空间无烟雾粒子存在时，探测器外壳之外的环境光线被迷宫阻挡，基本上不能进入敏感空间，红外光敏二极管只能接收到红外光束经多次反射在敏感空间形成的背景光。当烟雾颗粒进入由迷宫所包围的敏感空间时，烟雾颗粒吸收入射光并以同样的波长向周围发射光线，部分散射光线被红外光敏二极管接收后，形成光电流。当光电流大到一定程度时，探测器即发出报警信号。

2）遮光型（或减光型）光电式感烟型探测器：

由一个光源（灯泡或发光二极管）和一个光敏元件（硅光电池）对应装置在小暗室（即型腔密室或称采样室）里构成。在正常（无烟）情况下，光源发出的光通过透镜聚成光束，照射到光敏元件上，并将其转换成电信号，使整个电路维持正常状态，不发生报警。发生火灾有烟雾存在时，光源发出的光线受烟粒子的散射和吸收作用，光的传播特性改变，光敏元件接收的光强明显减弱，电路正常状态被破损，于是发出声光报警。

3）激光感烟探测器：

应用在高灵敏度吸气式感烟火灾报警系统。点型激光感烟探测器，其灵敏度高于目前光电感烟探测器灵敏度的 50 倍。点型激光感烟探测的原理主要采用了光散射基本原理，但又与普通散射光探测有很大区别。激光感烟探测器的光学探测室的发射激光二极管和组合透镜使光束在光电接收器的附近聚焦成一个很小亮点，然后光线进入光阱被吸收掉。当有烟时，烟粒子在窄激光光束中的散射光通过特殊的反光镜（作用象一个光学放大器）被聚到光接收器上，从而探测到烟雾颗粒。在点型的光电感烟探测器中，烟粒子向所有方向散射光线，仅一小部分散射到光电接收上，灵敏度较差，而激光探测器采用光学放大器器件，将大部分散射光汇聚到光电接收器上，极大的提高了灵敏度，同时降低了误报率。

（4）红外光束线性火灾探测器

1）探测器的构造及原理：这种探测器由发射器和接收器两部分组成，而 JTY-HM-GST102 智能线型红外光束感烟探测器为编码型反射式线型红外光束感烟探测器，探测器将发射部分、接收部分合二为一。探测器可直接与火灾报警控制器连接，通过总线完成二者间状态信息的传递。探测器必须与反射器配套使用，但需要根据二者间安装距离的不同决定使用一块或四块反射器。其外形示意如图 2-12 所示。将探测器与反射器相对安装在保护空间的两端且在同一水平直线上，安装示意如图 2-13 示。

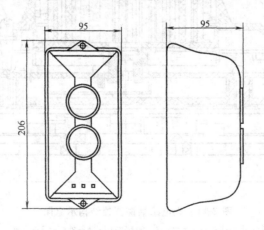

图 2-12　探测器外形示意图

一般光电感烟探测器（离子探测器）分为探头和底座两部分，其接线主要在底座上完成，底座上有 4 个导体片，片上带接线端子，底座上不设定位卡，便于调整探测器报警指示灯的方向。预埋管内的探测器总线分别接在任意对角的二个接线端子上（不分极性），另一对导体片用来辅助固定探测器。待底座安装牢固后，将探测器底部对正底座顺时针旋

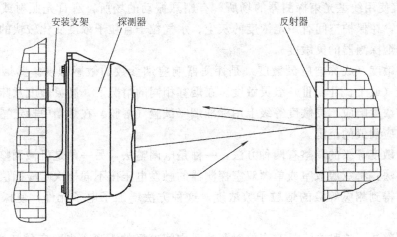

图 2-13　探测器安装示意图

转，即可将探测器安装在底座上。探测器底座外形如图 2-14 所示。

　　其工作原理是：在正常情况下红外光束探测器的发射器发送一个不可见的波长 940mm 脉冲红外光束，经过保护空间不受阻挡地射到接收器的光敏元件上，如图 2-13 所示。当发生火灾时，由于受保护空间的烟雾气溶胶扩散到红外光束内，使到达接收器的红外光束衰减，接收器接收的红外光束辐射通量减弱，当辐射通量减弱到预定的感烟动作阈值（响应阈值）（例如，有的厂家设定在光束减弱超过 40％且小于 93％时，如果保持衰减 5s（或 10s 时间）时，探测器立即动作，发出火灾报警信号。

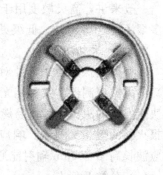

图 2-14　通用探测器底座
DZ-02 外形图

　　2）适用范围：线型火灾探测器是响应某一连续线路附近的火灾产生的物理或化学现象的探测器。红外光束线型感烟火灾探测器是应用烟粒子吸收或散射红外光束强度发生变化的原理而工作的一种探测器。

　　特点是：安装简单、方便，光路准直性好；具有自动校准功能，确保可以由单人在短时间内完成调试；具有火警、故障无源输出触点；具有自诊断功能，可以监测探测器；保护面积大，安装位置较高；具有自动补偿功能，对于一定程度上的灰尘污染、位置偏移及发射管的老化等致使接收信号减小的因素可自动进行补偿；可现场设置三个级别的灵敏度，适用于不同扬尘程度的场所；电子编码，地址码可现场设定；探测光路设计巧妙，抗干扰性能强；密封设计，具有防腐、防水性能。在相对湿度较高和强电场环境中反应速度快，适宜保护较大空间的场所，尤其适宜保护难以使用点型探测器甚至根本不可能使用点型探测器的场所，主要适合下列场所：

　　A. 古建筑，文物保护的厅堂馆所等；

　　B. 变电站，发电厂等；

　　C. 隧道工程；

　　D. 遮挡大空间的库房、飞机库、纪念馆、档案馆、博物馆等。

E. 不宜使用线型光束探测器的场所，有剧烈振动的场所，有日光照射或强红外光辐射源的场所，在保护空间有一定浓度的灰尘、水气粒子且粒子浓度变化较快的场所。

（5）感烟探测器的灵敏度

感烟灵敏度（或称响应灵敏度）是探测器响应烟参数的敏感程度。感烟探测器分为高、中、低（或Ⅰ、Ⅱ、Ⅲ）级灵敏度。在烟雾相同的情况下，高灵敏度意味着可对较低的烟粒子数浓度响应。灵敏度等级上用标准烟（试验气溶胶）在烟箱中标定感烟探测器几个不同的响应阈值的范围。

感烟灵敏度等级的调整有两种方法：一种是电调整法，另一种是机械调整法。

电调整法：将双源双室或单源双室探测器的触发电压按不同档次响应阈值的设定电压调准，从而得到相应等级的烟粒子数浓度。这种方法增加了电子元件，使探测器可靠性下降。

机械调整法：这种方法是改变放射源片对中间电极的距离，电离室的初始阻抗 R_0 与极间距离 L 成正比。L 小时，R_0 小，灵敏度高；当 L 大时，R_0 大，灵敏度低。不同厂家根据产品情况确定的灵敏度等级所对应的烟浓度是不一致的。

一般来讲，高灵敏度用于禁烟场所，中级灵敏度用于卧室等少烟场所，低级灵敏度用于多烟场所。高、中、低级灵敏度的探测器的感烟动作率分别为 10%、20%、30%。

2.2.2 火焰探测器

点型火焰探测器是一种对火焰中特定波段中的电磁辐射敏感（红外、可见和紫外谱带）的火灾探测器，又称感光探测器。因为电磁辐射的传播速度极快，因此，这种探测器对快速发生的火灾（譬如易燃、可燃液体火灾）或爆炸能够及时响应，是对这类火灾早期通报火警的理想探测器。响应波长低于 400nm 辐射能通量的探测器称紫外火焰探测器，响应波长高于 700nm 辐射能通量的探测器称作红外火焰探测器。

（1）分类及特点

火焰探测器的分类及特点见表 2-1 所示。

火焰探测器的分类及特点　　　　　　　　　　表 2-1

序号	分类名称	特　点
1	单通道红外火焰探测器	优点：对大多数含碳氢化合物的火灾响应较好；对弧焊不敏感；通过烟雾及其他许多污染能力强；日光盲；对一般的电力照明、人工光源和电弧不响应；其他形式辐射的影响很小 缺点：透镜上结冰可造成探测器失灵，对受调制的黑体热源敏感。由于只能对具有闪烁特征的火灾响应，因而使得探测器对高压气体火焰的探测较为困难
2	双通道火焰探测器	优点：对大多含碳氢化合物的火灾响应较好；对电弧焊不敏感；能够透过烟雾和其他许多污染；日光盲；对一般的电力照明、人工光源和电弧不响应；其他形式辐射影响很小；对稳定的或经调制的黑体辐射不敏感，误报率较低 缺点：灵敏度低

序号	分类名称	特　　点
3	紫外火焰探测器	优点:对绝大多数燃烧物质能够响应,但响应的快慢有不同,最快响应可达12ms,可用于抑爆等特殊场合;不要求考虑火焰闪烁效应;在高达125℃的高温场合下,可采用特种形式的紫外探测器;对固定的或移动的黑体热源反应不灵敏,对日光辐射和绝大多数人工照明辐射不响应,可带自检机构,某些类形探测器可进行现场调整,调整探测器的灵敏度和响应时间,具有较大的灵活性 缺点:易产生误报
4	紫外/红外火焰探测器	优点:对大多含碳氢化合物的火灾响应较好;对电弧焊不敏感;比单通道红外火焰探测器响应稍快,但比紫外火焰探测器稍慢;对一般的电力照明、大多数人工光源和电弧不响应。其他形式辐射的影响很小;日光盲;对黑体辐射不敏感;即使背景正在进行电弧焊,但经过简单的表决单元也能响应一个真实的火灾;同样,即使存在高的背景红外辐射源,也不能降低其响应真实火灾的灵敏度;带简单表决单元的紫外/红外探测器的火焰灵敏度可现场调整,以适合特殊安装场合的应用 缺点:火焰灵敏度可能受紫外和红外吸收物质沉积的影响

（2）构造及原理

以紫外火焰探测器为例说明之。紫外火焰探测器由圆柱型紫外充气光敏管、自检管、屏蔽套、反光环、石英窗口等组成，如图 2-15（a）所示，工作原理如图 2-15（b）所示，外形如图 2-15（c）所示。

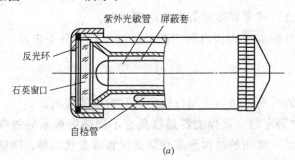

(a)

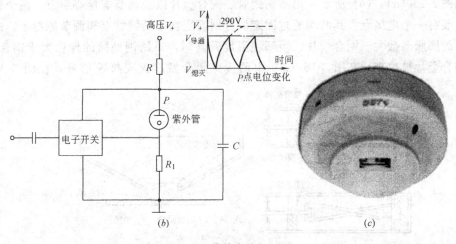

(b)　　　　　　　　　　　(c)

图 2-15　紫外火焰探测器

（a）结构示意图；（b）工作原理示意图；（c）智能紫外火焰探测器 JTG-ZW-G1

当光敏管接收到 $185\sim245$nm 的紫外线时，产生电离作用而放电，使其内阻变小，导电电流增加，使电子开关导通，光敏管工作电压降低，当电压降低到 $V_{熄灭}$ 电压时，光敏管停止放电，使导电电流减小，电子开关断开，此时电源电压通过 RC 电路充电，又使光敏管的工作电压重新升高到 $V_{导通}$ 电压，于是又重复上述过程，这样便产生了一串脉冲，脉冲的频率与紫外线强度成正比，同时与电路参数有关。

(3) 一般安装及接线方式

智能紫外火焰探测器也分为探头和底座两部分，其接线主要在底座上完成，底座上有 4 个导体片，片上带接线端子，底座上不设定位卡，便于调整探测器报警指示灯的方向。预埋管内的探测器总线分别接在任意对角的二个接线端子上（不分极性），另一对导体片用来辅助固定探测器。待底座安装牢固后，将探测器底部对正底座顺时针旋转，即可将探测器安装在底座上。探测器底座外形同通用探测器底座 DZ-02 外形图。具体安装时的注意事项如下：

1) 不宜安装在可能发生无焰火灾的场所；

2) 不宜安装在在火焰出现前有浓烟扩散的场所；

3) 不宜安装在探测器的镜头易被污染的场所；

4) 不宜安装在探测器的"视线"易被遮挡的场所；

5) 不宜安装在探测器易受阳光或其他光源直接或间接照射的场所；

6) 不宜安装在在正常情况下有明火作业以及 X 射线、弧光等影响的场所。

2.2.3 感温探测器

感温探测器是响应异常温度、温升速率和温差等参数的探测器。

感温式火灾探测器按其结构可分为电子式和机械式两种。按原理又分为定温、差温、差定温组合式三种。

(1) 定温式探测器

定温式探测器是随着环境温度的升高，达到或超过预定值时响应的探测器。

1) 双金属型定温探测器：双金属定温火灾探测器是以具有不同热膨胀系数的双金属片为敏感元件的一种定温火灾探测器。常用的结构形式有圆筒状和圆盘状两种。圆筒状的结构如图 2-16 (a)、(b) 所示，由不锈钢管、铜合金片以及调节螺栓等组成。两个铜合金片上各装有一个电接点，其两端通过固定块分别固定在不锈钢管上和调节螺栓上。由于不锈钢管的膨胀系数大于铜合金片，当环境温度升高时，不锈钢外筒的伸长大于铜合金片，因此铜合金片被拉直。在图 2-16 (a) 中两接点闭合发出火灾报警信号；在图 2-16 (b)

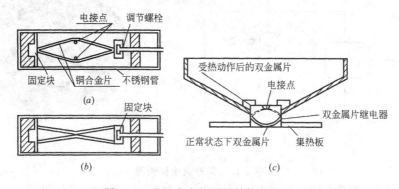

图 2-16 定温火灾探测器结构示意图

中两接点打开发出火灾报警信号。图 2-16（c）所示为双金属圆盘状定温火灾探测器结构示意图。

2）缆式线型定温探测器：是采用线缆式结构的线型定温探测器。

A. 热敏电缆线型定温探测器的构造及原理

该探测器由两根弹性钢丝、热敏绝缘材料、塑料色带及塑料外护套组成，如图 2-17（a）所示。在正常时，两根钢丝间呈绝缘状态。该探测器主要由智能缆式线型感温探测器编码接口箱、热敏电缆及终端模块三部分构成一个报警回路，此报警回路再通过智能缆式线型感温探测器编码接口箱与报警总线相连，以便传输火灾信息到报警主机上。其系统构成见图 2-18，其外形如图 2-17（b）所示。

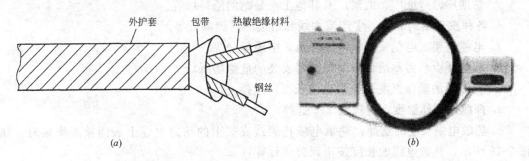

(a)   *(b)*

图 2-17　缆式线型定温探测器
（a）缆式线型定温探测器构造图；（b）智能线型缆式感温探测器

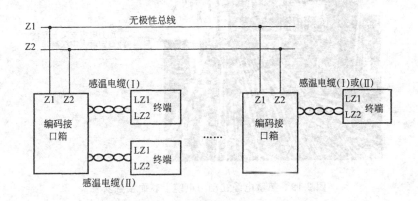

图 2-18　智能线型缆式感温探测器系统示意图

在每一热敏电缆中有一极小的电流流动。当热敏电缆线路上任何一点的温度（可以是"电缆"周围空气或它所接触物品的表面温度），上升达额定动作温度时，其绝缘材料熔化，两根钢丝互相接触，此时报警回路电流骤然增大，报警控制器发出声、光报警的同时，数码管显示火灾报警的回路号和火警的距离（即热敏电缆动作部分的米数）。报警后，经人工处理热敏电缆可重复使用。当热敏电缆或传输线任何一处断线时，报警控制器可自动发出故障信号。探测器的动作温度如表 2-2 所列。

B. 探测器的适用场所

a. 控制室、计算机室的闷顶内、地板下及重要设施隐蔽处等。

安装地点允许的温度范围(℃)	额定动作温度(℃)	备 注
-30~40	68%±10%	应用于室内、可架空及靠近安装使用
-30~55	85%±10%	应用于室内、可架空及靠近安装使用
-40~75	105%±10%	适用于室内、外
-40~100	138%±10%	适用于室内、外

b. 配电装置：包括电阻排、电机控制中心、变压器、变电所、开关设备等。

c. 灰尘收集器、高架仓库、市政设施、冷却塔等。

d. 卷烟厂、造纸厂、纸浆厂及其他工业易燃的原料垛等。

e. 各种皮带输送装置、生产流水线和滑道的易燃部位等。

f. 电缆桥架、电缆夹层、电缆隧道、电缆竖井等。

g. 其他环境恶劣不适合点型探测器安装的危险场所。

C. 探测器的动作温度及热敏电缆长度的选择

a. 探测器动作温度：应按表 2-2 选择。

b. 热敏电缆长度的选择：热敏电缆托架或支架上的动力电缆上表面接触安装时，如图 2-19 所示，热敏电缆的长度按下列公式计算：

热敏电缆的长度＝托架长×倍率系数，倍率系数可按表 2-3 选定。

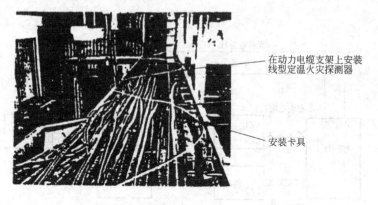

在动力电缆支架上安装线型定温火灾探测器

安装卡具

图 2-19　热敏电缆在动力电缆上表面接触安装

倍率系数的确定 表 2-3

托架宽(m)	倍率系数	托架宽(m)	倍率系数
1.2	1.75	0.5	1.15
0.9	1.50	0.4	1.10
0.6	1.25		

热敏电缆以正弦波方式安装在动力电缆上时，其固定卡具的数目计算方法如下：

固定卡具数目＝正弦波半波个数×2＋1

（2）差温探测器

差温探测器是当火灾发生时，室内温度升高速率达到预定值时响应的探测器。按其工作原理又分机械式、电子式或和空气管线型几种。

1）点型差定温火灾探测器：

当火灾发生时，室内局部温度将以超过常温数倍的异常速率升高。差温火灾探测器就是利用对这种异常速率产生感应而研制的一种火灾探测器。

当环境温度以不大于 1℃/min 的温升速率缓慢上升时，差温火灾探测器将不发出火灾报警信号，较为适用于产生火灾时温度快速变化的场所。点型差温火灾探测器主要有膜盒差温、双金属片差温、热敏电阻差温火灾探测器等几种类型。常见的是膜盒差温火灾探测器，它由感温外壳、波纹片、漏气孔及电接点等几部分构成，其结构如图 2-20 所示。

这种探测器具有灵敏度高、可靠性好、不受气候变化影响的特点，因而应用非常广泛。

2）空气管线型差温探测器：

它是一种感受温升速率的火灾探测器。由敏感元件空气管（为 φ3mm×0.5mm 紫铜管，安装于要保护的场所）、传感元件膜盒和电路部分（安装在保护现场或装在保护现场之外）组成，如图 2-21 所示。

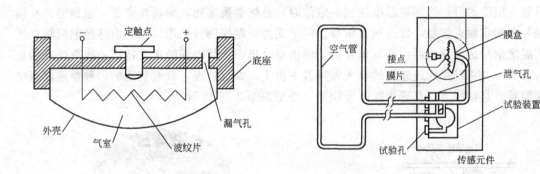

图 2-20　膜盒差温火灾探测器结构示意图　　　　图 2-21　空气管线式差温探测器

其工作原理是：当正常时，气温正常，受热膨胀的气体能从传感元件泄气孔排出，不推动膜盒片，动、静结点不闭合；当发生火灾时，灾区温度快速升高，使空气管感受到温度变化，管内的空气受热膨胀，泄气孔无法立即排出，膜盒内压力增加推动膜片，使之产生位移，动、静接点闭合，接通电路，输出报警信号。

空气管式线型差温探测器的灵敏度为三级，如表 2-4 所列。由于灵敏度不同，其使用场所也不同，如表 2-5 所列给出了不同灵敏度空气管式差温探测的适用场合。

空气管式线型差温度探测器灵敏度　　　　　　　　　　　　　　　表 2-4

规　格	动作温升速率 （℃/min）	不动作温升速率	规　格	动作温升速率 （℃/min）	不动作温升速率
1 种	7.5	1℃/min 持续上升 10min	3 种	30	3℃/min 持续上升 10min
2 种	15	2℃/min 持续上升 10min			

说明：以第 2 种规格为例，当空气管总长度的 1/3 感受到以 15℃/min 速率上升的温度时，1min 之内会给出报警信号。而空气管总长度的 2/3 感受到以 2℃/min 速率上升的温度时，10min 之内不应发出报警信号。

规　格	最大空气管长度(m)	使　用　场　合
1 种	＜80	书库、仓库、电缆隧道、地沟等温度变化率较小的场所
2 种	＜80	暖房设备等温度变化较大的场所
3 种	＜80	消防设备中要与消防泵自动灭火装置联动的场所

以上所描述的差温和定温感温探测器中除缆式线型定温探测器因其特殊的用途还在使用外，其他均已被下面介绍的差定温组合式探测器所取代。

（3）差定温组合式探测器

这种探测器是将温差式、定温式两种感温探测元件组合在一起，同时兼有两种功能。其中某一种功能失效，另一种功能仍能起作用，因而大大提高了可靠性，分为机械式和电子式两种。

下面以机械式差定温探测器原理说明：如图 2-22 为 JW-JC 型差定温探测器的结构示意图。它的温差探测部分与膜盒形基本相同，而定温探测部分与易熔金属定温探测器相同。其工作原理是：差温部分，当发生火情时，环境温升速率达到某一数值，波纹片在受热膨胀的气体作用下，压迫固定在波纹片上的弹性接触片向上移动与固定触头接触，发出报警。定温部分，当环境温度达到一定值时，易熔金属熔化，弹簧片弹回，也迫使弹性接触片和固定触点接触，发出报警信号。电子式差定温探测器原理说明：由感温电阻将现场的温度信号传至探测器内部的单片机，再由单片机根据其内部的火灾特征曲线判断现场是否着火，并将结果通过总线传至火灾报警主机上。这也是现在普遍使用的一种差定温感温探测器，其接线方式与感烟探测器相同。外型如图 2-23 所示。

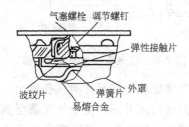

图 2-22　JW-JC 型差定温探测器结构图　　图 2-23　智能电子差定温感温探测器 JTW-ZCD-G3N

（4）感温探测器灵敏度

火灾探测器在火灾条件下响应温度参数的敏感程度称感温探测器的灵敏度。

感温探测器分为Ⅰ、Ⅱ、Ⅲ级灵敏度。定温、差定温探测器灵敏度级别标志如下：

Ⅰ级灵敏度（62℃）：绿色；

Ⅱ级灵敏度（70℃）：黄色；

Ⅲ级灵敏度（78℃）：红色。

2.2.4　气体火灾探测器（又称可燃气体探测器）

对探测区域内某一点周围的特殊气体参数敏感响应的探测器称为气体火灾探测器（又称可燃气体探测器）。其探测的主要气体种类有天燃气、液化气、酒精、一氧化碳等。

（1）适用场所及作用

用于探测溶剂仓库、压气机站、炼油厂、输油输气管道的可燃性气体方面，用于预防潜在的爆炸或毒气危害的工业场所及民用建筑（煤气管道、液化气罐等），起防爆、防火、监测环境污染的作用。

（2）构造及原理

1）敏感元件

A. 金属氧化物半导体元件：当氧化物暴露在温升 $200\sim300℃$ 的还原性气体中时，大多数氧化物的电阻将明显地降低。由于半导体表面接触的气体的氧化作用，被离子吸收的氧从半导体表面移出，自由形成的电子对于电传导有贡献。由特殊的催化剂，例如 Pt、Pd 和 Gd 的掺和物可加速表面反应。这一效应是可逆的，即当除掉还原性气体时，半导体恢复到它的初始的高阻值。

应用较多的是以二氧化锡（SnO_2）材料，适量添加微量钯（Pd）等贵金属做催化剂，在高温下烧结成多晶体的 N 型半导体材料，在其工作温度（$250\sim300℃$）下，如遇可燃性气体，例如大约 10×10^{-6} 的一氧化碳气体，是足够灵敏的，因此，它们能够构成用来研制探测器初期火灾的气体探测器的基础。

其他类型的可燃气体探测器还有氧化锌系列，它是在氧化锌材料中掺杂铂（Pt）做催化剂，对煤气具有较高的灵敏度；掺杂钯（Pd）做催化剂，对一氧化碳和氢气比较敏感。

有时还采用其他材料做敏感元件，例如 γ-Fe_2O_3 系列，它不使用催化剂也能获得足够的灵敏度，并因不使用催化剂而大大延长其使用寿命。

各类半导体可燃气体敏感材料如表 2-6 所列。

半导体可燃气体敏感材料 表 2-6

检 测 元 件	检出成分	检 测 元 件	检出成分
ZnO 薄膜	还原性、氧化性气体	氧化物（WO_3、MoO_3、Gr_2O_3 等）+催化剂(Pt、Ir、Rh、Pd 等)	还原性气体
氧化物薄膜（ZnO、SnO_2、CdO、Fe_2O_3、NiO 等）	还原性、氧化性气体	SnO_2+Pd	还原性气体
SnO_2	可燃性气体		还原性气体
In_2O_3+Pt	H_3 碳化氢	SnO_2+Sb_2O_3+Au	H_2
混合氧化物($LanNiO_3$ 等)	C_2H_2OH 等	$MgFe_2O_4$	还原性气体
$V2O5$+Ag	NO_2	γ-Fe_2O_3	C_2H_8、C_4H_{10} 等
CoO	O_2	SnO_2+ThO_2	CO
ZnO+Pt ZnO+Pd	C_3H_8、C_4H_{10} 等 H_2、CO		

B. 催化燃烧元件：一个很小的多孔的陶瓷小珠（直径约为 1mm），例如氧化铝和一个 Pt 加热线圈结到一起，如图 2-24 所示，把小球浸渍一种催化剂（Pt、Th、Pd 等）以加速某些气体的氧化作用。该催化的活性小珠在电路是桥式连接，其参考桥臂由一类似结构的惰性小珠构成。两个小珠相邻地放于探测器壳体中，Pt 线圈加热到 500℃ 左右的温度。

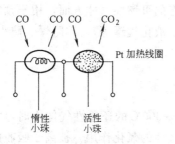

可氧化的气体在催化的活性小珠热表面上氧化，但在惰性小珠上不氧化。因此，活性小珠的温度稍高于惰性小珠的温度。两个小珠的温差可由 Pt 加热线圈电阻的相应变化测出。对于低气体浓度来说，电路输出信号与气体浓度 C 成正比，即

$$S = A \cdot C \tag{2-1}$$

式中　S——电路输出信号；
　　　A——系数（A 与燃烧热成正比）；
　　　C——气体浓度。

图 2-24　催化燃烧气敏感元件示意

催化燃烧气体敏感元件制成的探测器仅对可氧化的气体敏感。它主要用于监测易爆气体（其浓度在爆炸下限的 1/100 到 1/10，即大于 100×10^{-6}）。探测器的灵敏度可勉强探出典型火灾初期阶段的气体浓度，而且探测器的功能较大（约 1W），在大多数情况下，由于在 1 年左右时间内将有较大的漂移，所以它需要重新进行电气调零。

2）气体火灾探测器的响应性能

A. 火灾包括有机物质的不完全燃烧，产生大量的一氧化碳气体。一氧化碳往往先于火焰或烟出现，因此，可能提供最早期的火灾报警。

B. 使用半导体气体探测器探测低浓度的一氧化碳（体积比在百万分之几数量级），这一浓度远小于一般火灾产生的浓度。一氧化碳气体按扩散方式到达到探测器，不受火灾对流气流的影响，对探测火灾是一个有利的因素。

C. 一氧化碳半导体气体探测器对各种火灾具有较普通的响应性，这是其他火灾探测器无法比拟的。可燃气体探测器的主要技术性能如表 2-7 所列。

可燃气体探测器的主要技术性能　　　　　　　　表 2-7

项　目	型　号	
	HRB-15 型	RH-101 型
测量对象	一般可燃性气体	一般可燃性气体
测量范围	0%～120% L.E.L	0%～100% L.E.L
防爆性能	BH_4 IIIe	B_3d
测量精度	混合档 ±30% L.E.L 专用档 ±10% L.E.L	满刻度的 ±5%
指定稳定时间	5s	
警报起动点	20%L.E.L. 或自定	25%L.E.L 或自定
被测点数	1 点	15 点
环境条件	温度 $-20～+40℃$ 环境湿度 0%～98%	$-30～40℃$
重量	小于 2kg	检测器：9kg 显示器：46kg

注：L.E.L 指爆炸下限。

D. 半导体气体探测器结构简单，由较大表面积的陶瓷元件构成，对大气有一定的抵御能力，体积可以做得较小，且坚固，成本较低。

3）可燃气体探测器的安装接线方式

可燃气体探测器主要分为两种存在形式，一种是编码可燃气体探测器，该可燃气体探测器可直接接到报警总线上，与其他类型报警设备一同构成综合型的报警网络；另一种为独立型的可燃气体探测器，该探测器本身不带编码，且有一个独立可燃气体报警控制器与之配套（电源为 24V 或 220V），自成系统。下面以海湾牌编码型可燃气体探测器 GST-BF003M 为例具体加以说明。GST-BF003M 隔爆点型可燃气体探测器通过四芯电缆与处在安全区的 GST 系列火灾报警控制器连接，其中两根线为 DC24V 电源线，另两根为总线。本探测器防爆标志为 ExdIICT6，适用于石油、化工、机械、医药、储运等行业爆炸危险环境的 1 区和 2 区。其主要技术指标为

A. 工作电压：DC24V

B. 使用电压范围：DC19V～DC29V

C. 工作电流≤40mA

D. 传感原理：催化燃烧

E. 取样方式：自然扩散

F. 检测范围：0%～100% L. E. L

G. 线制：四线——两根 DC24V 电源线，两根为总线，传输距离可达到 1000m

H. 检测气体：天燃气、液化气、酒精

I. 使用环境：温度－40～＋70℃，相对湿度≤95%，不结露

J. 外壳防护等级：IP43

防爆标志：ExdIICT6

GST-BF003M 隔爆点型可燃气体探测器外形及接线端子示意图分别如图 2-25 和图 2-26 所示。

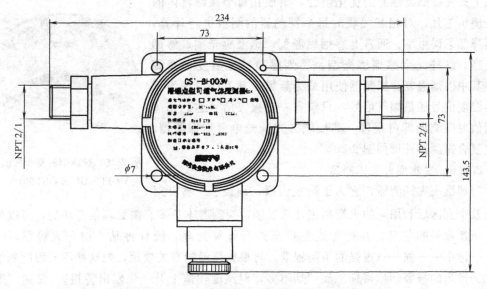

图 2-25　GST-BF003M 隔爆点型可燃气体探测器外形图

其中 Z1、Z2 为接火灾报警控制器信号二总线的端子，无极性；D1、D2 为接 DC24V 电源的端子，无极性；⏚为探测器机壳保护地端子。GST-BF003M 隔爆点型可燃气体探

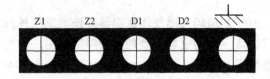

图 2-26 GST-BF003M 隔爆点型
可燃气体探测器端子图

测器安装方式有两种，一种是安装到钢管上，另一种是安装到墙上。当被探测气体比空气重时，探测器应安装在低处；反之，则应安装在高处。在室外安装时应加装防雨罩，防止雨水溅湿探测器。该隔爆点型可燃气体探测器必须和海湾公司的 GST 系列火灾报警控制器配接。每一只探测器和控制回路使用四芯电缆连接。具体接线方法如图 2-27。

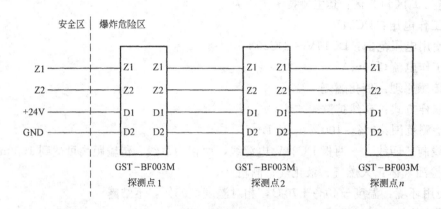

图 2-27   GST-BF003M 隔爆点型可燃气体探测器连接示意图

2.2.5   复合火灾探测器

复合火灾探测器，它是一种可以响应两种或两种以上火灾参数的探测器，是两种或两种以上火灾探测器性能的优化组合，集成在每个探测器内的微处理机芯片，对相互关联的每个探测器的测值进行计算，从而降低了误报率。通常有感烟感温型、感温感光型、感烟感光型、红外光束感烟感光型、感烟感温感光型复合探测器。其中以烟温复合探测器使用最为频繁，其工作原理为无论是温度信号还是烟气信号，只要有一种火灾信号达到相应的阀值时探测器即可报警。其接线方式同光电感烟探测器。烟温复合探测器外形如图 2-28。

图 2-28   智能烟温复合探测器
JTF-GOM-GST601

2.2.6   智能型火灾探测器

智能型火灾探测器：它为了防止误报，预设了一些针对常规及个别区域和用途的火情判定计算规则，探测器本身带有微处理信息功能，可以处理由环境所收到的信息，并针对这些信息进行计算处理，统计评估。结合火势很弱——弱——适中——强——很强的不同程度，再根据预设的有关规则，把这些不同程度的信息转化为适当的报警动作指标。如"烟不多，但温度快速上升——发出警报"，又如"烟不多，且温度没有上升——发出预警报等。

例如：JTF-GOM-GST601 感烟型智能探测器，能自动检测和跟踪由灰尘积累而引起的工作状态的漂移，当这种漂移超出给定范围时，自动发出故障信号，同时这种探测器跟踪环境变化，自动调节探测器的工作参数，因此可大大降低由灰尘积累和环境变化所造成的误报和漏报。

以上提到的几种智能型火灾探测器都有一些共同的特点。比如为了防止误报，预设了一些针对常规及个别区域和用途的火情判定计算规则，探测器本身带有微处理信息功能，可以处理由环境所收到的信息，并针对这些信息进行计算处理，统计评估。能自动检测和跟踪由灰尘积累而引起的工作状态的漂移，当这种漂移超出给定范围时，自动发出清洗信号，同时这种探测器跟踪环境变化，自动调节探测器的工作参数，因此可大大降低由灰尘积累和环境变化所造成的误报和漏报。同时还具备自动存贮最近时期的火警记录的功能。随着科技水平的不断提高，这类智能型探测器现在已经成为主流。

2.2.7 探测器的编码

（1）传统的编码方式

编码探测器是最常用的探测器。传统的编码探测器由编码电路通过两条、三条或四条总线（即 P、S、T、G 线）将信息传到区域报警器。现以离子感烟探测器为例，如图 2-29 为离子感烟探测器编码电路的方框图。

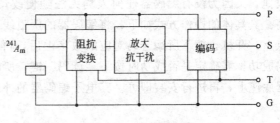

图 2-29　编码探测器

四条总线用不同的颜色，其中 P 为红色电源线，S 为绿色讯号线，T 为蓝色或黄色巡检线，G 为黑色地线。探测器的编码简单容易，一般可做到与房间号一致。编号是用探测器上的一个七位微型开关来实现的，该微型开关每位所对应的数见表 2-8 所列。探测器编成的号，等于所有处于"ON"（接通）位置的开关所对应的数之和。例如，当第 2、3、5、6 位开关处于"ON"时，该探测器编号为 54，探测器可编码范围为 1～127。

七位编码开关位数及所对应的数　　　　　　　　　　　　　　　　表 2-8

编码开关位 n	1	2	3	4	5	6	7
对应数 2^{n-1}	1	2	4	8	16	32	64

可寻址开关量报警系统比传统系统更能够较准确地确定着火地点，增强了火灾探测或判断火灾发生的及时性，比传统的多线制系统更加节省安装导线的数量。同一房间的多只探测器可用同一个地址编码，如图 2-30 所示，这样不影响火情的探测，方便控制器信号处理。但是在每只探测器底座（编码底座）上单独装设地址编码（编码开关）的缺点是：编码开关本身要求较高的可靠性，以防止受环境（潮湿、腐蚀、灰尘）的影响；因为其需要进制换

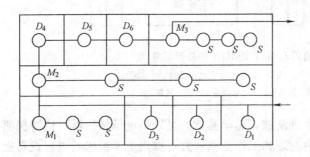

图 2-30　可寻开关量报警系统探测器编码示意
（D_0～D_6）及地址号码（M_1～M_3）

算，编码难度相对较大，所以在安装和调试期间，要仔细检查每只探测器的地址，避免几只探测器误装成同一地址编码（同一房间内除外）；在顶棚或不容易接近的地点，调整地址编码不方便、浪费时间，甚至不容易更换地址编码；同时因为任何人均可对编码进行改动，所以整个系统的编码可靠性较差。

（2）多线路传输技术编码方式

为了克服传统地址编码的缺点，多线路传输技术即不专门设址而采用链式结构。探测器的寻址是使各个开关顺序动作，每个开关有一定延时，不同的延时电流脉动分别代表正常、故障和报警三种状态。其特点是不需要拨码开关，也就是不需要赋于地址，在现场把探测器一个接一个地串入回路即可。

（3）现代电子编码方式

电子编码方式主要是通过电子编码器对与之配套的编码设备（如探头、模块等）进行十进制电子编码。该编码方式因为采用的是十进制电子编码不用进行换算，所以编码简单快捷，又因为没有编码器任何人均无法随便改动编码，所以整个系统的编码可靠性非常高。其具体的操作方式如下：将编码器的两根线（带线夹）夹在探测器底座的两斜对角接点上，开机，按下所编号码对应的数字键后，再按"编码"键，待出现"P"时即表示编码成功，需确定是否成功时按下"读码"键，所编号码即显示出来。然后将编号写在探测器底座上，再进行安装即可。其电子编码器的外形如图 2-31 所示。

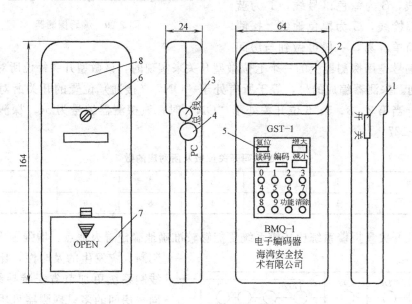

图 2-31 电子编码器 GST-BMQ-1 的外形示意
1—电源；2—液晶屏；3—总线插口；4—火灾显示盘接口（I2C）；
5—复位健；6—固定螺丝；7—电池盒盖；8—铭牌

电子编码器利用键盘操作，输入十进制数，简单易学。可以用电子编码器，读写探测器的地址和灵敏度，读写模块类产品的地址和工作方式；并可以用电子编码器浏览设备批次号，电子编码器还可以用来设置 ZF-GST8903 图形式火灾显示盘地址、灯的总数及每个灯所对应的用户编码，现场调试维护十分方便。其中部分功能说明如下：

1）电源开关：完成系统硬件开机和关机操作。

2）液晶屏：显示有关设备的一切信息和操作人员输入的相关信息，并且当电源欠电压时给出指示。

3）总线插口：电子编码器通过总线插口与探测器、现场模块或指示部件相连。

4）火灾显示盘接口（I2C）：电子编码器通过此接口与火灾显示盘相连，进行各指示灯的二次码的编写。

5）复位键：当电子编码器由于长时间不使用而自动关机后，按下复位键可以是系统重新通电并进入工作状态。

2.3 探测器的选择及数量确定

在火灾自动报警系统中，探测器的选择是否合理，关系到系统能否正常运行，因此探测器种类及数量的确定十分重要。另外，选好后的合理布置是保证探测质量的关键环节。为此在选择及布置时应符合国家规范。

2.3.1 探测器种类的选择

应根据探测区域内的环境条件、火灾特点、房间高度、安装场所的气流状况等，选用其所适宜类型的探测器或几种探测器的组合。

（1）根据火灾特点、环境条件及安装场所确定探测器的类型

火灾受可燃物质的类别，着火的性质，可燃物质的分布，着火场所的条件，火载荷重，新鲜空气的供给程度以及环境温度等因素的影响。一般把火灾的发生与发展分为四个阶段：

前期：火灾尚未形成，只出现一定量的烟，基本上未造成物质损失。

早期：火灾开始形成，烟量大增、温度上升，已开始出现火，造成较小的损失。

中期：火灾已经形成，温度很高，燃烧加速，造成了较大的物质损失。

晚期：火灾已经扩散。

根据以上对火灾特点的分析，对探测器选择如下：

感烟探测器做为前期、早期报警是非常有效的。凡是要求火灾损失小的重要地点，对火灾初期有阴燃阶段，即产生大量的烟和少量的热，很少或没有火焰辐射的火灾，如棉、麻织物的引燃等，都适于选用。

不适于选用的场所有：正常情况下有烟的场所，经常有粉尘及水蒸气等固体、液体微粒出现的场所，发火迅速、产生烟极少爆炸性场合。

离子感烟与光电感烟探测器的适用场合基本相同，但应注意它们各有不同的特点。离子感烟探测器对人眼看不到的微小颗粒同样敏感，例如人能嗅到的油漆味、烤焦味等都能引起探测器动作，甚至一些分子量大的气体分子，也会使探测器发生动作，在风速过大的场合（例如大于 6m/s）将引起探测器不稳定，且其敏感元件的寿命较光电感烟探测器的短。

对于有强烈的火焰辐射而仅有少量烟和热产生的火灾，如轻金属及它们的化合物的火灾，应选用感光探测器，但不宜在火焰出现前有浓烟扩散的场所及探测器的镜头易被污染、遮挡以及受电焊、X射线等影响的场所中使用。

感温型探测器做为火灾形成早期（早期、中期）报警非常有效。因其工作稳定，不受非火灾性烟雾汽尘等干扰。凡无法应用感烟探测器、允许产生一定的物质损失及非爆炸性

的场合都可采用感温型探测器。特别适用于经常存在大量粉尘、烟雾、水蒸气的场所及相对湿度经常高于95％的房间，但不宜用于有可能产生阴燃火的场所。

定温型允许温度的较大变化，比较稳定，但火灾造成的损失较大。在零摄氏度以下的场所不宜选用。

差温型适用于火灾早期报警，火灾造成损失较小，但火灾温度升高过慢则无反应而漏报。差定温型具有差温型的优点而又比差温型更可靠，所以最好选用差定温探测器。

各种探测器都可配合使用，如感烟与感温探测器的组合，宜用于大中型机房、洁净厂房以及防火卷帘设施的部位等处。对于蔓延迅速、有大量的烟和热产生、有火焰辐射的火灾，如油品燃烧等，宜选用三种探测器的配合。

总之，感烟探测器具有稳定性好、误报率低、寿命长、结构紧凑、保护面积大等优点，得到广泛应用。其他类型的探测器，只在某些特殊场合作为补充才用到。为选用方便，归纳为表 2-9 所示。

点型探测器的适用场所或情形一览表 （举例）　　　　　　表 2-9

序号	探测器类型 场所或情形	感　烟		感　　温			火　焰		说　　明
		离子	光电	定温	差温	差定温	红外	紫外	
1	饭店、宾馆、教学楼、办公楼的厅堂、卧室、办公室等	0	0						厅堂、办公室、会议室、值班室、娱乐室、接待室等，灵敏度档次为中、低，可延时；卧室、病房、休息厅、衣帽室、展览室等，灵敏度档次为高
2	电子计算机房、通讯机房、电影电视放映室等	0	0						这些场所灵敏度要高或高、中档次联合使用
3	楼梯、走道、电梯、机房等	0	0						灵敏度档次为高、中
4	书库、档案库	0	0						灵敏度档次为高
5	有电器火灾危险	0	0						早期热解产物，气溶胶微粒小，可用离子型；气溶胶微粒大，可用光电型
6	气温速度大于 5m/s	×	0						
7	相对湿度经常高于 95％以上	×				0			根据不同要求也可选用定温或差温
8	有大量粉尘、水雾滞留	×	×	0	0				
9	有可能发生无烟火灾	×							根据具体要求选用
10	在正常情况下有烟和蒸汽滞留	×	×	0	0	0			
11	有可能产生蒸汽和油雾		×						
12	厨房、锅炉房、发电机房、茶炉房、烘干车间等			0		0			在正常高温环境下，感温探测器的额定动作温度值可定得高些，或选用高温感温探测器

46

序号	探测器类型 场所或情形	感烟		感温			火焰		说　明
		离子	光电	定温	差温	差定温	红外	紫外	
13	吸烟室、小会议室等				0	0			若选用感烟探测器则应 选低灵敏度档次
14	汽车库				0	0			
15	其他不宜安装感烟探测 器的厅堂和公共场所	×	×	0	0	0			
16	可能产生阴燃火或者如 发生火灾不及早报警将造 成重大损失的场所	0	0	×	×	×			
17	温度在0℃以下			×					
18	正常情况下,温度变化较 大的场所				×				
19	可能产生腐蚀性气体	×							
20	产生醇类、醚类、酮类等 有机物质	×							
21	可能产生黑烟		×						
22	存在高频电磁干扰		×						
23	银行、百货店、商场、仓库	○	○						
24	火灾时有强烈的火焰 辐射						○	○	如:含有易燃材料的房间、 飞机库、油库、海上石油钻井 和开采平台;炼油裂化厂
25	需要对火焰作出快速 反映						○	○	如:镁和金属粉末的生 产,大型仓库、码头
26	无阴燃阶段和火灾						○	○	
27	博物馆、美术馆、图书馆	○	○				○	○	
28	电站、变压器间、配电室	○	○				○	○	
29	可能发生无焰火灾						×	×	
30	在火焰出现前有浓烟 扩散						×	×	
31	探测器的镜头易被污染						×	×	
32	探测器的"视线"易被 遮挡						×	×	
33	探测器易受阳光或其他 光源直接或间接照射						×	×	
34	在正常情况下有明火作 业以及 X 射线、弧光等 影响						×	×	

序号	探测器类型\\场所或类型	感烟		感温				火焰		说　明
		离子	光电	定温	定温	差定温	缆式	红外	紫外	
35	电缆隧道、电缆竖井、电缆夹层								○	发电厂、发电站、化工厂、钢铁厂
36	原料堆垛								○	纸浆厂、造纸厂、卷烟厂及工业易燃堆垛
37	仓库堆垛								○	粮食、棉花仓库及易燃仓库堆垛
38	配电装置、开关设备、变压器、电控中心							○		
39	地铁、名胜古迹、市政设施						○			
40	耐碱、防潮、耐低温等恶劣环境						○			
41	皮带运输机生产流水线和滑道的易燃部位						○			
42	控制室、计算机室的闷顶内、地板下及重要设施隐蔽处等						○			
43	其他环境恶劣不适合点型感烟探测器安装场所						○			

注：1. 符号说明：在表中"○"适合的探测器，应优先选用；"×"不适合的探测器，不应选用；空白，无符号表示，须谨慎使用。

2. 在散发可燃气体和可燃气的场所宜选用可燃气体探测器，实现早期报警。

3. 对可靠性要求高，需要有自动联动装置或安装自动灭火系统时，采用感烟、感温、火焰探测器（同类型或不同类型）的组合。这些场所通常都是重要性很高，火灾危险性很大的。

4. 在实际使用时，如果在所列项目中找不到时，可以参照类似场所，如果没有把握或很难判定是否合适时，最好做燃烧模拟试验最终确定。

5. 下列场所可不设火灾探测器：

　(1) 厕所，浴室等；

　(2) 不能有效探测火灾者；

　(3) 不便维修、使用（重点部位除外）的场所。

在工程实际中，在危险性大又很重要的场所即需设置自动灭火系统或设有联动装置的场所，均应采用感烟、感温、火焰探测器的组合。

1）线型探测器的适用场所：

A. 下列场所宜选用缆式线型定温探测器：

a. 计算机室，控制室的闷顶内、地板下及重要设施隐蔽处等；

b. 开关设备、发电厂、变电站及配电装置等；

c. 各种皮带运输装置；

d. 电缆夹层、电缆竖井、电缆隧道等；

e. 其他环境恶劣不适合点型探测器安装的危险场所。

B. 下列场所宜选用空气管线型差温探测器：

a. 不易安装点型探测器的夹层、闷顶；

b. 公路隧道工程；

c. 古建筑；

d. 可能产生油类火灾且环境恶劣的场所；

e. 大型室内停车场。

C. 下列场所宜选用红外光束感烟探测器：

a. 隧道工程；

b. 古建筑、文物保护的厅堂馆所等；

c. 档案馆、博物馆、飞机库、无遮挡大空间的库房等；

d. 发电厂、变电站等。

2）可燃气体探测器的选择：下列场所宜选用可燃气体探测器：

A. 煤气表房、煤气站以及大量存放液化石油气罐的场所；

B. 使用管道煤气或燃气的房屋；

C. 其他散发或积聚可燃气体和可燃液体蒸气的场所；

D. 有可能产生大量一氧化碳气体的场所，宜选用一氧化碳气体探测器。

（2）根据房间高度选探测器

由于各种探测器特点各异，其适于房间高度也不一致，为了使选择的探测器能更有效地达到保护之目的，表 2-10 列举了几种常用的探测器对房间高度的要求，仅供学习及设计参考。

根据房间高度选探测器　　　　　　　　　　　　表 2-10

房间高度 h （m）	感烟探测器	感温探测器			火焰探测器
		一级	二级	三级	适合
$12 < h \leqslant 20$	不适合	不适合	不适合	不适合	适合
$8 < h \leqslant 12$	适合	不适合	不适合	不适合	适合
$6 < h \leqslant 8$	适合	适合	不适合	不适合	适合
$4 < h \leqslant 6$	适合	适合	适合	不适合	适合
$h \leqslant 4$	适合	适合	适合	适合	适合

当高出顶棚的面积小于整个顶棚面积的 10%，只要这一顶棚部分的面积不大于 1 只探测器的保护面积，则该较高的顶棚部分同整个顶棚面积一样看待。否则，较高的顶棚部分应如同分隔开的房间处理。

在按房间高度选用探测器时，应注意这仅仅是按房间高度对探测器选用的大致划分，具体选用时尚需结合火灾的危险度和探测器本身的灵敏度档次来进行。如判断不准时，需做模拟试验后最后确定。

在符合表 2-9 和表 2-10 的情况下便确定了探测器。如同时有两种以上探测器符合，应选保护面积大的探测器。

2.3.2　探测器数量的确定

在实际工程中房间功能及探测区域大小不一，房间高度、棚顶坡度也各异，那么怎样确定探测器的数量呢？规范规定：每个探测区域内至少设置一只火灾探测器。一个探测区域内所设置探测器的数量应按下式计算：

$$N \geqslant \frac{S}{k \cdot A} \text{（只）} \tag{2-2}$$

式中　N——一个探测区域内所设置的探测器的数量，单位用"只"表示，N 应取整数（既小数进位取整数）；

　　　S——一个探测区域的地面面积（m^2）；

　　　A——探测器的保护面积（m^2），指一只探测器能有效探测的地面面积。由于建筑物房间的地面通常为矩形，因此，所谓"有效"探测器的地面面积实际上是指探测器能探测到矩形地面面积。探测器的保护半径 R（m）是指一只探测器能有效探测的单向最大水平距离；

　　　k——称为安全修正系数。特级保护对象 k 取 0.7～0.8，一级保护对象 k 取值为 0.8～0.9，二级保护对象 k 取 0.9～1.0。

选取时根据设计者的实际经验，并考虑发生火灾对人和财产的损失程度、火灾危险性大小、疏散及扑救火灾的难易程度及对社会的影响大小等多种因素。

对于一个探测器而言，其保护面积和保护半径的大小与其探测器的类型、探测区域的面积、房间高度及屋顶坡度都有一定的联系。表 2-11 以两种常用的探测器反映了保护面积、保护半径与其他参量的相互关系。

感烟、感温探测器的保护面积和保护半径　　　　　　　　表 2-11

火灾探测器的种类	地面面积 $S(m^2)$	房间高度 $h(m)$	探测器的保护面积 A 和保护半径 R					
			房顶坡度 θ					
			$\theta \leqslant 15°$		$15° < \theta \leqslant 30°$		$\theta > 30°$	
			$A(m)$	$R(m)$	$A(m)$	$R(m)$	$A(m)$	$R(m)$
感烟探测器	$s \leqslant 80$	$h \leqslant 12$	80	6.7	80	7.2	80	8.0
	$s > 80$	$6 < h \leqslant 12$	80	6.7	100	8.0	120	9.9
		$h \leqslant 6$	60	5.8	80	7.2	100	9.0
感温探测器	$s \leqslant 30$	$h \leqslant 8$	30	4.4	30	4.9	30	5.5
	$s > 30$	$h \leqslant 8$	20	3.6	30	4.9	40	6.3

另外，通风换气对感烟探测器的面积有影响，在通风换气房间，烟的自然蔓延方式受到破坏。换气越频，燃烧产物（烟气体）的浓度越低，部分烟被空气带走，导致探测器接受烟量的减少，或者说探测器感烟灵敏度相对地降低。常用的补偿方法有两种：一是压缩每只探测器的保护面积；二是增大探测器的灵敏度，但要注意防误报。感烟探测器的换气系数如表 2-12 所列。可根据房间每小时换气次数（N），将探测器的保护面积乘以一个压缩系数。

感烟探测器的换气系数表　　　　　　　　表 2-12

每小时换气次数 N	保护面积的压缩系数	每小时换气系数 N	保护面积的压缩系数
$10 < N \leqslant 20$	9	$40 < N \leqslant 50$	6
$20 < N \leqslant 30$	0.8	$50 < N$	0.5
$30 < N \leqslant 40$	0.7		

【例】 设房间换气系数为 50/h，感烟探测器的保护面积为 80m²，考虑换气影响后，探测器的保护面积为：$A = 80 \times 6 = 48$（m²）

【例 2-1】 某高层教学楼的其中一个被划为一个探测区域的阶梯教室，其地面面积为 30m×40m，房顶坡度为 13°，房间高度为 8m，属于二级保护对象，试求：（1）应选用何种类型的探测器？（2）探测器的数量为多少只？

【解】 （1）根据使用场所从表 2-9 知选感烟或感温探测器均可，但按房间高度表 2-10 中可知，仅能选感烟探测器。

（2）由 2-2 式知，因属二级保护对象故 k 取 1，地面面积 $S = 30m \times 40m = 1200m² > 80m²$，房间高度 $h = 8m$，即 $6m < h \leqslant 12m$，房顶坡度 θ 为 13° 即 $\theta \leqslant 15°$，于是根据 S，h，θ 查表 2-11 得，保护面积 $A = 80m²$，保护半径 $R = 6.7m²$。

$\therefore$

$$N = \frac{1200}{1 \times 80} = 15 \text{（只）}$$

由上例可知：对探测器类型的确定必须全面考虑。确定了类型，数量也就被确定了。那么数量确定之后如何布置及安装，在有梁等特殊情况下探测区域怎样划分？这是我们以下要解决的课题。

2.4 探测器的布置

探测器布置及安装的合理与否，直接影响保护效果。一般火灾探测器应安装在屋内顶棚表面或顶棚内部（没有顶棚的场合，安装在室内天花板表面上）。考虑到维护管理的方便，其安装面的高度不宜超过 20m。

在布置探测器时，首先考虑安装间距如何确定，再考虑梁的影响及特殊场所探测器安装要求，下面分别叙述。

2.4.1 安装间距的确定

（1）相关规范：

探测器周围 0.5m 内，不应有遮挡物（以确保探测效果）。

探测器至墙壁、梁边的水平距离，不应小于 0.5m。如图 2-32 所示。

（2）安装间距的确定

探测器在房间中布置时，如果是多只探测器，那么两探测器的水平距离和垂直距离称安装间距，分别用 a 和 b 表示。

安装间距 a、b 的确定方法有如下五种：

1）计算法：根据从表 2-11 中查得保护面积 A 和保护半径 R，计算直径 $D = 2R$ 值，根据所算 D 值大小对应保

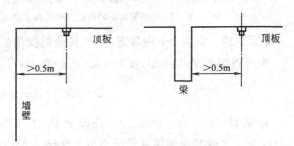

图 2-32 探测器在顶棚上安装时与墙或梁的距离

护面积 A 在图 2-33 曲线粗实线上即由 D 值所包围部分上取一点，此点所对应的数即为安装间距 a、b 值。注意实际应不大于查得的 a、b 值。具体布置后，再检验探测器到最远点水平距离是否超过了探测器的保护半径，如超过时应重新布置或增加探测器的数量。

图 2-33 曲线中的安装间距是以二维坐标的极限曲线的形式给出的。即：给出感温探测器的 3 种保护面积（20m²、30m² 和 40m²）及其 5 种保护半径（3.6m、4.4m、4.9m、5.5m 和 6.3m）所适宜的安装间距极限曲线 $D_1 \sim D_5$。给出感烟探测器的 4 种保护面积（60m²、80m²、100m² 和 120m²）及其 6 种保护半径（5.8m、6.7m、7.2m、8.0m 和 9.9m）所适宜的安装间距极限曲线 $D_6 \sim D_{11}$（含 D_9'）。

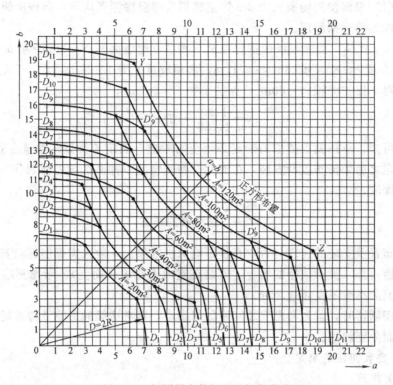

图 2-33 探测器安装间距的极限曲线

注：A——探测器的保护面积（m²）；

　　　a、b——探测器的安装间距（m）；

　　$D_1 \sim D_{11}$（含 D_9'）——在不同保护面积 A 和保护半径 R 下确定探测器安装间距 a、b 的极限曲线；

　　　Y、Z——极限曲线的端点（在 Y 和 Z 两点间的曲线范围内，保护面积可得到充分利用）。

【例 2-2】 对例 2-1 中确定的 15 只感烟探测器的布置如下：

由已查得的 $A = 80\text{m}^2$ 和 $R = 6.7\text{m}$ 计算得：

$$D = 2R = 2 \times 6.7 = 13.4\text{m}$$

根据 $D = 13.4\text{m}$，由图 2-33 曲线中 D_7 上查得的 Y、Z 线段上选取探测器安装间距 a、b 的数值。并根据现场实际情况选取 $a = 8\text{m}$，$b = 10\text{m}$，其中布置方式如图 2-34 所示。

那么这种布置是否合理呢？回答是肯定的，因为只要是在极限曲线内取值一定是合理的。验证如下：

本例中所采用的探测器 $R = 6.7\text{m}$，只要每个探测器之间的半径都小于或等于 6.7m，即可有效地进行保护。图 2-34 中，探测器间距最远的半径 $R = \sqrt{4^2 + 5^2} = 6.4\text{m}$，小于 6.7m，距墙的最大值为 5m，不大于安装间距 10m 的一半。显然布置合理。

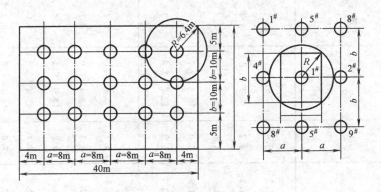

图 2-34　探测器的布置示例

2）经验法：一般点型探测器的布置为均匀布置法，根据工程实际总结计算法如下：

$$横向间距\ a = \frac{该房间（该探测区域）的长度}{横向安装间距个数+1} = \frac{该房间的长度}{横向探测器个数}$$

$$纵向间距\ b = \frac{该房间（该探测区域）的宽度}{纵向安装间距个数+1} = \frac{该房间的宽度}{纵向探测器个数}$$

因为距墙的最大距离为安装间距的一半，两侧墙为 1 个安装间距。上例中按经验法布置如下：

$$a = \frac{40}{4+1} = 8\text{m}, \quad b = \frac{30}{2+1} = 10\text{m}$$

由此可见，这种方法不需要查表可非常方便地求出 a、b 值。布置同上。

另外，根据人们的实际工作经验，这里推荐由保护面积和保护半径决定最佳安装间距的选择表，供设计使用，如表 2-13 所列。

在较小面积的场所（$S \leqslant 80\text{m}^2$）时，探测器尽量居中布置，使保护半径较小，探测效果较好。

【例 2-3】　某锅炉房地面长为 20m，宽为 10m，房间高度为 3.5m，房顶坡度为 12°，属于二级保护对象。试：①选探测器类型；②确定探测器数量；③进行探测器的布置。

【解】　①由表 2-9 查得应选用感温探测器；

② $N \geqslant \dfrac{S}{k \cdot A} = \dfrac{20 \times 10}{1 \times 20} = 10$（只）

由表 2-11 查得 $A = 20\text{m}^2$，$R = 3.6\text{m}$；

③ 布置

采用经验法布置：

横向间距 $a = \dfrac{20}{5} = 4\text{m}$，$a_1 = 2\text{m}$

纵向间距 $b = \dfrac{10}{2} = 5\text{m}$，$b_1 = 2.5\text{m}$

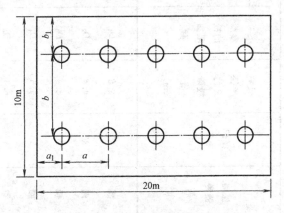

图 2-35　锅炉房探测器布置示意

由保护面积和保护半径决定最佳安装间距选择表

表 2-13

最佳安装间距 a,b 及其保护半径 R 值(m)

探测器种类	保护面积(m²)	保护半径R的极限值(m)	参照的极限曲线	$a_1 \times b_1$	R_1	$a_2 \times b_2$	R_2	$a_3 \times b_3$	R_3	$a_4 \times b_4$	R_4	$a_5 \times b_5$	R_5
感温探测器	20	3.6	D_1	4.5×4.5	3.2	5.0×4.0	3.2	5.5×3.6	3.3	6.0×3.3	3.4	6.5×3.1	3.6
	30	4.4	D_2	5.5×5.5	3.9	6.1×4.9	3.9	6.7×4.8	4.1	7.3×4.1	4.2	7.9×3.8	4.4
	30	4.9	D_3	5.5×5.5	3.9	6.5×4.6	4.0	7.4×4.1	4.2	8.4×3.6	4.6	9.2×3.2	4.9
	30	5.5	D_4	5.5×5.5	3.9	6.8×4.4	4.0	8.1×3.7	4.5	9.4×3.2	5.0	10.6×2.8	5.5
	40	6.3	D_6	6.5×6.5	4.6	8.0×5.0	4.7	9.4×4.3	5.2	10.9×3.7	5.8	12.2×3.3	6.3
感烟探测器	60	5.8	D_5	7.7×7.7	5.4	8.3×7.2	5.5	8.8×6.8	5.6	9.4×6.4	5.7	9.9×6.1	5.8
	80	6.7	D_7	9.0×9.0	6.4	9.6×8.3	6.3	10.2×7.8	6.4	10.8×7.4	6.5	11.4×7.0	6.7
	80	7.2	D_8	9.0×9.0	6.4	10.0×8.0	6.4	11.0×7.3	6.6	12.0×6.7	6.9	13.0×6.1	7.2
	80	8.0	D_9	9.0×9.0	6.4	10.6×7.5	6.5	12.1×6.6	6.9	13.7×5.8	7.4	15.4×5.3	8.0
	100	8.0	D_9	10.0×10.0	7.1	11.1×9.0	7.1	12.2×8.2	7.3	13.3×7.5	7.6	14.4×6.9	8.0
	100	9.0	D_{10}	10.0×10.0	7.1	11.8×8.5	7.3	13.5×7.4	7.7	15.3×6.5	8.3	17.0×5.9	9.0
	120	9.9	D_{11}	11.0×11.0	7.8	13.0×9.2	8.0	14.9×8.1	8.5	16.9×7.1	9.2	18.7×6.4	9.9

布置如图 2-35 所示，可见满足要求，布置合理。

3）查表法

所谓查表法是根据探测器种类和数量直接从表 2-13 中查得适当的安装间距 a 和 b 值，布置既可。

4）正方形组合布置法

这种方法的安装间距 $a=b$，且完全无"死角"，但使用时受到房间尺寸及探测器数量多少的约束，很难合适。

【例 2-4】 某学院吸烟室地面面积为 $9m \times 13.5m$，房间高度为 3m，平顶棚，属于二级保护对象，试：①确定探测器类型；②求探测器数量；③进行探测器布置。

【解】 ① 由表 2-9 查得应选感温探测器。

② k 取 1，由表 2-11 查得 $A=20m^2$，$R=3.6m$

$N = \dfrac{9 \times 13.5}{1 \times 20} = 6.075$ 只，取 6 只（因有些厂家产品 k 可取 $1 \sim 1.2$，为布置方便取 6 只）。

③ 布置：采用正方形组合布置法，从表 2-13 中查得 $a=b=4.5m$（基本符合本题材各方面要求），布置如图 2-36 所示。

校检：$R = \dfrac{\sqrt{a^2+b^2}}{2} = 3.18m$，小于 3.6，合理。

本题是将查表法和正方形组合布置法混合使用的。如果不采用查表法怎样得到 a 和 b 呢？

$$a = \frac{房间长度}{横向探测器个数}$$

$$b = \frac{房间宽度}{纵向探测器个数}$$

如果恰好 $a=b$ 时可采用正方形组合布置法。

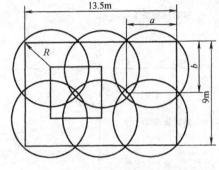

图 2-36 正方形组合布置法

5）矩形组合布置法

具体作法是：当求得探测器的数量后，用正方形组合布置法的 a、b 求法公式计算，如 $a \neq b$ 时可采用矩形组合布置法。

【例 2-5】 某开水间地面面积为 $3m \times 8m$，平顶棚，属特级保护建筑，房间高度为 2.8m，试：①确定探测器类型；②求探测器数量；③布置探测器。

【解】 ① 由表 2-9 查得应选感温探测器。

② 由表 2-11 查得 $A=30m^2$，$R=4.4m$；

取 $k=0.7$，$N = \dfrac{8 \times 3}{0.7 \times 30} = 1.1$ 只，取 2 只。

③ 采用矩形组合布置如下：

$a = \dfrac{8}{2} = 4m$，$b = \dfrac{3}{1} = 3m$，于是布置如图 2-37 所示。

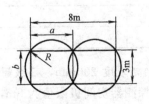

图 2-37 矩形组合布置法

校检：$R = \dfrac{\sqrt{a^2+b^2}}{2} = 2.5m$ 小于 4.4m，满足要求。

综上可知正方形和矩形组合布置法的优点是：可将保护区的各点完全保护起来，保护区内不存在得不到保护的"死角"，且布置均匀美观。上述五种布置法可根据实际情况选取。

2.4.2 梁对探测器的影响

在顶棚有梁时，由于烟的蔓延受到梁的阻碍，探测器的保护面积会受梁的影响。如果梁间区域的面积较小，梁对热气流（或烟气流）形成障碍，并吸收一部分热量，因而探测器的保护面积必然下降。梁对探测器的影响如图 2-38 及表 2-14 所示。查表可以决定一只探测器能够保护的梁间区域的个数，减少了计算工作量。按图 2-32 规定房间高度在 5m 以下，感烟探测器在梁高小于 200mm 时，无须考虑其梁的影响；房间高度在 5m 以上，梁高大于 200m 时，探测器的保护面积受房高的影响，可按房间高度与梁高的线性关系考虑。

按梁间区域面积确定一只探测器能够保护的梁间区域的个数　　　　表 2-14

探测器的保护面积 A(m²)		梁隔断的梁间区域面积 Q(m²)	一只探测器保护的梁间区域的个数
感温探测器	20	Q＞12	1
		8＜Q≤12	2
		6＜Q≤8	3
		4＜Q≤6	4
		Q≤4	5
感温探测器	30	Q＞18	1
		12＜Q≤18	2
		9＜Q≤12	3
		6＜Q≤9	4
		Q≤6	5
感烟探测器	60	Q＞36	1
		24＜Q≤36	2
		18＜Q≤24	3
		12＜Q≤18	4
		Q≤12	5
	80	Q＞48	1
		32＜Q≤48	2
		24＜Q≤32	3
		16＜Q≤24	4
		Q≤10	5

由图 2-38 可查得三级感温探测器房间高度极限值为 4m，梁高限度 200mm，二级感温探测器房间高度极限值为 6m，梁高限度为 225mm，一级感温探测器房间极限值为 8m，梁高限度为 275m；感烟探测器房间高度极限值为 12m，梁高限度为 375mm。在线性曲线左边部分均无须考虑梁的影响。

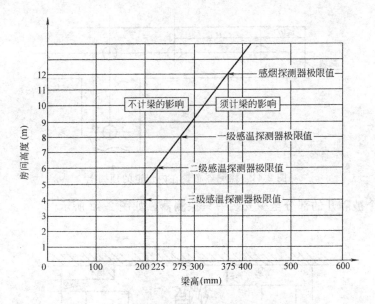

图 2-38 不同高度的房间梁对探测器设置的影响

可见当梁突出顶棚的高度在 200mm～600mm 时，应按图 2-38 和表 2-14 确定梁的影响和一只探测器能够保护的梁间区域的数目。当梁突出顶棚的高度超过 600mm 时，被梁阻断的部分需单独划为一个探测区域，即每个梁间区域应至少设置一只探测器。

当被梁阻断的区域面积超过一只探测器的保护面积时，则应将被阻断的区域视为一个探测区域，并应按规范有关规定计算探测器的设置数量。探测区域的划分如图 2-39 所示。

当梁间净距小于 1m 时，可视为平顶棚。

如果探测区域内有过梁，定温型感温探测器安装在梁上时，其探测器下端到安装面必须在 0.3m 以内，感烟型探测器安装在梁上时，其探测器下端到安装面必须在 0.6m 以内，如图 2-40 所示。

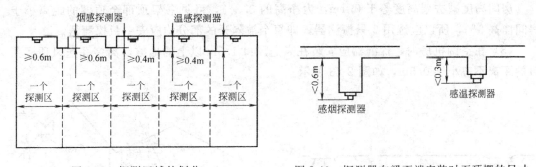

图 2-39　探测区域的划分　　　　图 2-40　探测器在梁下端安装时至顶棚的尺寸

2.4.3　探测器在一些特殊场合安装时注意事项

（1）在宽度小于 3m 的内走道的顶棚设置探测器时应居中布置，感温探测器的安装间距不应超过 10m，感烟探测器安装间距不应超过 15m，探测器至端墙的距离，不应大于安装间距的一半，在内走道的交叉和汇合区域上，必须安装 1 只探测器，如图 2-41 所示。

（2）房间被书架贮藏架或设备等阻断分隔，其顶部至顶棚或梁的距离小于房间净高

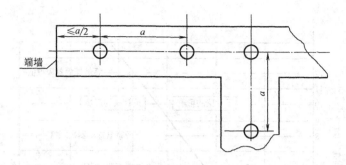

图 2-41　探测器布置在内走道的顶棚上

5％时，则每个被隔开的部分至少安装一只探测器，如图 2-42 所示。

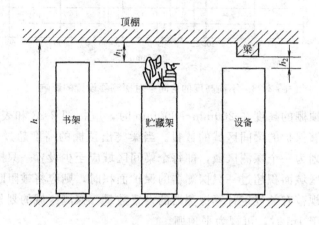

图 2-42　房间有书架，设备时，探测器设置 $h_1 \geqslant 5\%$，h 或 $h_2 \geqslant 5\%h$

　　例：如果书库地面面积为 40m²，房间高度为 3m，内有两书架分别安在房间，书架高度为 2.9m，问选用感烟探测器应几只？

　　房间高度减去架高度等于 0.1m，为净高的 3.3％，可见书架顶部至顶棚的距离小于房间净高 5％，所以应选用 3 只探测器，即每个被隔开的部分均应安一只探测器。

　　（3）在空调机房内，探测器应安装在离送风口 1.5m 以上的地方，离多孔送风顶棚孔口的距离不应小于 0.5m，如图 2-43 所示。

图 2-43　探测器装于有空调房间时的位置示意

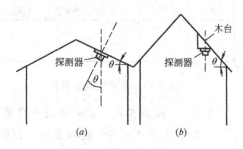

图 2-44　探测器安装角度
（a）$\theta < 45°$；（b）$\theta > 75°$时
（θ 为屋顶的法线与垂直方向的交角）

（4）楼梯或斜坡道至少垂直距离每15m（Ⅲ级灵敏度的火灾探测器为10m）应安装一只探测器。

（5）探测器宜水平安装，如需倾斜安装时，角度不应大于45°，当屋顶坡度大于45°时，应加木台或类似方法安装探测器，如图2-44所示。

（6）在电梯井，升降机井设置探测器时，其位置宜在井道上方的机房顶棚上，如图2-45所示。这种设置既有利于井道中火灾的探测，又便于日常检验维修。因为通常在电梯井、升降机井的提升井绳索的井道盖上有一定的开口，烟会顺着井绳冲到机房内部，为尽早探测火灾，规定用感烟探测器保护，且在顶棚上安装。

（7）当房屋顶部有热屏障时，感烟探测器下表面距顶棚的距离应符合表2-15所列。

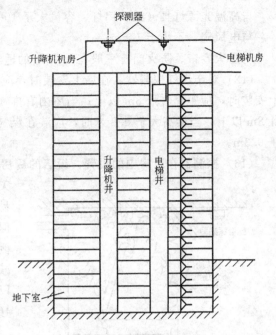

图 2-45　探测器在井道上方
机房顶棚上的设置

感烟探测器下表面距顶棚（或屋顶）的距离　　　　　　　　　　　　表 2-15

探测器的安装高度 h (m)	感烟探测器下表面距顶棚（或屋顶）的距离 d(mm)					
	$\theta \leqslant 15°$		$15° < \theta \leqslant 30°$		$\theta > 30°$	
	最小	最大	最小	最大	最小	最大
$h \leqslant 6$	30	200	200	300	300	500
$6 < h \leqslant 8$	70	250	250	400	400	600
$8 < h \leqslant 10$	100	300	300	500	500	700
$10 < h \leqslant 12$	150	350	350	600	600	800

（8）顶棚较低（小于2.2m）、面积较小（不大于10m²）的房间，安装感烟探测器时，宜设置在入口附近。

（9）在楼梯间、走廊等处安装感烟探测器时，宜安装在不直接受外部风吹入的位置处。安装光电感烟探测器时，应避开日光或强光直射的位置。

（10）在浴室、厨房、开水房等房间连接的走廊安装探测器时，应避开其入口缘1.5m。

（11）安装在顶棚上的探测器边缘与下列设施的边缘水平间距，宜保持在：

与不突出的扬声器，不小于0.1m；

与照时灯具，不小于0.2m；

与自动喷水灭火喷头，不小于0.3m；

与多孔送风顶棚孔口，不小于0.5m；

与高温光源灯具（如碘钨灯、容量大于100W的白炽灯等），不小于0.5m；

与电风扇，不小于1.5m；

与防火卷帘、防火门，一般在1～2m的适当位置。

（12）对于煤气探测器，在墙上安装时，应距煤气灶4m以上，距地面0.3m；在顶棚上安装时，应距煤气灶8m以上；当屋内有排气口时，允许装在排气口附近，但应距煤气灶8m以上，当梁高大于0.8米时，应装在煤气灶一侧；在梁上安装时，与顶棚的距离小于0.3m。

（13）探测器在厨房中的设置：饭店的厨房常有大的煮锅、油炸锅等，具有很大的火灾危险性，如果过热或遇到高的火灾荷载更易引起火灾。定温式探测器适宜厨房使用，但是应预防煮锅喷出的一团团蒸汽，即在顶棚上使用隔板可防止热气流冲击探测器，以减少或根除误报。而当发生火灾时的热量足以克服隔板使探测器发生报警信号，如图2-46所示。

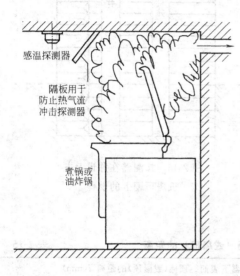

图 2-46　感温探测器在厨房中布置

（14）探测器在带有网格结构的吊装顶棚场所下的设置，在宾馆等较大空间场所，有带网格或格条结构的轻质吊装顶棚，起到装饰或屏蔽作用。这种吊装顶棚允许烟进入其内部，并影响烟的蔓延，在此情况下设置探测器应谨慎处理。

1）如果至少有一半以上网格面积是通风的，可把烟的进入看成是开放式的。如果烟可以充分地进入顶棚内部，则只在吊装顶棚内部设置感烟探测器，探测器的保护面积除考虑火灾危险性外，仍按保护面积与房间高度的关系考虑，如图2-47所示。

2）如果网格结构的吊装顶棚开孔面积相当小（一半以上顶棚面积被覆盖），则可看成是封闭式顶棚，在顶棚上方和下方空间须单独地监视。尤其是当阴燃火发生时，产生热量极少，不能提供充足的热气流推动烟的蔓延，烟达不到顶棚中的探测器，此时可采取二级探测方式，如图2-48所示。在吊装顶棚下方光电感烟探测器对阴燃火响应较好。在吊装

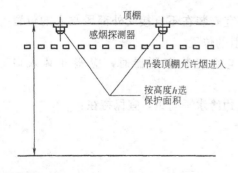

图 2-47　探测器在吊装顶棚中定位

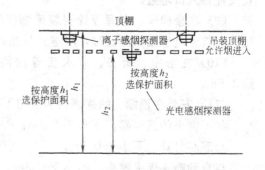

图 2-48　吊装顶棚探测阴燃火的改进方法

顶棚上方，采用离子感烟探测器，对明火响应较好。每只探测器的保护面积仍按火灾危险度及地板和顶棚之间的距离确定。

（15）下列场所可不设置探测器：

厕所、浴室及其类似场所；

不能有效探测火灾的场所；

不便维修、使用（重点部位除外）的场所。

关于线型红外光束感烟探测器、热敏电缆线型探测器、空气管线型差温探测器的布置与上述不同，具体情况在安装中阐述。

2.5 探测器的线制

在消防业快速发展的今天，探测器的接线形式变化很快，即从多线向少线至总线发展，给施工、调试和维护带来了极大的方便。我国采用的线制有四线、三线、两线制及四总线、二总线制等几种。对于不同厂家生产的不同型号的探测器其线制各异，从探测器到区域报警器的线数也有很大差别。

2.5.1 火灾自动报警系统的技术特点

火灾自动报警系统包括四部分：火灾探测器、配套设备（中继器、显示器、模块总线隔离器、报警开关等）、报警控制器（又叫报警主机）及导线，这就形成了系统本身的技术特点。

（1）系统必须保证长期不间断地运行，在运行期间不但发生火情能报出着火点，而且应具备自动判断系统设备传输线的断路、短路、电源失电等情况的能力，并给出有相应的声光报警，以确保系统的高可靠性。

（2）探测部位之间的距离可以从几米至几十米。控制器到探测部位间可以从几十米到几百米、上千米。一台区域报警控制器可带几十或上百只探测器，有的通用报警控制器做到了带上千个点，甚至上万点。无论什么情况，都要求将探测点的信号准确无误地传输到控制器去。

（3）系统应具有低功耗运行性能。探测器对系统而言是无源的，它只是从控制器上获取正常运行的电源。探测器的有效空间是狭小有限的，要求设计时电子部分必须是简练的。探测器必须低功耗，否则给控制器供电带来问题，也就是给控制探测点的容量带来限制。主电源失电时，应有备用电源可连续供电 8h，并在火警发生后，声光报警能长达 50min，这就要求控制器亦应低功耗运行。

2.5.2 火灾自动报警系统的线制

由技术特点可知，线制对系统是相当重要的。线制是指探测器和控制器间的导线数量。更确切地说，线制是火灾自动报警系统运行机制的体现。按线制分，火灾自动报警系统有多线制和总线制之分，总线制又有有极性和无极性之分。多线制目前基本不用，但已运行的工程大部分为多线制系统，因此以下分别叙述。

（1）多线制系统

1）四线制：即 $n+4$ 线制，n 为探测器数，4 指公用线为电源线（+24V）、地线 G、信号线（S）、自诊断线（T），另外每个探测器设一根选通线（ST）。仅当某选线处于有效电平时，在信号线上传送的信息才是该探测部位的状态信号，如图 2-49 所示。这种方

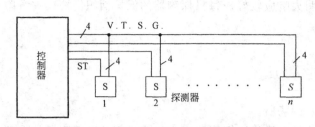

图 2-49　多线制（四线制）接线方式

式的优点是探测器的电路比较简单，供电和取信息相当直观，但缺点是线多，配管直径大，穿线复杂，线路故障也多，故已不用。

2）两线制：也称 $n+1$ 线制，即一条公用地线，另一条则承担供电，选通信息与自检的功能，这种线制比四线制简化得多，但仍为多线制系统。

探测器采用两线制时，可完成电源供电故障检查、火灾报警、断线报警（包括接触不良、探测器被取走）等功能。

火灾探测器与区域报警器的最少接线是：$n+n/10$，其中 n 为占用部位号的线数，即探测器信号线的数量，$n/10$（小数进位取整数）为正电源线数（采用红线导线），也就是每 10 个部位合用一根正电源线。

另外也可以用另一种算法，即 $n+1$，其中 n 为探测器数目（准确地说是房号数），如探测器数 $n=50$，则总线为 51 根。

前一种计算方法是 $50+50/10=55$ 根，这是已进行了巡检分组的根数，与后一种分组后是一致的。

每个探测器各占一个部位时底座的接线方法：

例如有 10 只探测器，占 10 个部位，无论采用那种计算方法其接线及线数均相同，如图 2-50 所示。

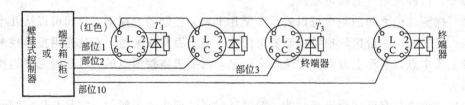

图 2-50　探测器各占一个部位时的接线方法

在施工中应注意：

为保证区域控制器的自检功能，布线时每根连接底座 L1 的正电源红色导线，不能超过十个部位数的底座（并联底座时作为一个看待）。

每台区域报警器容许引出的正电源线数为 $n/10$（小数进位取整数），n 为区域控制器的部位数。当管道较多时，要特别注意这一情况，以便 10 个部位分成一组，有时某些管道要多放一根电源正线，以利分组。

探测器底座安装好并确定接线无误后，将终端器接上，然后用小塑料袋罩紧，防止损坏和污染，待装上探测器时才除去塑料罩。

终端器为一个半导体硅二极管（2CK 或 2CZ 型）和一个电阻并联。安装时注意二极管负极接 +24V 端子或底座 L2 端。其终端电阻值大小不一，一般取 $5\sim36\text{k}\Omega$ 之间。凡是没有接探测器的区域控制器的空位，应在其相应接线端子上接上终端器。如设计时有特殊要求可与厂家联系解决。

探测器的并联:

同一部位上,为增大保护面积,可以将探测器并联使用,这些并联在一起的探测器仅占用一个部位号。不同部位的探测器不宜并联使用。

如比较大的会议室,使用一个探测器保护面积不够,假如使用 3 个探测器并联才能满足时,则这 3 个探测器中的任何一个发出火灾信号时,区域报警器的相应部位信号灯燃亮,但无法知道哪一个探测器报警,需要现场确认。

某些同一部位但情况特殊时,探测器不应并联使用。如大仓库,由于货物堆放较高,当探测器发生火灾信号后,到现场确认困难。所以从使用方便,准确角度看,应尽量不使用并联探测器为好。不同的报警控制器所允许探测器并联的只数也不一样,如 JB-O$_B^T$—10~50—101 报警控制器只允许并联 3 只感烟探测器和 7 只感温探测器;JB-Q$_B^T$—10~50—101A 允许并联感烟、感温探测器分别为 10 只。

探测器并联时,其底座配线是串联式配线连接,这样可以保证取走任何一只探测器时,火灾报警控制器均能报出故障。当装上探测器后,L1 和 L2 通过探测器连接起来,这时对探测器来说就是并联使用了。

探测器并联时,其底座应依次接线,如图 2-51 所示。不应有分支线路,这样才能保证终端器接在最后一只底座的 L2—L5 两端,以保证火灾报警控制器的自检功能。

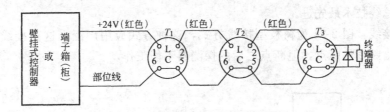

图 2-51　探测器并联时的接线图

探测器的混联:

在实际工程仅用并联和仅单个连接的情况很少,大多是混联,如图 2-52 所示。

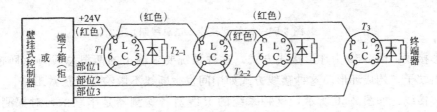

图 2-52　探测器混合连接

(2) 总线制系统

采用地址编码技术,整个系统只用几根总线,建筑物内布线极其简单,给设计、施工及维护带来了极大的方便,因此被广泛采用。

1) 四总线制:四条总线为:P 线给出探测器的电源、编码、选址信号;T 线给出自检信号以判断探测部位传输线是否有故障;控制器从 S 线上获得探测部位的信息;G 为公共地线。P、T、S、G 均为并联方式连接,S 线上的信号对探测部位而言是分时的。如图

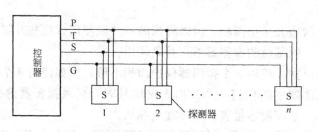

图 2-53 四总线制连接方式

2-53 所示。

由图可见,从探测器到区域报警器只用四根全总线,另外一根 V 线为 DC24V,也以总线形式由区域报警控制器接出来,其他现场设备也可使用(见后述)。这样控制器与区域报警器的布线为 5 线,大大简化了系统,尤其是在大系统中,这种线制的优点尤为突出。

2)二总线制:是一种最简单的接线方法,用线量更少,但技术的复杂性和难度也提高了。二总线中的 G 线为公共地线,P 线则完成供电、选址、自检、获取信息等功能。目前,二总线制应用最多,新型智能火灾报警系统也建立在二总线的运行机制上。二总线系统有树枝型和环型、链接式及混合型几种方式,同时又有有极性和无极性之分,相比之下无极性二总线技术最先进。

树枝型接线:图 2-54 为树枝型接线方式,这种方式应用广泛,这种接线如果发生断线,可以报出断线故障点,但断点之后的探测器不能工作。

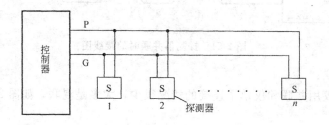

图 2-54 树枝型接线(二总线制)

环形接线:图 2-55 为环形接线方式。这种系统要求输出的两根总线再返回控制器另两个输出端子,构成环形。这种接线方式如中间发生断线不影响系统正常工作。

链式接线:如图 2-56 所示,这种系统的 P 线对各探测器是串联的,对探测器而言,

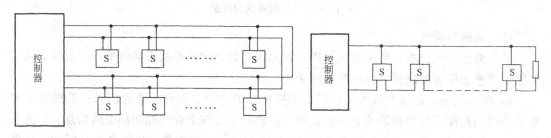

图 2-55 环型接线(二总线制)　　　　　　　图 2-56 链式连接方式

变成了三根线，而对控制器还是两根线。

在实际工程设计中，应根据情况选用适当的线制。

课题 3 现场模块及其配套设备

3.1 编码手动报警按钮（亦称手动报警开关）

3.1.1 编码手动报警按钮的分类及应用原理

（1）分类

编码手动报警按钮分成两种，一种为不带电话插孔，另一种为带电话插孔。其编码方式如前面所述分为微动开关编码（二、三进制）和电子编码器编码（十进制）。编码示意图如表 2-16 所示。下面以海湾牌电子编码手动报警按钮为例详细说明。不带电话插孔的手动报警按钮为红色全塑结构，分底盒与上盖两部分，其外形如图示 2-57 所示。带电话插孔的手动报警按钮外形如图 2-58 所示。手动报警按钮设置在公共场所如走廊、楼梯口及人员密集的场所。

消防按钮编码开关编址方式示例 表 2-16

n 次幂数		0 1 2 3 4 5 6
拨码 ON=1 ↕ 状态 OFF=0		
2^n 值		1　2　4　8　16　32　64
真值表		0　0　0　1　1　1　0
二—十加权运算		$0 \times 2^0 + 0 \times 2^1 + 0 \times 2^2 + 1 \times 2^3 + 1 \times 2^4 + 1 \times 2^5 + 0 \times 2^6$
十进制地址码		$0 \times 1 + 0 \times 2 + 0 \times 4 + 1 \times 8 + 1 \times 16 + 1 \times 32 + 0 \times 64 = 56$

图 2-57 不带电话插孔手动报警按钮
J-SAP-8401 外形示意图

图 2-58 带电话插孔手动报警按钮
J-SAP-8402 外形示意图

（2）作用原理

手动报警按钮安装在公共场所，当人工确认为火灾发生时，按下按钮上的有机玻璃片，可向控制器发出火灾报警信号，控制器接收到报警信号后，显示出报警按钮的编号或位置，并发出报警音响。手动报警按钮和前面介绍的各类编码探测器一样，可直接接到控制器总线上。

J-SAP-8401 型不带插孔智能编码手动报警按钮具有以下特点：

1）采用无极性信号二总线，其地址编码可由手持电子编码器在 1～242 之间任意设定。

2）采用拔插式结构设计，安装简单方便；按钮上的有机玻璃片在按下后可用专用工具复位。

3）按下手动报警按钮玻璃片，可由按钮提供额定 DC60V/100mA 无源输出触点信号，可直接控制其他外部设备。

（3）主要技术指标

1）工作电压：总线 24V

2）监视电流≤0.8mA

3）动作电流≤2mA

4）线制：与控制器无极性信号二总线连接

5）使用环境：温度：－10～＋50℃　相对湿度≤95％，不结露

6）外形尺寸：90mm×122mm×44mm

3.1.2　设计要求与布线

（1）设计要求

每个防火分区应至少设置一只手动火灾报警按钮。从一个防火分区内任何位置到最邻近的一只手动火灾报警按钮的距离不应大于 30m。手动报警按钮宜设置在公共活动场所的出入口处。设置在明显的和便于操作的部位。当安装在墙上时，其底边距地高度宜为 1.3～1.5m，且应有明显标志。安装时应牢固，不应倾斜，外接导线应留不小于 10cm 的余量。

（2）布线要求

手动报警按钮接线端子如图 2-59 及图 2-60 所示。

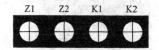

图 2-59　手动报警按钮（不带　　　　　图 2-60　手动报警按钮（带消防
　　　　插孔）接线端子示意　　　　　　　　　电话插孔）接线端子示意

图 2-59 中各端子的意义为：

Z1、Z2：无极性信号二总线端子；

K1、K2：无源常开输出端子；

布线时：Z1、Z2 采用 RVS 双绞线，导线截面≥1.0mm²。

图 2-60 中各端子的意义为：

Z1、Z2：与控制器信号弹二总线连接的端子；

K1、K2：DC24V 进线端子及控制线输出端子，用于提供直流 24V 开关信号；

TL1、TL2：与总线制编码电话插孔或多线制电话主机连接音频接线端子；

AL、G：与总线制编码电话插孔连接的报警请求线端子；

布线时：信号 Z1、Z2 采用 RVS 双绞线，截面积≥1.0mm²；消防电话线 TL1、TL2 采用 RVVP 屏蔽线，截面积≥1.0mm²；报警请求线 AL、G 采用 BV 线，截面积 ≥1.0mm²。

3.2 消火栓报警按钮

消火栓报警按钮（简称消报）作为火灾时启动消防水泵的设备在消防水系统控制中起重要作用。老式的如图 2-61 所示。过去大部分采用小锤称敲击按钮，现在一般为有机玻璃片常简称为消报。其外形图与前手动报警按钮相类似，如图 2-62 所示。

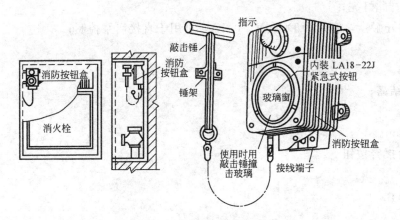

图 2-61　老式带小锤的消防按钮

图 2-62　新式的编码消火栓
报警按钮 LD-8403 示意图

3.2.1　消火栓报警按钮的原理及主要技术指标

（1）原理

目前消火栓按钮有总线型和多线型两种，这里以海湾产品为例加以说明。LD-8403 型智能型消火栓按钮为编码型，可直接接入控制器总线，占一个地址编码。按钮表面装有一有机玻璃片，当启用消火栓时，可直接按下玻璃片，此时按钮的红色指示灯亮，表明已向消防控制室外发出了报警信息，控制器在确认了消防水泵已启动运行后，就向消火栓报警按钮发出命令信号点亮泵运行指示灯。消火栓报警按钮上的泵运行指示灯既可由控制器点亮，也可由泵控制箱引来的指示泵运行状态的开关信号点亮，可根据具体设计要求来选用。

本按钮可电子编码，密封及防水性能优良，安装调试简单、方便。按钮还带有一对常开输出控制触点，可用来做直接启泵开关。

GST-LD-8404 型为智能编码消火栓报警按钮，可直接接入海湾公司生产的各种火灾报警控制器或联动控制器，编码采用电子编码方式，编码范围在 1～242 之间，可通过电子编码器在现场进行设定。按钮有两个指示灯，红色指示灯为火警指示，当按钮按下时点亮；绿色指示灯为动作指示灯，当现场设备动作后点亮。本按钮具有 DC24V 有源输出和现场设备无源回答输入，采用三线制与设备连接，可完成对设备的直接启动及监视功能，此方式可独立于控制器。

（2）主要技术指标

1）LD-8403 型消火栓报警按钮：

A. 工作电压：总线 24V；

B. 监视电流≤0.8mA；

C. 报警电流≤2mA；

D. 线制：消火栓报警按钮与控制器信号二总线连接，若需实现直接启泵控制及由泵控制箱动作点亮泵运行指示灯，需将消火栓报警按钮与泵控制箱用三总线连接；

E. 动作指示灯：

红色：报警按钮按下时此灯亮；

绿色：消防水泵运行时此灯亮；

F. 动作触点：无源常开触点，容量为 DC60V、0.1A，可用于直接启泵控制；

G. 使用环境：

温度：－10～＋50℃；

相对湿度≤95％，不结露；

H. 外形尺寸：

90mm×122mm×44mm。

2）LD-8404 型消火栓报警按钮

A. 工作电压：24V；

B. 监视电流≤0.5mA；

C. 报警电流≤5mA；

D. 线制：与报警控制器采用两总线连接，与电源采用两线连接，与消防泵采用三线制连接（一根 DC24V 有源输出线，一根回答输入线，一根公共地线）；

E. 使用环境：

温度：－10～＋50℃；

相对湿度≤95％，不结露。

3.2.2 布线及应用示例

这里仅介绍总线制与多线制的示例。

（1）LD-8403 型智能编码消火栓报警按钮的应用（总线制）

LD-8403 型智能消火栓报警按钮接线端子示意如图 2-63。

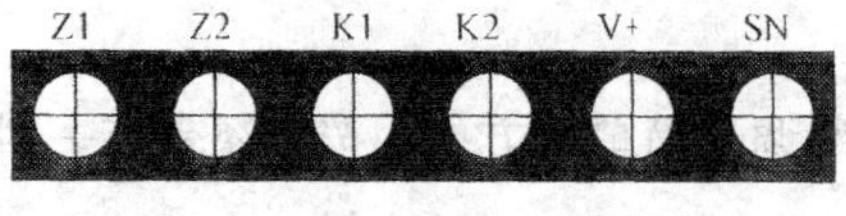

图 2-63 LD-8403 型消火栓报警按钮接线端子示意

其中：

Z1、Z2：与控制器信号二总线连接的端子，不分极性；

K1、K2：无源常开触点，用于直接启泵控制时，需外接 24V 电源；

V＋、SN：DC24V 有源回答信号，接泵控制箱，连接此端子可实现泵控制箱动作直接点亮泵运行指示灯。

布线要求：信号总线 Z1、Z2 采用 RVS 型双绞线，截面积≥1.0mm²；控制线 K1、K2 及回答线 V＋、SN 采用 BV 线，截面积≥1.5mm²。

总线制启泵方式应用示例：如图 2-64 所示为消火栓报警按钮直接和信号二总线连接的总线方式。按下消防按钮，向报警器发出报警信号，控制器发出启泵命令并确认泵已启动后，点亮按钮上的信号运行灯。采用直接启泵方式需要向泵控制箱及报警按钮提供 DC24V 电源线。

（2）GST-LD-8404 型（海湾产品）智能型消火栓报警按钮为多线制直接启泵方式（四线制）

GST-LD-8404 消防按钮接线端子示意如图 2-65 示。

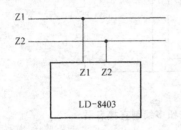

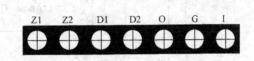

图 2-64　LD-8403 型消火栓
报警按钮总线制方式

图 2-65　GST-LD-8404 消火栓报警
按钮接线端子示意

其中：

Z1、Z2：接控制器二总线，无极性；

24V、G：接直流 24V，有极性；

O、G：有源 DC24V 输出；

I、G：无源回答输入。

布线要求：信号 Z1、Z2 采用 RVS 型双绞线，截面积≥1.0mm²；D1、D2 采用 BV 线，截面积≥1.5mm²。

GST-LD-8404 按钮可采用总线启泵方式参见前图 2-57。也可采用多线制直接启泵方式如图 2-66 示。

这种方式中，消火栓报警按钮按下，O、G 端输出 DC24V 电源，可直接控制消防泵的启动，泵运行后，泵控制箱上的无源动作触点信号通过 I、G 端返回消火栓报警按钮，可以点亮消火栓按钮上的泵运行指示灯。

注：当设备启动电流较大时，应增加大电流切换模块（LD-8302）进行转换。

其外形尺寸和安装方法与前手动报警按钮相同。

3.3　现场模块

模块可分为各种不同形式，下面分别阐述。

3.3.1　输入模块（亦称监视模块）

（1）作用及适用范围

输入模块的作用是接收现场装置的报警信号，实现信号向火灾报警控制器的传输。

适用于老式消火栓按钮、水流指示器、压力开关、70℃或 280℃防火阀等。模块可采

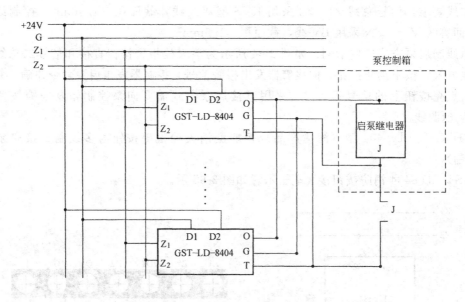

图 2-66 GST-LD-8404 型消火栓报警按钮多线制直接启泵

用电子编码器完成编码设置。

(2) 结构、安装与布线

模块外形如图 2-67 示 (以海湾产品示之),其外形端子如图 2-68 所示。

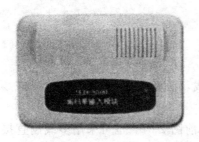

图 2-67 LD-8300 型输入模块外形示意

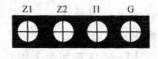

图 2-68 LD-8300 型输入
模块接线端子示意

其中:

Z1、Z2:与控制器信号二总线连接的端子;

I1、G:与设备的无源常开触点 (设备动作闭合报警型) 连接的端子,也可通过电子编码器设置常闭输入。

布线要求:信号总线 Z1、Z2 采用 RVS 型双绞线,截面积 $\geqslant 1.0\text{mm}^2$;I1、G 采用 RV 软线,截面积 $\geqslant 1.0\text{mm}^2$。

本模块采用明装,一般是墙上安装,当进线管预埋时,可将底盒安装在 86H50 型预埋盒上,底盒与盖间采用拔插式结构安装,折卸简单方便,便于调试维修。具体安装如图 2-69 所示。

(3) 应用示例

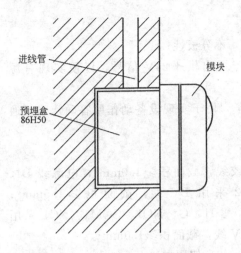

图 2-69　LD-8300 型模块安装示意图

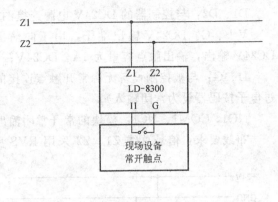

图 2-70　单输入模块 LD-8300
与无需电设备连接示意图

1) 与无需供电的现场设备连接方法如图 2-70 所示。

2) 与需供电的现场设备连接方法如图 2-71 所示。

3.3.2　智能型编码单输入/输出模块

(1) 单输入/输出模块

1) 特点

此模块用于将现场各种一次动作并有动作信号输出的被动型设备 (如: 排烟口、送风口、防火阀等) 接入到控制总线上。

本模块采用电子编码器进行十进制电子编码,模块内有一对常开、常闭触点,容量为 DC24V、5A。模块具有直流 24V 电压输出,用于与继电器触点接成有源输出,满足现场的不同需求。另外模块还设有开关信号输入端,用来和现场设备的开关触点连接,以便对现场设备是否动作进行确认。应当注意的是,不应将模块触点直接接入交流控制回路,以防强交流干扰信号损坏模块或控制设备。

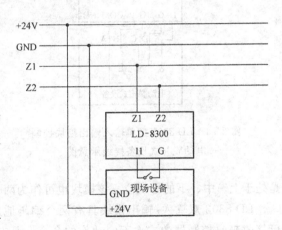

图 2-71　单输入模块 LD-8300 与
需供电设备的连接示意图

2) 结构特征、安装与布线

以海湾 LD-8301 模块为例,其外形尺寸及结构、安装方法均与 LD-8300 模块相同,其对外接线端子如图 2-72 示。

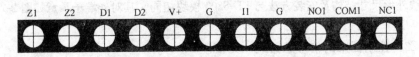

| Z1 | Z2 | D1 | D2 | V+ | G | I1 | G | NO1 | COM1 | NC1 |

图 2-72　LD-8301 型模块接线端子示意图

其中：

Z1、Z2：与无极性信号二总线连接的端子；

D1、D2：与控制器的DC24V电源连接的端子，不分极性；

V+、G：DC24V输出端子，用于向输出触点提出供+24V信号，以便实现有源DC24V输出，输出触点容量为5A，DC24V；

I1、G：与被控制设备无源常开触点连接的端子，用于实现设备动作回答确认（可通过电子按码器设为常闭输入）；

NO1，COM1、NC1：模块的常开常闭输出端子。

布线要求：信号总线Z1、Z2采用RVS型双绞线，截面积≥1.0mm²；电源线D1、D2采用BV线，截面积≥1.5mm²；V+、I1、G、NO1、COM1、NC1采用RV线，截面积≥1.0mm²。

3）使用方法

该模块直接驱动排烟口或防火阀等（电磁脱扣式）设备的接线示意如图2-73所示。

（2）双输入/双输出模块

1）特点

LD-8303双输入/双输出模块是一种总线制控制接口，可用于完成对二步降防火卷帘门、水泵、排烟风机等双动作设备的控制。主要用于防火卷帘门的位置控制，能控制其从上位到中位，也能控制其从中位到下位，同时也能确认防火卷帘门

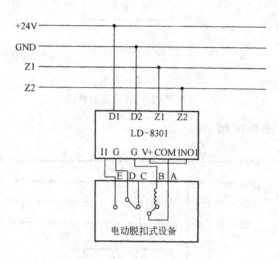

图2-73 LD-8301型单输入输出模块控制
电动脱扣式设备接线示意图

是处于上、中、下的哪一位。该模块也可作为两个独立的LD-8301单输入/输出模块使用。

LD-8303双输入/输出模块具有两个编码地址，两个编码地址连续，最大编码为242，可接收来自控制器的二次不同动作的命令，具有控制二次不同输出和确认两个不同回答信号的功能。此模块所需输入信号为常开开关信号，一旦开关信号动作，LD-8303模块将此开关信号通过联动总线送入控制器，联动控制器产生报警并显示出动作的地址号，当模块本身出现故障时，控制器也将产生报警并将模块编号显示出来。本模块具有两对常开、常闭触点，容量为5A、DC24V，有源输出时可输出1A、DC24V。

LD-8303模块的编码方式为电子编码，在编入一编码地址后，另一个编码地址自动生成为：编入地址+1。该编码方式简便快捷，现场编码时使用海湾公司生产的BMQ-1型电子编码器进行。

2）特征、安装与布线

该模块外形尺寸结构及安装方法与LD-8300模块相同。其对外端子示意如图2-74所示。

其中：

Z1、Z2：控制器来的信号总路线，无极性；

D1、D2：DC24V电源，无极性；

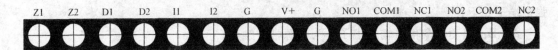

图 2-74　LD-8303 型编码双输入/双输出模块接线端子示意

I1、G：第一路无源输入端；

I2、G：第二路无源输入端；

V+、G：DC24V 输出端子，用于向输出控制触点提供＋24 信号，以便实现有 DC24V 输出，有源输出时可输出 1A、DC24V；

NC1、COM1、NO1：第一路常开常闭无源输出端子；

NC2、COM2、NO2：第二路常开常闭无源输出端子。

布线要求：信号总线 Z1、Z2 采用 RVS 双绞线，截面积≥1.0mm²；电源线 D1、D2 采用 BV 线，截面积≥1.5mm²。

3）应用示例

该模块与防火卷帘门电气控制箱（标准型）接线示意如图 2-75 所示。

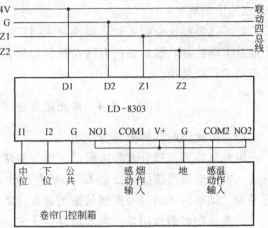

图 2-75　LD-8303 型编码双输入/双输出模块与防火卷帘门电气控制箱接线示意

3.3.3　切换模块

（1）特点

LD-8320A 双动作切换模块是一种专门设计用于与 LD-8303 双输入/双输出模块连接，在控制器与被控设备之间作交流直流隔离及启动、停动双作控制的接口部件。

本模块为一种非编码模块，不可与控制器的总线连接。模块有一对常开、常闭输出触点，可分别独立控制，容量 DC24V、5A，AC220V、5A。

（2）特征、安装与布线

该模块外形尺寸、结构及安装均与 LD-8300 型模块相同，其对外接线端子如图 2-76 所示。

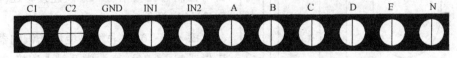

图 2-76　LD-8302A 型双动作切换模块接线端子示意图

其中：

弱电端子如下：

C1：启动命令信号输入端子；

C2：停止命令信号输入端子；

GND：地线端子；

IN1：启动回答信号输出端子；

IN2：停止回答信号输出端子。

强电端子如下：

A、B：启动命令信号输出端子，为无源常开触点；

C、B：停止命令信号输出端子，为无源常闭触点；

D：启动回答信号输入端子，取自被控设备 AC220V 常开触点；

E：停止回答信号输入端子，取自被控设备 AC220V 常闭触点；

N：AC220 零线端子。

（3）应用方法

该模块要直接与 LD—8303 型双输入/双输出模块连接使用。（如前 LD—8303 型双输入/双输出模块）

综上几种模块介绍可知，模块对不同厂家来说型号各异，但其共同点是具有信号传递功能及主动控制功能，是所有联动设备与报警主机的桥梁。在实际的工程设计中一定要注意模块的正确使用。

3.4 声光报警盒（亦称声光讯响器）

（1）声光讯响器的分类与使用

声光讯响器一般分为非编码型与编码型两种。编码型可直接接入报警控制器的信号二总线（需由电源系统提供二根 DC24V 电源线），非编码型可直接由有源 24V 常开触点进行控制，例如用手动报警按钮的输出触点控制等。

声光讯响器的作用是：当现场发生火灾并被确认后，安装在现场的声光讯响器可由消防控制中心的火灾报警控制器启动，发出强烈的声光信号，以达到提醒人员注意的目的。

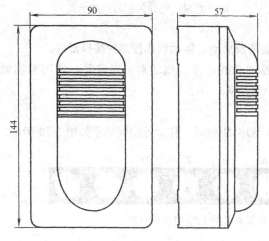

图 2-77 HX-100B 型声光讯响器外形尺寸示意

（2）声光讯响器的结构技术指标、安装及布线

不同厂家产品各异，以海湾产品为例。

1）工作电压：24V

2）监视电流≤0.8mA

3）报警电流≤160mA

4）线制：A. HX-100B 编码型声光讯响器与控制器无极信号二总线连接，还需二根 DC24V 电源线；

B. HX-100A 非编码型声光讯响器采用二根线与 DC24V 有源常开触点连接

5）报警音响≥85dB

6）使用环境：温度：－10～＋50℃ 相对温度≤95％，不结露

7）外形尺寸：90mm×144mm×57mm，外形如图 2-77 所示

安装方式：采用壁挂式安装，在普通高度空间下，以距顶棚 0.2m 处为宜安装在现场。

声光讯响器接线端子如图 2-78 所示。

其中：

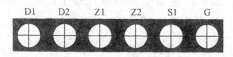

图 2-78 HX-100B 型声光讯响器接线端子示意

Z1，Z2：与火灾报警控制器信号二总线连接的端子，对于 HX-100A 型声光讯响器，此端子无效；

D1、D2：与 DC24V 电源线（HX-100B）或 DC24V 常开控制触点（HX-100A）连接的端子，无极性；

S1、G：外控输入端子。

布线要求：信号二总线 Z1、Z2 采用 RVS 型双绞线，截面积$\geqslant$1.0mm²；电源线 D1、D2 采用 BV 线，截面积$\geqslant$1.5mm²；S1、G 采用 RV 线，截面积$\geqslant$0.5mm²。

（3）应用示例

声光讯响器在使用中可直接与手动报警接钮的无源常开触点连接，如图 2-79 所示。

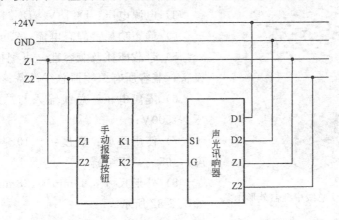

图 2-79 手动报警按钮直接控制编码声光讯响器示意

当发生火灾时，手动报警按钮可直接起动讯响器。

3.5 报警门灯及诱导灯

（1）报警门灯

门灯一般安装在巡视观察方便的地方，如会议室，餐厅，房间等门口上方，便于从外部了解内部的火灾探测器是否报警。

门灯可与对应的探测器并联使用，并与该探测器编码一致。当探测器报警时，门灯上的指示灯闪亮，在不进入室内的情况下就可知道室内的探测器已触发报警。

图 2-80 LD-8314 型编码探测器门灯外形示意

门灯中处有一红色高亮度发光区，当对应的探测器触发时，该区红灯闪亮。其外形如图 2-80 所示。门灯的对外端子示意如图 2-81 所示。其中：

图 2-81 门灯接线端子示意

Z1、Z2 为与对应探测器信号二总线的接线端子。

布线要求：直接接入信号二总线，无需其他布线。

（2）诱导灯（引导灯）

引导灯安装在各疏散通道上，均与消防控制中心控制器相接。当火灾时，在消防中心手动操作打开有关的引导灯，指示人员疏散通道。

3.6 总线中继器

（1）作用

中继器可作为总线信号输入与输出间的电气隔离，完成了探测器总线的信号隔离传输，可增强整个系统的抗干扰能力，并且具有扩展探测器总线通讯距离的功能。

（2）主要技术指标（以海湾 LD-8321 总线中继器为例）

1）总线输入距离≤1000m；

图 2-82　LD-8321 总线中继器外形示意

2）总线输出距离≤1000m；

3）电源电压：DC18V～DC24V；

4）静态功耗：静态电流＜20mA；

5）带载能耗及兼容性：可配接 1～242 点总线设备，兼容所有探测器总线设备；

6）隔离电压：总线输入与总线输出间隔离电压＞1500V；

7）使用环境：温度：－10～＋50℃；相对湿度：≤95％，不结露；

8）外形尺寸：85mm×128mm×56mm，外形如图 2-82 所示。

（3）安装与布线

中继器安在现场，墙上安装，采用 M3 螺钉固定。中继器对外接线端子如图 2-83 所示。其中：

24VIN：DC18V～DC30V 电压输入端子；

Z1IN、Z2IN：无极性信号二总线输入端子，与控制器无极性信号二总线输出连接，距离应小于 1000m；

图 2-83　LD-8321 总线中继器接线端子示意

Z1O、Z2O：隔离无级性两总线输出端子。

布线要求：无极性信号二总线采用 RVS 双绞线，截面积≥1.0mm²；24V 电源线采用 BV 线，截面积≥1.5mm²。

（4）编码中继器和终端

在消防系统中为了降低造价，偶尔会使用一些非编码设备，如非编号感烟探测器、非编号感温探测器等，但因为这些设备本身不带地址，无法直接与信号总线相连，为此需要加入编码中继器（编码中继器为编码设备）和终端以便使非编码设备能正常的接入信号总线中。下面以 LD-8319 编码中继器和 LD-8320 有源终端为例对其接线方式和功能加以说明。

LD-8319 编码中继器是一种编码模块，只占用一个编码点，地址编码采用电子编码方式，用于连接非编码探测器等现场设备，当接入编码中继器输出回路中的任何一只现场非编码设备报警后，编码中继器都会将报警信息传给报警控制器，控制器产生报警信号并显示出编码中继器的地址编号。编码中继器可配接本公司生产的 JTFB-GOF-GST601 非编码感烟感温复合探测器、JTY-GF-GST104 非编码光电感烟探测器及 JTWB-ZCD-G1（A）非编码电子差定温感温探测器等。编码中继器具有输出回路断路检测功能，输出回路的末端连接 LD-8320 有源终端，当输出回路断路时，编码中继器将故障信息传送给报警控制器，控制器显示出编码中继器的编码地址；当输出回路中有现场设备被取下时，编码中继器会报故障但不影响其他现场设备正常工作。一个编码中继器可带多只非编码型探测器，也可多种探测器混用，但混用数量不超过 15 只。具体接线方式如图 2-84 所示。

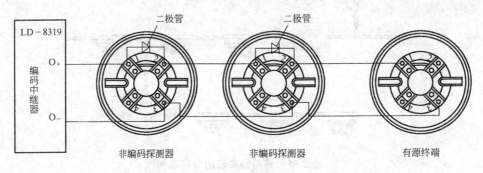

图 2-84　编码中继器和终端与非编码设备的接线示意图

3.7　总线隔离器

（1）总线隔离器的作用

总线隔离器用在传输总线上，对各分支线作短路时的隔离作用。它能自动使短路部分两端呈高阻态或开路状态，使之不损坏控制器，也不影响总线上其他部件的正常工作，当这部分短路故障消除时，能自动恢复这部分回路的正常工作，这种装置又称短路隔离器。

（2）主要技术指标（以海湾产品 LD-8313 为例）

1）工作电压：总线 24V；

2）隔离动作确认灯：红色；

3）动作电流：170mA（最多可接入 50 个编码设备），

　　　　　　　270mA（最多可接入 100 个编码设备）；

4）使用环境：温度：−10～+50℃；相对湿度≤95%，不结露；

5）外形尺寸：120mm×80mm×40mm，外形同 LD-8300 模块。

（3）布线

总线隔离器的接线端子如图 2-85 所示

图 2-85　LD-8313 总线隔离器接线端子示意

其中：

Z1、Z2：无极性信号二总线输入端子；

Z01、Z02：无极性信号二总线输出端子，最多可接入 50 个编码设备（含各类探测器或编码模块）；

A：动作电流选择端子，与 Z01 短接时，隔离器最多可接入 100 个编码设备（含各类探测器或编码模块）。

布线要求：直接与信号二总线连接，无需其他布线。可选用截面积≥1.0mm² 的

77

RVS 双绞线。

（4）应用示例

总线隔离器应接在各分支回路中以起到短路保护作用，如图 2-86 所示。

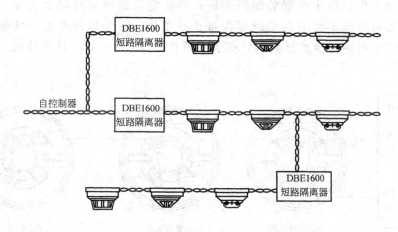

图 2-86　短路隔离器的应用示例

3.8　总线驱动器

（1）作用

增强线路的驱动能力。

（2）使用场所

1）当一台报警控制器监控的部件超过 200 件，每 200 件左右用一只；

2）所监控设备电流超过 200mA，每 200mA 左右用一只；

3）当总线传输距离太长、太密，超长（500m）安装一只（也有厂家超过 1000m 安一只，应结合厂家产品而定）。

3.9　区域显示器（又叫火灾显示盘或层显）

（1）作用及适用范围

当一个系统中不安装区域报警控制器时，应在各报警区域安装区域装显示器，其作用是显示来自消防中心报警器的火警信息，适用于各防火监视分区或楼层。

（2）功能及特点

以 ZF-500 型汉字液晶显示火灾显示盘为例加以说明。ZF-500 型火灾显示盘是用单片机设计开发的汉字式火灾显示盘，用来显示火警探测器部位编号及其汉字信息并同时发出声光报警信号，显示内容清晰直观，便于人员确认。它通过总线与火灾报警控制器相连，处理并显示控制器传送过来的数据。当用一台报警器同时监控数个楼层或防火分区时，可在每个楼层或防火分区设置火灾显示盘以取代区域报警控制器。

（3）主要技术指标

1）显示范围：每屏显示四条汉字报警信息，后续报警信息可滚屏显示；

2）显示容量：最多不超过 126 条汉字报警信息；

3）线制：与火灾报警控制器间采用有极性二总线连接，另需两根 DC24V 电源供电线（不分极性）；

4）使用环境：温度：0～+40℃相对湿度≤95％，不结露；

5）电源：采用 DC24V 电源集中供电；

6）静态功耗≤2W，最大功耗≤5W；

7）外形尺寸：206mm×115mm×44mm，外形如图 2-87 所示。

图 2-87　ZF-500 汉字液晶显示火灾报警显示盘外形示意

（4）布线

火灾显示盘接线端子如图 2-88 所示。

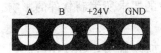

图 2-88　ZF-500 火灾显示盘接线端子图

其中：

A、B：连接火灾报警控制器的通讯总线端子；

+24V、GND：DC24V 电源线端子。

布线要求：DC24V 电源线采用 BV 线，截面积≥2.5mm²；通讯线 A、B 采用 RVVP 屏蔽线，截面积≥1.0mm²。

3.10　CRT 彩色显示系统

在大型的消防系统的控制中必须采用微机显示系统即 CRT 系统，它包括系统的接口板、计算机、彩色监视器、打印机，是一种高智能化的显示系统。该系统采用现代化手段、现代化工具及现代化的科学技术代替以往庞大的模拟显示屏，其先进性对造型复杂的建筑群体更加突出，其外形如图 2-89 所示。

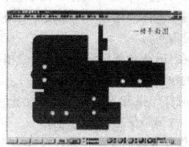

图 2-89　GSTCRT2001 彩色 CRT 显示系统示意

（1）CRT 报警显示系统的作用

CRT 报警显示系统是把所有与消防系统有关的建筑物的平面图形及报警区域和报警点存入计算机内，在火灾时，CRT 显示屏上能自动用声光显示部位，如用黄色（预警）和红色（火警）不断闪动，同时用不同的音响来反映各种探测器、报警按钮、消火栓、水喷淋等各种灭火系统和送风口、排烟口等的具体位置。用汉字和图形来进一步说明发生火灾的部位、时间及报警类型，打印机自动打印，以便记忆着火时间，进行事故分析和存档，给消防值班人员更直观更方便地提供火情和消防信息。

（2）对 CRT 报警显示系统的要求

随着计算机的不断更新换代，CRT 报警显示系统产品种类不断更新，在消防系统的设计过程中，选择合适的 CRT 系统是保证系统正常监控的必要条件，因此要求所选用的 CRT 系统必须具备下列功能：

1）报警时，自动显示及打印火灾监视平面中火灾点位置、报警探测器种类、火灾报警时间。

2）所有消火栓报警开关、手动报警开关、水流指示器、探测器等均应编码，且在 CRT 平面上建立相应的符号。利用不同的符号不同的颜色代表不同的设备，在报警时有明显的不同音响。

3）当火灾自动报警系统需进行手动检查时，显示并打印检查结果。

4）所具有的火警优先功能，应不受其他以及按用户的要求所编制软件的影响。

（3）实例介绍

下面以 GSTCRT2001 彩色 CRT 显示系统为例详细加以说明。GSTCRT2001 彩色显示系统是海湾安全技术有限公司最新一代消防控制中心火警监控、管理系统，它用于火灾报警及消防联动设备的管理与控制以及设备的图形化显示。可与海湾安全技术有限公司所生产的 GST200、GST500/5000、GST9000 等系列火灾报警控制器（联动型）组成功能完备的图形化消防中心监控系统，并且 CRT 之间可以通过局域网、普通电话线（通过调制解调器）、RS-232 等方式进行联网，接收、发送、显示设备的异常信息及主机信息，从而实现了火灾报警系统的远程中央监控。

1）系统可以同时管理多台不同类型的控制器。

2）自动维护系统的数据通信，且用户可以通过通讯测试功能随时测试系统数据通信状态，保证系统可靠运行。

3）简单、直观、完整的用户图形监控界面，可在不同监视区的设备布置图上切换显示，并通过不同的颜色显示现场设备的报警及动作、故障、隔离等异常信息，对于指挥现场灭火十分有益。

4）可在 CRT 彩色显示系统上完成相关设备控制操作，提供与火灾报警控制器（联动型）相同的控制方式。

5）实时打印报警、故障、隔离设备的位置、类型、时间；同时可按条件查询并打印各种报警、故障等信息的历史记录。

6）提供报警辅助处理方案，在紧急情况下提示值班人员完成必要的应急操作。

7）完备的数据库管理功能，并具有数据备份功能，可将你的数据损失降到最低，保证你的系统安全。

8）系统提供多级密码，便于系统安全管理，防止误操作。

课题 4　火灾报警控制器

火灾报警控制器是火灾自动报警系统的心脏，是消防系统的指挥中心，控制器可为火灾探测器供电，接收、处理和传递探测点的故障及火警信号，并能发出声、光报警信号，同时显示及记录火灾发生的部位和时间，并能向联动控制器发出联动通知信号的报警控制装置。

4.1 火灾报警控制器的分类、功能及型号

4.1.1 火灾报警控制器的分类

火灾报警控制器种类繁多，从不同角度有不同分类，具体分类如图 2-90 所示。外形如图 2-91 所示。

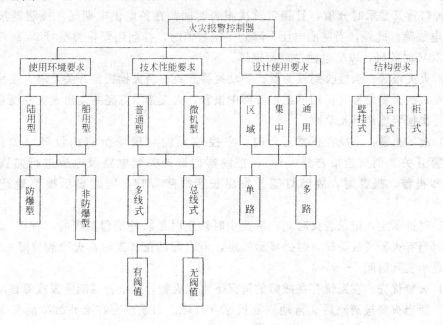

图 2-90 火灾报警控制器的分类

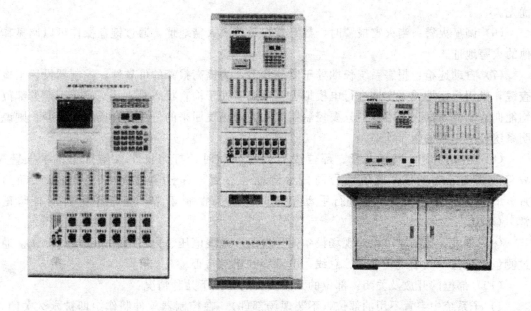

图 2-91 壁挂式、立柜式及台式报警控制器外形图

4.1.2 火灾报警控制器的基本功能

（1）主备电源：在控制器中备有浮充备用电池，在控制器投入使用时，应将电源盒上方的主、备电开关全打开，当主电网有电时，控制器自动利用主电网供电，同时对电池充电；当主电网断电时，控制器会自动切换改用电池供电，以保证系统的正常运行。在主电供电时，面板主电指示灯亮，时钟口正常显示时分值。备电供电时，备电指示灯亮，时钟口只有秒点闪烁，无时分显示，这是节省用电，其内部仍在正常走时，当有故障或火警时，时钟口重又显示时分值，且锁定首次报警时间。在备电供电期间，控制器报类型号26 和主电故障。此外，当电池电压下降到一定数值时，控制还要报类型号 24 故障。当备电低于 20V 时关机，以防电池过放而损坏。

（2）火灾报警：当接收到探测器、手动报警开关、消火栓报警开关及输入模块所配接的设备发来的火警信号时，均可在报警器中报警，火灾指示灯亮并发出火灾变调音响，同时显示首次报警地址号及总数。

（3）故障报警：系统在正常运行时，主控单元能对现场所有的设备（如探测器、手动报警开关、消火栓报警开关等）、控制器内部的关键电路及电源进行监视，一有异常立即报警。报警时，故障灯亮并发出长音故障音响，同时显示报警地址号及类型号。

（4）时钟锁定，记录着火时间：系统中时钟走时是软件编程实现的，有年、月、日、时、分。当有火警或故障时，时钟显示锁定，但内部能正常走时，火警或故障一旦恢复，时钟将显示实际时间。

（5）火警优先：在系统存在故障的情况下出现火警，则报警器能由报故障自动转变为报火警，而当火警被清除后又自动恢复报原有故障。当系统存在某些故障而又未被修复时，会影响火警优先功能，如下列情况下：1）电源故障；2）当本部位探测器损坏时本部位出现火警；3）总线部位故障（如信号线对地短路、总线开路与短路等）均会影响火警优先。

（6）调显火警：当火灾报警时，数码管显示首次火警地址，通过键盘操作可以调显其他的火警地址。

（7）自动巡检：报警系统长期处于监控状态，为提高报警的可靠性，控制器设置了检查键，供用户定期或不定期进行电模拟火警检查。处于检查状态时，凡是运行正常的部位均能向控制器发回火警信号。只要控制器能收到现场发回来的信号并有反应而报警，则说明系统处于正常的运行状态。

（8）自动打印：当有火警、部位故障或有联动时，打印机将自动打印记录火警、故障或联动的地址号，此地址号同显示地址号一致，并打印出故障、火警、联动的月、日、时、分。当对系统进行手动检查时，如果控制正常，则打印机自动打印正常（OK）。

（9）测试：控制器可以对现场设备信号电压、总线电压、内部电源电压进行测试。通过测量电压值，判断现场部件、总线、电源等的正常与否。

（10）部位的开放及关闭：部位的开放及关闭有以下几种情况：

1）子系统中空置不用的部位（不装现场部件），在控制器软件制作中即被永久关闭，如需开放新部位应与制造厂联系；

2）系统中暂时空置不用的部位，在控制器第一次开机时需要手动关闭；

3）系统运行过程中，已被开放的部位其部件发生损坏后，在更新部件之前应暂时关闭，在更新部件之后将其开放。部位的暂时关闭及开放有以下几种方法：

A. 逐点关闭及逐点开放：在控制器正常运行中，将要关闭（或开放）的部位的报警地址显示号用操作键输入控制器，逐个地将其关闭或开放。被关闭的部位如果安装了现场部件则该部件不起作用，被开放部位如果未安装现场部件则将报出该部位故障。对于多部件部位（指编码不同的部件具有相同的显示号），进行逐点关闭（或开放），是将该部位中的全部部件实现了关闭（或开放）。

B. 统一关闭及统一开放：统一关闭是在控制器报警（火警或故障）的情况下，通过操作键将当时存在的全部非正常部位进行关闭；统一开放是在控制器运行中，通过操作键将所有在运行中曾被关闭的部位进行开放。当部位是多部件部位时，统一关闭也只是关闭了该部位中的不正常部件。系统中只要有部位被关闭了，面板上的"隔离"灯就被点亮。

（11）显示被关闭的部位：在系统运行过程中，已开放的部位在其部件出现故障后，为了维持整个系统正常运行，应将该部位关闭。但应能显示出被关闭的部位，以便人工监视部位的火情并及时更换部件。操作相应的功能键，控制器便顺序显示所有在运行中被关闭的部位。当部位是多部件部位时，这些部件中只要有一个是关闭的，它的部位号就能被显示出来。

（12）输出：

1）控制器中有 V 端子，VG 端子间输出 DC24V、2A。向本控制器所监视的某些现场部件和控制接口提供 24V 电源。

2）控制器有端子 L1，L2，可用双绞线将多台控制器连通组成多区域集中报警系统，系统中有一台作集中报警控制器，其他作区域报警控制器。

3）控制器有 GTRC 端子。用来同 CRT 联机，其输出信号是标准 RS232 信号。

（13）联机控制：可分"自动"联动和"手动"启动两种方式，但都是总线联动控制方式。在联动方式时，先按 E 键与自动键，"自动"灯亮，使系统处于自动联动状态。当现场主动型设备（包括探测器）发生动作时，满足既定逻辑关系的被动型设备将自动被联动，联动逻辑因工程而异，出厂时已存贮于控制器中。手动启动在"手动允许"时才能实施，手动启动操作应按操作顺序进行。

无论是自动联动还是手动启动，应该动作的设备编号均应在控制板上显示，同时启动灯亮。已经发生动作的设备的编号也在此显示，同时回答灯亮。启动与回答能交替显示。

（14）阈值设定：报警阈值（即提前设定的报警动作值）对于不同类型的探测器其大小不一，目前报警阈值是在控制器的软件中设定。这样控制器不仅具有智能化，高可靠的火灾报警，而且可以按各探测部位所在应用场所的实际情况不同，灵活方便地设定其报警阈值，以便更加可靠地报警。

4.1.3 型号

火灾报警产品型号是按照《中华人民共和国专业标准》（ZBC81002-84 编制的，其型号意义如下：

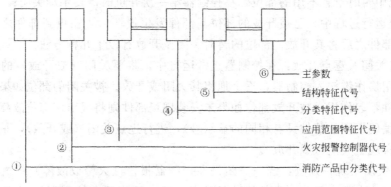

（1）J（警）——消防产品中的分类代号（火灾报警设备）；

（2）B（报）——火灾报警控制代号；

（3）应用范围特征代号 $\begin{cases} B（爆）——防爆型 \\ C（船）——船用型 \end{cases}$

非防爆型和非船用型可以省略，无需指明；

（4）分类特征代号：D（单）——单路；Q（区）——区域；J（集）——集中；T（通）——通用，既可作集中报警，又可作区域报警；

（5）结构特征代号：G（柜）——柜式；T（台）——台式；B（壁）——壁挂式；

（6）主参数：一般表示报警器的路数。例如：40，表示40路。

型号举例：

JB-TB8-2700/063B：8路通用火灾报警控制器。

JB-JG-60-2700/065：60路柜式集中报警控制器。

JB-QB-40：40路壁挂式区域报警控制器。

4.2　火灾报警控制器的构造及工作原理

4.2.1　火灾报警控制器的构造

火灾报警控制器已完成了模拟化向数字化的转变，下面以二总线火灾报警控制器为例介绍其构造。

二总线火灾报警控制器集先进的微电子技术、微处理技术于一体，性能完善，控制方便、灵活。硬件结构包括微处理机（CPU）、电源、只读存贮器（ROM）、随机存储器（RAM）及显示、音响、打印机、总线、扩展槽等接口电路。JB-QT-GST5000型汉字液晶显示火灾报警控制器的外形结构为琴台式，如图2-92所示。

（1）JB-QT-GST5000型控制器特点

1）控制器采用琴台式结构，各信号总线回路板采用拔插设计，系统容量扩充简单、方便。

2）采用大屏幕汉字液晶显示器，各种报警状态信息均可以直观的以汉字方式显示在屏幕上，便于用户操作使用。

3）控制器设计高度智能化，与智能探测器一起可组成分布智能式火灾报警系统，极大降低误报，提高系统可靠性。

4）火灾报警及消防联动控制可按多机分体、分总线回路设计，也可以单机共总线回

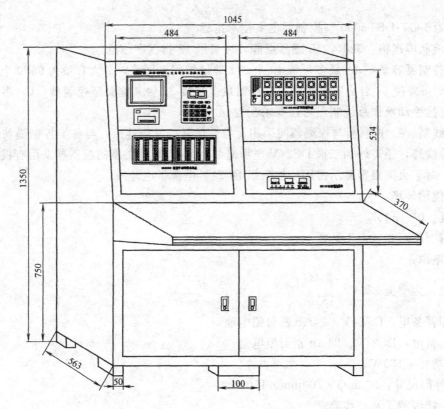

图 2-92   JB-QT-GST5000 型控制器外形示意

路设计,同时控制器设计了具有短线、断线检测及设备故障报警功能的多线制控制输出点,专门用于控制风机、水泵等重要设备,可以满足各种设计要求。

5)控制器可完成自动及手动控制外接消防被控设备,其中手动控制方式具备直接手动操作键控制输出及编码组合键手动控制输出两种方式,系统内的任一地址编码点既可由各种编码探测器占用,也可由各类编码模块占用,设计灵活方便。考虑到控制器自身电源系统容量较低,当控制器接有被控设备时,需另外设置 DC24V 电源系统。

6)控制器具有极强的现场编程能力,各回路设备间的交叉联动、各种汉字信息注释、总线制设备与多线制控制设备之间的相互联动等均可以现场编程设定。

7)控制器可外接火灾报警显示盘及彩色 CRT 显示系统等设备,满足各种系统配置要求。

8)进一步加强了控制器的消防联动控制功能,可配置多块 64 路手动消防启动盘,完成对总线制外控设备的手动控制,并可配置多块 14 路多线制控制盘,完成对消防控制系统中重要设备的控制。

9)控制器可加配联动控制用电源系统,标准化电源盘可提供 DC24V、6A 电源二总线。

10)控制器容量内的任一地址编码点,可由编码火灾探测器占用,也可由编码模块占用。

11)控制器可扩充消防广播控制盘和消防电话控制盘,组成消防广播和消防电话系统。

（2）JB-QT-GST5000 型控制器主要技术指标

1）液晶屏规格：320×240 图形点阵，可显示 12 行汉字信息。

2）控制器容量：A. 最多可带 40 个 242 地址编码点回路，最大容量为 9680 个地址编码点；B. 可外接 64 台火灾显示盘；联网时最多可接 32 台其他类型控制器；C. 多线制控制点及直接手动操作总线制点可按要求配置。

3）线制：A. 控制器与探测器间采用无极性信号二总线连接，与各类控制模块间除无极性二总线外，还需外加二根 DC24V 电源总线。B. 与其他类型的控制器采用有极性二总线连接，对于火灾报警显示需用外加两根 DC24V 电源供电总线。

4）使用环境：

温度：0～+40℃

相对湿度≤90%，不结露

5）电源：

主电：为交流 220V$\begin{smallmatrix}+10\%\\-15\%\end{smallmatrix}$

控制器备电：DC24V、24Ah 密封铅电池

联动备电：DC24V、24Ah 密封铅电池

6）功耗≤150W

7）外形尺寸：500mm×700mm×170mm

（3）接线端子及布线要求

接线端子如图 2-93 所示。

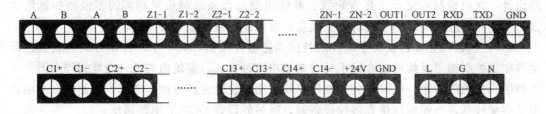

图 2-93　JB-QT-GST5000 控制器接线端子示意

其中：

A、B：连接其他各类控制器及火灾显示盘的通讯总线端子；

ZN-1、ZN-2（N=1～18）：无极性信号二总线；

OUT1、OUT2：火灾报警输出端子（无源常开控制点，报警时闭合）；

RXD、TXD、GND：连接彩色 CRT 系统的接线端子；

CN＋、CN－（N=1～14）：多线制控制输出端子；

＋24V、GND：DC24V、6A 供电电源输出端子；

L、G、N：交流 220V 接线端子及机柜保护接地线端子。

布线要求：

DC24V、6A 供电电源线在竖井内采用 BV 线，截面积≥4.0mm²，在平面采用 BV

线，截面积≥2.5mm²。

从以上实例可见，火灾报警控制器主要技术指标如下：

1）容量

容量是指能够接收火灾报警信号的回路数，以"M"表示。一般区域报警器 M 的数值等于探测器的数量。对于集中报警控制器，容量数值等于 M 乘以区域报警器的台数 N，即 $M \cdot N$。

2）使用环境条件

使用环境条件主要指报警控制器能够正常工作的条件，即温度、湿度、风速、气压等项。要求陆用型环境条件为：温度 $-10 \sim 50℃$；相对湿度 $\leqslant 92\%$（$40℃$）；风速 $<5m/s$；气压为 $85 \sim 106kPa$。

3）工作电压

工作时，电压可采用 $220V$ 交流电和 $24 \sim 32V$ 直流电（备用）。备用电源应优先选用 $24V$。

4）满载功耗

满载功耗指当火灾报警控制器容量不超过 10 路时，所有回路均处于报警状态所消耗的功率；当容量超过 10 路时，20%的回路（最少按 10 路计）处于报警状态所消耗的功率。使用时要求在系统工作可靠的前提下，尽可能减小满载功耗；同时要求在报警状态时，每一回路的最大工作电流不超过 $200mA$。

5）输出电压及允差

输出电压即指供给火灾探测器使用的工作电压，一般为直流 $24V$，此时输出电压允差不大于 $0.48V$。输出电流一般应大于 $0.5A$。

6）空载功耗

即指系统处于工作状态时所消耗的电源功率。空载功耗表明了该系统的日常工作费用的高低，因此功耗应是愈小愈好；同时要求系统处于工作状态时，每一报警回路的最大工作电流不超过 $20mA$。

4.2.2 火灾报警控制器的工作原理

正常无火灾状态下，液晶显示 CPU 内部软件电子时钟的时间，控制器为探测器供 $24V$ 直流电。探测器二线并联是通过输出接口控制探测器的电源电路发出探测器编码信号和接收探测器回答信号而实现的。

火灾时，控制器接收到探测器发来的火警信号后，液晶显示火灾部位、电子钟停在首次火灾发生的时刻，同时控制器发出声光报警信号，打印机打印出火灾发生的时间和部位。当探测器编码电路故障，例如短路、线路断路、探头脱落等，控制器发出故障声、光报警，显示故障部位并打印。

4.3 区域与集中报警控制器的区别

4.3.1 区域报警控制器

区域报警控制器由输入回路、光报警单元、声报警单元、自动监控单元、手动检查试验单元、输出回路和稳压电源及备用电源等组成，如图 2-94 所示。

从图可看出，输入回路接收各火灾探测器送来的火灾报警信号或故障信号，由声光报

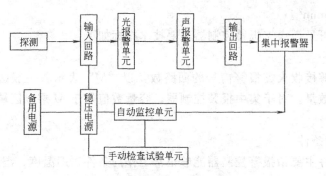

图 2-94　区域报警控制器电路原理方框图

警单元，发出声响报警信号和显示其发生的部位，并通过输出回路控制有关的消防设备，向集中火灾报警控制器传送报警信号。自动监控单元起着监控各类故障的作用。通过手动检查试验单元，可以检查整个火灾报警系统是否处于正常工作状态。

区域火灾报警控制器主要功能如下：

（1）供电功能：供给火灾探测器稳定的工作电源，一般为 DC24V，以保证火灾探测器稳定可靠地工作。

（2）火警记忆功能：接受火灾探测器测到火灾参数后发来的火灾报警信号，迅速准确地进行转换处理，以声光形式报警，指示火灾发生的具体部位，并满足下列要求：火灾报警控制器一接受到火灾探测器发出火灾报警信号后，应立即予以记忆或打印，以防止随信号来源的消失（如感温火灾探测器自行复原、火势大后烧毁火灾探测器或烧断传输线等）而消失。

在火灾探测器的供电电源线被烧结短路时，亦不应丢失已有的火灾信息，并能继续接受其他回路中的手动按钮或机械火灾探测器送来的火灾报警信号。

（3）消声后再声响功能：在接收某一回路火灾探测器发来的火灾报警信号，发出声报警信号后，可通过火灾控制器上的消声按钮人为消声。如果火灾报警控制器此时又接收到其他回路火灾探测器发来的火灾报警信号时，它仍能产生声光报警，以及时引起值班人员的注意。

（4）输出控制功能：具有一对以上的输出控制接点，供火警时切断空调通风设备的电源，关闭防火门或启动自动消防施救设备，以阻止火灾的进一步蔓延。

（5）监视传输线切断功能：监控连接火灾探测器的传输导线，一旦发生断线情况，立即以区别于火警的声光形式发出故障报警信号，并指示故障发生的具体部位，以便及时维修。

（6）主备电源自动转换功能：火灾报警控制器使用的主电源是交流 220V 市电，其直流备用电源一般为镍镉电池或铅酸维护电池。当市电停电或出现故障时能自动地转换到备用直流电源工作。当备用直流电源电压偏低时，能及时发出电源故障报警。

（7）熔丝烧断告警功能：火灾报警控制器中任何一根熔丝烧断时，能及时以各种形式发出故障报警。

（8）火警优先功能：火灾报警控制器接收到火灾报警信号时，能自动切除原先可能存在的其他故障报警信号，只进行火灾报警，以免引起值班人员的混淆。只有当火情排除后，人工将火灾报警控制器复位时，若故障仍存在，才再次发出故障报警信号。

（9）手动检查功能：自动火灾报警系统对火警和各类故障均进行自动监视。但平时该系统处于监视状态，在无火警、无故障时，使用人员无法知道这些自动监视功能是否完好，所以在火灾报警控制器上都设置了手动检查试验装置，可随时或定期检查系统各部分、各环节的电路和元器件是否完好无损，系统各种自动监控功能是否正常，以保证自动火灾报警系统处于正常工作状态。手动检查试验后，能自动或手动复原。

4.3.2 集中报警控制器

集中报警控制器由输入回路、光报警单元、声报警单元、自动监控单元、手动检查试验单元和稳压电源、备用电源等电源组成，如图2-95所示。

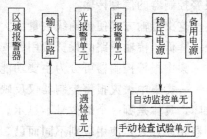

图 2-95 集中火灾报警控制器电路原理方框图

集中火灾报警控制器的电路除输入单元和显示单元的构成和要求与区域火灾报警控制器有所不同外，其基本组成部分与区域火灾报警控制器大同小异。

输入单元的构成和要求，是与信号采集及传递方式密切相关的。目前国内火灾报警控制器的信号传输方式主要有以下四种：

（1）对应的有线传输方式

这种方式简单可靠。但在探测报警的回路数多时，传输线的数量也相应增多，就带来工程投资大、施工布线工程工作量大等问题，故只适用于范围较小的报警系统使用。当集中报警控制器采用这种传输方式时，它只能显示区域号，而不能显示探测部位号。

（2）分时巡回检测方式

采用脉冲分配器，将振荡器产生的连续方波转换成有先后时序的选通信号，按顺序逐个选通每一报警回路的探测器，选通信号的数量等于巡检的点数，从总的信号线上接受被选通探测器送来的火警信号。这种方式减少了部分传输线路，但由于采用数码显示火警部位号，在几个火灾探测回路同时送来火警信号时，其部位的显示就不能一目了然了，而且需要配接微型机或复示器来弥补无记忆功能的不足。

（3）混合传输方式

这种传输方式可分为两种形式：

1）区域火灾报警控制器采用——对应的有线传输方式，所有区域火灾报警控制器的部位号与输出信号并联在一起，与各区域火灾报警控制器的选通线，全部连接到集中火灾报警控制器上；而集中火灾报警控制器采用分时巡回检测方式，逐个选通各区域火灾报警控制器的输出信号。这种形式，信号传输原理较为清晰，线路适中，在报警速度和可靠方面能得到较好的保证。

2）区域火灾报警控制器采用分时巡回检测方式，采用区域选通线加几根总线的总线断续传输方法。这种形式，使区域火灾报警控制器到集中火灾报警控制器的集中传输线大大减少。

（4）总线制编码传输方式

总线制地址编码传输方式的火灾报警控制器，其信号传输方式的最大优点是大大减少了火灾报警控制器和各火灾探测器的传输线。区域火灾报警控制器到所有火灾探测器的连线总共只有 2～4 根，连接上百只火灾探测器，能辨别是哪一个火灾探测器处于火灾报警状态或故障报警状态。

这种传输方式使火灾报警控制器在接受某个火灾探测器的状态信号前，先发出该火灾探测器的串行地址编码。该火灾探测器将当时所处的工作状态（正常监视、火灾报警或故障告警）信号发回，由火灾报警控制器进行判别、报警显示等。

在区域火灾报警控制器和集中火灾报警控制器信号传输上，采用数据总线方式或 RS232、RS424 等标准串行接口，用几根线就满足了所有区域火灾报警控制器到集中火灾报警控制器的信号传输。

这个传输方式使传输线数量大大减少，给整个火灾自动报警系统的施工安装带来了方便，降低了传输线路的投资费用和安装费用。

集中报警控制器可分为主要功能和辅助功能，主要功能分两类：

一类集中火灾报警控制器仅反映某一区域火灾报警控制器所监护的范围内有无火警或故障，具体是哪一个部位号不显示。这类集中火灾报警控制器实际功能与区域火灾报警控制器相同，只是使用级别不同而已。采用这种集中火灾报警控制器构成的火灾自动报警系统，线路较少，维护方便，但不能知道具体是哪一个部位有火警。

另一类集中报警控制器，不但能反应区域号，还能显示部位号。这类集中火灾报警控制器一般不能直接连接探测器，不提供火灾探测器使用的工作电源，而只能与相应配套的区域火灾报警控制器连接。集中报警控制器能对它与各区域火灾报警控制器之间的传输线进行断线故障监视。其他功能与区域报警器相同。

辅助功能有以下四个方面：

1）记时：记录探测器发来的第一个火灾报警信号时间，为公安消防部门调查火因提供准确的时间依据。

2）打印：为了查阅文字记录，采用打印机将火灾或故障发生的时间、部位及性质打印出来。

3）事故广播：发生火灾时，为减少二次灾害，仅接通火灾层及上、下各一层，以便于指挥人员疏散和扑救。

4）电话：火灾时，控制器能自动接通专用电话线路，以尽快组织扑救，减少损失。

4.4　火灾报警控制器的接线

接线形式根据不同产品有不同线制，如三线制、四线制、两线制、全总线制及二总线制等，这里仅介绍传统的两线制及现代的全总线制两种。

（1）两线制

两线制的接线计算方法因不同厂家的产品有所区别，以下介绍的计算方法具有一般性。

区域报警器的输入线数等于 $n+1$ 根，n 为报警部位数。

区域报警器的输出线数等于是 $10+\dfrac{n}{10}+4$，式中：n 为区域报警器所监视的部位数目；10 为部位显示器的个数；$n/10$ 为巡检分组的线数；4 包括：地线一根，层号线一根，故障线一根，总检线一根。

集中报警器的输入线数为 $10+n/10+S+3$，式中：S 为集中报警器所控制区域报警器的台数；3 为故障线一根，总检线一根，地线一根。

【例 2-6】 某高层建筑的层数为 50 层，每层一台区域报警器，每台区域报警器带 50 个报警点，每个报警点有一只探测器，试计算报警器的线数并画出布线图。

【解】 区域报警器的输入线数为 $50+1=51$ 根；区域报警器的输出线数为 $10+\dfrac{50}{10}+4=19$ 根；

集中报警器的输入线数为 $10+\dfrac{50}{10}+50+3=68$ 根。

两线制接线如图 2-96 所示，这种接线大多在小系统中应用，目前已很少使用。

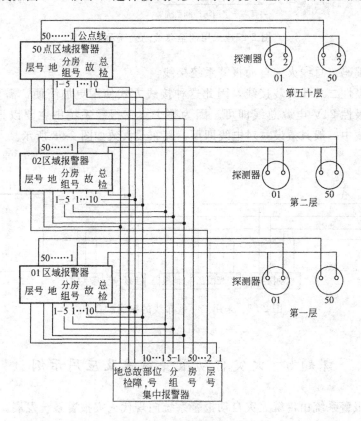

图 2-96　两线制的接线

（2）地址编码全总线火灾自动报警系统接线：

这种接线方式大系统中显示出其明显的优势，接线非常简单，给设计和施工带来了较大的方便，大大减少了施工工期。

区域报警器输入线为 5 根，即 P、S、T、G 及 V 线，即电源线、信号线、巡检控制线、回路地线及 DC24V 线。

区域报警器输出线数等于集中报警器接出的六条总线，即 P_0、S_0、T_0、G_0、C_0、D_0，C_0 为同步线，D_0 为数据线。所以称之为四全总线（或称总线）是因为该系统中所使用的探测器、手动报警按钮等设备均采用 P、S、T、G 四根出线引至区域报警器上。其布线如图 2-97 所示。

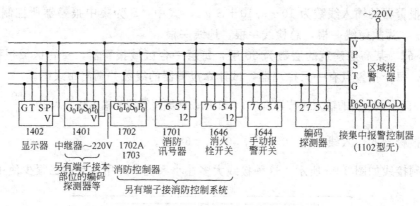

图 2-97　采用四全总线的接线示意

（3）地址编码二总线火灾自动报警系统接线：

因为是无极性二总线安装接线，因此这种接线方式使用更加简便，需要 24V 电源的部位可引入无极性 24V 电源总线即可。因为整个火灾报警系统中主要以报警设备为主，所以在施工布线中一般只敷设一对电线即可。其布线大致如图 2-98 所示。

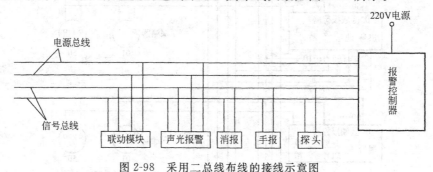

图 2-98　采用二总线布线的接线示意图

课题 5　火灾自动报警系统及应用示例

火灾自动报警系统由传统火灾自动报警系统向现代火灾报警系统发展。虽然生产厂家较多，其所能监控的范围随不同报警设备各异，但设备的基本功能日趋统一，并逐渐向总线制、智能化方向发展，使得系统误报率、漏报率降低。由于用线数大大减少，使系统的施工和维护非常方便。

5.1　传统型火灾报警系统

传统型火灾自动报警系统仍是一种有效、实用的重要消防监控系统，下面分别叙述。

5.1.1　区域火灾自动报警系统

（1）报警控制系统的设计要求

1）一个报警区域宜设置一台区域火灾报警控制器；

2）区域火灾报警系统报警器台数不应超过两台；

3）当一台区域报警器垂直方向警戒多个楼层时，应在每个数层的楼梯口或消防电梯前室等明显部位，设置识别楼层的灯光显示装置，以便发生火警时，能及时找到火警区域，并迅速采取相应措施；

4）区域报警器安在墙上时，其底边距地高应在1.3～1.5m，靠近其门轴的侧面距墙不应小于0.5m，正面操作距离不应小于1.2m；

5）区域报警器应设置在有人值班的房间或场所；

6）区域报警器的容量应大于所监控设备的总容量；

7）系统中可设置功能简单的消防联动控制设备。

（2）区域报警控制系统应用实例

区域报警系统简单且使用广泛，一般在工矿企业的计算机房等重要部位和民用建筑的塔楼公寓、写字楼等处采用区域报警系统，另外，还可作为集中报警系统和控制中心系统中最基本的组成设备。塔楼式公寓火灾自动报警系统如图2-99所示。目前区域系统多数由环状网络构成（如右边所示）。也可能是支状线路构成（如左边所示），但必须加设楼层报警确认灯。

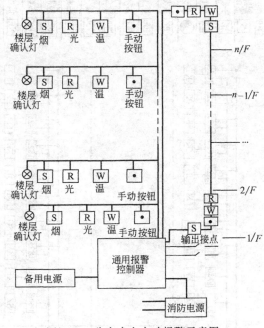

图2-99　公寓火灾自动报警示意图

5.1.2　集中火灾自动报警系统

（1）集中报警控制系统的设计要求

1）系统中应设有一台集中报警控制器和两台以上区域报警控制器，或一台集中报警控制器和两台以上区域显示器（或灯光显示装置）。

2）集中报警控制器应设置在有专人值班的消防控制室或值班室内。

3）集中报警控制器应能显示火灾报警部位信号和控制信号，亦可进行联动控制。

4）系统中应设置消防联动控制设备。

5）集中报警控制器及消防联动设备等在消防控制室内的布置应符合下列要求：

A. 设备面盘前操作距离，单列布置时不应小于1.5m，双列布置时不应小于2m。

B. 在值班人员经常工作的一面，设备面盘至墙的距离不应小于3m。

C. 设备面盘的排列长度大于4m时，其两端应设置宽度不小于1m的通道。

D. 设备面盘后的维修距离不宜小于1m。

E. 集中火灾报警控制器安装在墙上时，其底边距地高度为1.3～1.5m，靠近其门轴的侧面距墙不应小于0.5m，正面操作距离不应小于1.2m。

（2）集中报警控制器应用实例

集中报警控制系统在一级中档宾馆、饭店用得比较多。根据宾馆、饭店的管理情况，集中报警控制器（或楼层显示器）设在各楼层服务台，管理比较方便，宾馆、饭店火灾自动报警系统如图2-100所示。

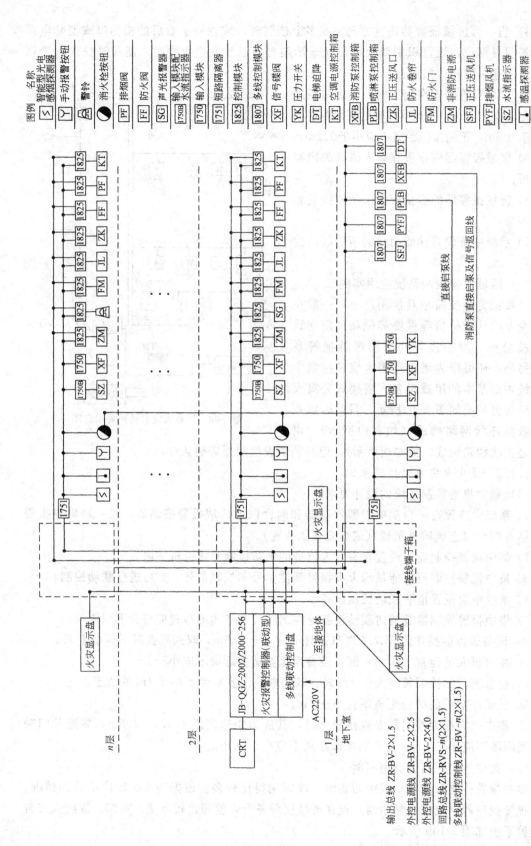

图 2-100 集中火灾报警系统

图例	名称
S	智能型光电感烟探测器
Y	手动报警按钮
🔔	警铃
◑	消火栓按钮
PF	排烟阀
FF	防火阀
SG	声光报警器
1750B	输入模块配水流指示器
1750	输入模块
1751	短路隔离器
1825	控制模块
1807	多线控制模块
XF	信号蝶阀
YK	压力开关
DT	电梯迫降
KT	空调电源控制箱
XFB	消防泵控制箱
PLB	喷淋泵控制箱
ZK	正压送风口
JL	防火卷帘
FM	防火门
ZM	非消防电源
SFJ	正压送风机
PYFJ	排烟风机
SZ	水流指示器
●	感温探测器

n 层

2 层

1 层

地下室

CRT

JB-QGZ-2002/2000-256

火灾报警控制器(联动型)

多线联动控制盘

AC220V

至接地体

火灾显示盘

接线端子箱

直接启泵线

消防泵直接启泵及信号返回线

输出总线 ZR-BV-2×1.5
外控电源线 ZR-BV-2×2.5
外控电源线 ZR-BV-2×4.0
回路总线 ZR-RVS-n(2×1.5)
多线联动控制线 ZR-BV-n(2×1.5)

5.1.3 控制中心报警系统

控制中心报警系统主要用于大型宾馆、饭店、商场、办公楼等。此外，多用在大型建筑群和大型综合楼工程中。图 2-101 为控制中心报警系统。发生火灾后区域报警器报到集中报警控制器，集中报警器发声光信号同时向联动部分发出指令。当每层的探测器、手动报警按钮的报警信号送同层区控，同层的防排烟阀门、防火卷帘等对火灾影响大，但误动作不会造成损失的设备由区控联动。联动的回授信号也进入区域控制器，然后经母线送到集控。必须经过确认才能动作的设备则由控制中心，如水流指示器信号、分区断电、事故广播、电梯返底指令等。控制中心配有 IBM-PC 微机系统。将集控接口来的信号经处理、加工、翻译，在彩色 CRT 显示器上用平面模拟图形显示出来，便于正确判断和采取有效措施。火灾报警和处理过程，经加密处理后存入硬盘，同时由打印机打印给出，供分析记录事故用。全部显示、操作设备集中安装在一个控制台上。控制台上除 CRT 显示器外，还有立面模拟盘和防火分区指示盘。

5.2 现代型（智能型）火灾报警系统

5.2.1 现代火灾自动报警系统的特点

现代系统比传统系统较好地完成火灾探测和报警系统应具备的各项功能。也可以说，现代系统是以微型计算机技术的应用为基础发展起来的一门新兴的专业领域。微型计算机以其极强的运算能力、众多的逻辑功能等优势，在改善和提高系统快速性、准确性、可靠性方面，在火灾探测报警领域内展示了自己的强大生命力。

现代火灾自动报警系统的优点：

（1）识别报警的个别探测器（地址编码）及探测器的类型。

（2）节省电缆、节省电源功率。

（3）使用方便，降低维修成本。

（4）误报低，系统可靠性高。

某些现代系统的功能：

（1）长期记录探测器特性。

（2）提供为火灾调查用的永久性的年代报警记录等。

（3）提供火灾部位的字母——数字显示的设备，该设备安装在建筑的关键位置上。至少可指示四种状态，即故障、正常运行、预报警和火警状态。在控制器上调整探测器参量、线路短路和开路时，系统准确动作，用隔离器可方便地切除或拆换故障的器件，扩大了对系统故障的自动监控能力。

（4）自动补偿探测器灵敏度漂移。

（5）自动地检测系统重要组件的真实状态，改进火灾探测能力。

（6）具有与传统系统的接口。

5.2.2 现代火灾自动报警系统的应用实例

（1）智能型火灾报警系统

智能型火灾自动报警系统分为两类：主机智能和分布式智能系统。

1）主机智能系统：该系统是将探测器阈值比较电路取消，使探测器成为火灾传感器，无论烟雾影响大小，探测器本身不是报警，而是将烟雾影响产生的电流、电压变化信号通

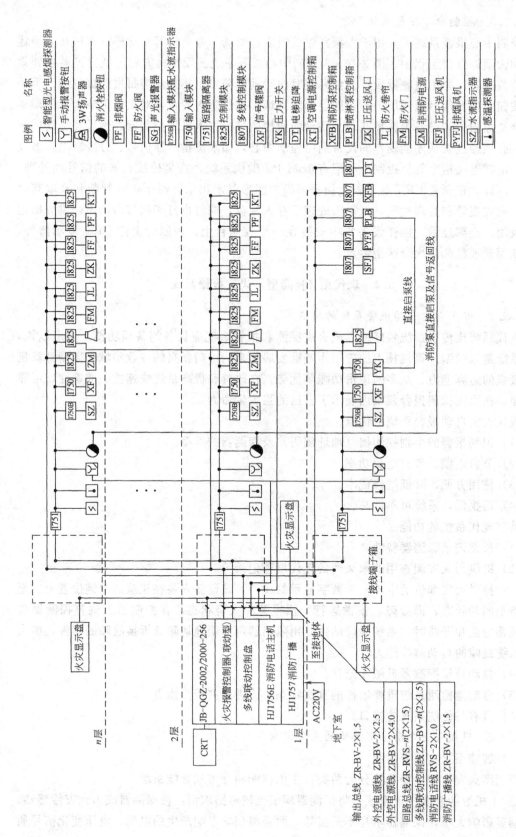

图 2-101 控制中心报警系统

过编码电路和总线传给主机，由主机内置软件将探测器传回的信号与火警典型信号比较，根据其速率变化等因素判断出是火灾信号还是干扰信号，并增加速率变化、连续变化量、时间、阈值幅度等一系列参考量的修正，只有信号特征与计算机内置的典型火灾信号特征相符时才会报警，这样就极大减少了误报。

主机智能系统的主要优点有：灵敏度信号特征模型可根据探测器所在环境特点来设定；可补偿各类环境中干扰和灰尘积累对探测器灵敏度的影响，并能实现报脏功能；主机采用微处理机技术，可实现时钟、存储、密码自检联动、联网等多种管理功能；可通过软件编程实现图形显示、键盘控制、翻译高级扩展功能。

尽管主机智能系统比非智能系统优点多，由于整个系统的监测、判断功能不仅全部要控制器完成，而且还要一刻不停地处理上千个探测器发回的信息，因而系统软件程序复杂、量大，并且探测器巡检周期长，导致探测点大部分时间失去监控，系统可靠性降低和使用维护不便。

2）分布式智能系统：该系统是在保留智能模拟探测系统优点的基础上形成的，它将主机智能系统中对探测信号的处理、判断功能由主机返回到每个探测器，使探测器真正有智能功能，而主机由于免去了大量的现场信号处理负担，可以从容不迫地实现多种管理功能，从根本上提高了系统的稳定性和可靠性。

智能防火系统布线可按其主机线路方式分为多总线制和二总线制等等。智能防火系统的特点是软件和硬件具有相同的重要性，并在早期报警功能、可靠性和总成本费用方面显示出明显的优势。

3）智能型火灾报警系统的组成及特点：

A. 智能型火灾报警系统的组成

智能型火灾报警系统由智能探测器、智能手动按钮、智能模块、探测器并联接口、总线隔离器、可编程继电器卡等组成。以下简单介绍以上这些编址单元的作用及特点。

智能探测器：探测器将所在环境收集的烟雾浓度或温度随时间变化的数据，送回报警控制器，报警控制器再根据内置的智能资料库内有关火警状态资料收集回来的数据进行分析比较，决定收回来的资料是否显示有火灾发生，从而做出报警决定。报警资料库内存有火灾实验数据。智能报警系统的火警状态曲线如图 2-102 所示。智能报警系统将现场收回来的数据变化曲线与如图 2-102 所示曲线比较，若相符，系统则发出报警信号。如果从现场收集回如图 2-103 所示的非火灾信号（因昆虫进入探测器或探测器内落入粉尘），则不发报警信号。

图 2-102 与图 2-103 比较，图 2-103 中由昆虫和粉尘引起的烟雾浓度超过火灾发生时

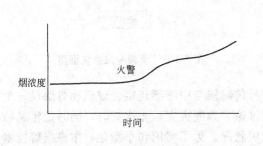

图 2-102　火警状态曲线

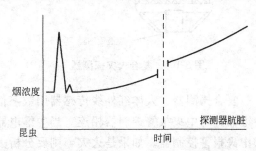

图 2-103　非火警状态曲线

的烟雾浓度，如果是非智能型报警系统必然发出误报信号，可见智能系统判断火警的方法使误报率大大降低，减少了由于误报启动各种灭火设备所造成的损失。

智能探测器的种类随着不同厂家的不断开发而越来越多，目前比较常用的有智能离子感烟探测器、智能感温探测器、智能感光探测器等。其他智能型设备作用同非智能相似，这里不叙述。

B. 智能火灾报警系统的特点：

a. 为全面有效地反映被监视环境的各种细微变化，智能系统采用了设有专用芯片的模拟量探测器。对温度和灰尘等影响实施自动补偿，对电干扰及分布参数的影响进行自动处理，从而为实现各种智能特性，解决无灾误报和准确报警奠定了技术基础。

b. 系统采用了大容量的控制矩阵和交叉查寻软件包，以软件编程替代了硬件组合，提高了消防联动的灵活性和可修改性。

c. 系统采用主从式网络结构，解决了对不同工程的适应性，又提高系统运行的可靠性。

d. 利用全总线计算机通讯技术，既完成了总线报警，又实现了总线联动控制，彻底避免了控制输出与执行机构之间的长距离穿管布线，大大方便了系统布线设计和现场施工。

e. 具有丰富的自动诊断功能，为系统维护及正常运行提供了有利条件。

4) 智能火灾报警系统：

A. 由复合探测器组成的智能火灾报警系统：据报道，日本已研制出由光电感烟、热敏电阻感温、高分子固体电解质电化电池感一氧化碳气体三种传感器制成一体的实用型复合探测器组成的现代系统。复合探测器的形状如图 2-104 所示。

该系统配有确定火灾现场是否有人的人体红外线传感器和电话自动应答系统（也可用电视监控系统），使系统误报率进一步下降。

判断火灾和非火灾现象用专家系统与模糊技术结合而成的模糊专家系统进行，如图 2-105 所示。判断结论用全部成员函数形式表示。判断的依据是各种现象（火焰、阴燃、吸烟、水蒸气）的确信度和持续时间。全部成员函数是用在建筑物中收集的现场数据和在实验室取得的火灾、非火灾实验数据编制的。

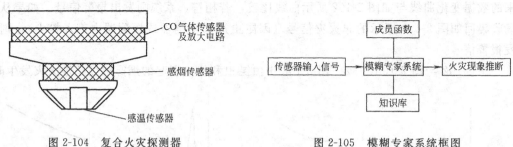

图 2-104　复合火灾探测器　　　　　　图 2-105　模糊专家系统框图

复合探测器、人体红外线传感器用数字信号传输线与中继器连接。建筑物每层设一个中继器，与中央报警控制器相连。当中继电器推论，判断火灾、非火灾时，同时把信息输入中央报警控制器。如果是火灾，则要分析火灾状况。为了实用和小型化，中央报警控制器采用液晶显示器。在显示器上，中继器送来的薰烟浓度、温度、一氧化碳浓度的变化，模糊专家系统推论计算出火灾、非火灾的确信度，用曲线和圆图分割形式显示，现场是否有人也一目了然。电话自动应答系统还可把情况准确地通知防灾中心。

B. Algo Rex 火灾探测系统：1994年，瑞士推出 Algo Rex 火灾探测系统。该系统技术关键是采用算法、神经网络和模糊逻辑结合，共同实现决策过程。它在探测器内补偿了污染和温度对散射光传感器的影响，并对信号进行了数字滤波，用神经网络对信号的幅度、动态范围和持续时间等特点进行处理后，输出四种级别的报警信号。可以说，Algo Rex 系统代表了当今火灾探测系统的最高水平。

该系统由火灾报警控制器和感温探测器、光电感烟探测器、光电感温复合的多参数探测器、显示器和操作终端机、手动报警按钮、输入和输出线性模块及其他现代系统所需的辅助装置组成。

火灾报警控制器是系统的中央数据库，负责内外部通讯，通过"拟真试验"确认来自探测器的信号数据，并在必要时发出报警。

该系统的一个突出优点是设有公司多年实验和现场试验收集的火灾序列提问档程序库，即中央数据库，可利用这些算法、神经网络和模糊逻辑的结合识别和解释火灾现象，同时排除环境特性。该系统的其他优点是控制器体积小，控制器超薄、小口径、造形美观、自纠错，减少维修，系统容量大，可扩展，即使在主机处理机发生故障时，系统仍可继续工作等。

(2) 高灵敏度空气采样报警系统（HSSD）

1）HSSD 在火灾预防上的重要作用：

A. 在提前做出火灾预报中的重要作用。据英国的火灾统计资料表明，着火后，发现火灾的时间与死亡率呈明显的倍数关系。如在 5min 内发现，死亡率是 0.31%；5～30min 内发现，死亡率是 0.81%；30min 以上发现，死亡率高达 2.65%。因此，着火后，尽量提前做出准确预报，对挽救人的生命和减少财产损失显得非常重要。

HSSD 可以提前一个多小时发出三级火警信号（一、二级为预警信号，三级为火警信号），使火灾事故及时消灭于萌芽之中。英国《消防杂志》曾刊载了该系统使用中两个火警事故的实例，很能说明问题。一个是发生在一般的写字楼内，一把靠近暖炉口的塑料软垫椅子，因塑料面被稍微烤糊（宽约 1cm），放出少量的烟气，被 HSSD 系统探测到，发生了第一级火警预报信号，这一预警时间比塑料面被引燃提前一个多小时。这是我们现有的感烟探测器望尘莫及的。另一个例子是涉及一台大型计算机电路板的故障。HSSD 管路直接装到机柜顶部面板内，当电路板因故障刚刚过热，释放出微量烟气分子后，就被 HSSD 探测到，并发出第一级火警预报信号。这时，夜间值班人员马上电话通知工程技术人员来处理。当处理人员赶到机房时，系统又发出第二级火警预报信号。此时，计算机房内仍未见到有烟。只是微微感到一些焦糊气味。打开机柜，才发现电路板上有三个元件已碳化。这起事故因提前一个多小时预报，损失只限于电路板，及时地避免了昂贵的整台计算机毁于一旦。

HSSD 在世界范围内已得到广泛应用，现已成为保护许多重要企业、政府机构以及各种重要场所如计算机房、电信中心、电子设备与装置和艺术珍品库等处的火灾防御系统的重要组成部分。澳大利亚政府甚至明文规定所有计算机场所都必须安装这种探测系统。

B. 在限制哈龙使用中的重要作用：1987年24国签署的关于保护臭氧层的蒙特利尔

议定书，对五种制冷剂和三种哈龙（既卤代烷 1211、1301、2402）灭火剂做出限制使用的规定，其最后使用期限只允许延至 2010，这必引起世界消防工业出现一场重大的变革。一方面，世界各国，尤其是发达国家都在相继采取措施，减少使用量，并大力开发研究哈龙的替代技术和代用品；另一方面，为了减少哈龙在贮存和维修中的非灭火性排放，各国也特别重视哈龙的回收和检测新技术的研究。

近年来，由于各国的积极努力，在哈龙替代和回收技术的研究方面已取得了一些可喜的进展。但是，哈龙具有高度有效的灭火特性，破坏性小、毒性低、长期存放不变质以及灭火不留痕迹等优点。因此，任何一个系统或代用品都不大可能迅速成为其理想的替代物。这也正好说明，哈龙的出路何在，目前还不可盲目乐观。

采用 HSSD 与原有的哈龙灭火系统结合安装的方案。由于前者能在可燃物质引燃之前就能很好地探测其过热，提供了充足的预警时间，可进行有效的人为干预，而不急于启动哈龙灭火。因此，使哈龙从第一线火灾防御的重要地位降格为火灾的备用设备。这样，就有效地限制和减少了哈龙的使用，充分地发挥了 HSSD 提前预报的重要作用。

2）HSSD 火灾探测器：空气采样感烟探测报警器在探测方式上，完全突破被动式感知火灾烟气、温度和火焰等参数特性的局面，跳跃到通过主动进行空气采样，快速、动态地识别和判断可燃物质受热分解或燃烧释放到空气中的各种聚合物分子和烟粒子。它通过管道抽取被保护空间的样本到中心检测室，通过测试空气样本了解烟雾的浓度，在火灾预燃阶段报警。空气采样式感烟火灾探测报警器采用独特的激光技术，是新技术引发的消防技术革命，它为您赢得宝贵的处理时间，最大限度的减少了损失。

火情的发展一般分为四个阶段：不可见烟（阴燃）阶段、可见烟阶段、可见火光阶段和剧烈燃烧阶段。图 2-106 展示了火灾的整个演变过程。传统的火灾报警系统通常是在可见烟阶段才能探测到烟雾，发出警报，此时火情所造成巨大的经济和财产损失已不可避免。空气采样式感烟火灾探测报警器在火灾的初始阶段（即不可见烟阶段）就可提供报警信号，从而给我们提供了充裕的时间避免火灾的发生。

空气采样感烟探测报警器的基本的工作原理是其内部有激光束射向空气样品气流通过

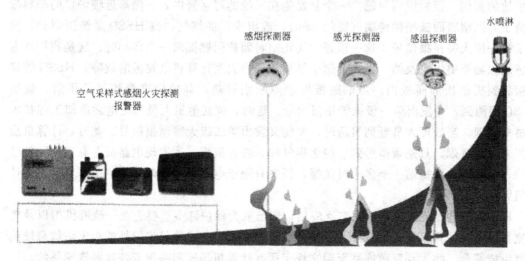

图 2-106　火灾演变过程示意

的光学探测腔，光学探测腔内的光电探测器用于监测光的散射。清洁的空气样品仅会造成很少量的光散射，随着空气样品中烟雾浓度的增加，散射到探测器的光也会增加。探测器对光信号进行处理得到减光率数值。来自所有入口的空气样品混合在一起，过滤后进入探测器，当探测到的烟雾浓度增加到设定的报警阈值时，系统产生报警信号，并将报警信号传递至主控制器，驱动报警显示单元和输出单元。

图 2-107　GST-HSSD 型空气采样式感烟火灾探测报警器外形

下面以海湾公司生产的 GST-HSSD 型空气采样式感烟火灾探测报警器为例详细介绍一下该类探测器。该空气采样式感烟探测器采用独特的激光技术和当代最先进的人工神经网络技术 CLASSIFIRE，灵敏度是传统探测器的 1000 倍。能根据不同的环境持续调整系统的最高灵敏度设定和性能。因此能够区别"肮脏"和"洁净"的工作环境，如白天和夜晚，自动根据环境使用合适的灵敏度和报警阀值。其外形如图 2-107 所示。

其主要技术参数为：

A. 工作电压：DC21.6V～DC26.4V

B. 工作电流≤800mA

C. 灵敏度范围（% obs/m）：最小：25% 最大：0.03%（满量程）

D. 最大灵敏度分辨率：0.0015% obs/m

E. 粒子灵敏度范围：0.0003～10μm

F. 报警等级：4 级（2 级，1 级，预警和辅助等级）

G. 最大采样导管长度：总长 200m

H. 采样导管入口：4 个

I. 采样导管内径：20～22mm

J. 使用环境：温度：－10～＋50℃　相对湿度≤90%，不结露

K. 外形尺寸：427mm×374mm×95.5mm

其系统构成如图 2-108 所示。

（3）早期可视烟雾探测火灾报警系统（VSD）

在高大空间或具有高速气流的场合，尤其是在户外，早期火灾探测一直是火灾安全专业人士需要面对的一个非常头痛的难题。因为在这些特殊的场所中我们或者是因为空间过高不能将探测器放置在足够靠近火灾发生的区域，或者是即使能放置也会因为高速气流的影响而大大降低其作用，更有甚者象诸如广场、露天的电站、铁路站台、森林这样的户外场所根本就没办法安装传统的探测装置，在这样的背影下早期可视烟雾探测火灾报警系统（VSD）便诞生了。

早期可视烟雾探测火灾报警系统（VSD）的工作原理是利用高性能计算机对标准闭路电视摄像机（CCTV）提供的图像进行分析。采用高级图像处理技术、复合探测及已知误报现象自动识别各种烟雾模型的不同特性，系统内构建了丰富的工业火灾烟雾信号模型，使得 VSD 系统能够快速准确的锁定烟雾信号，系统烟雾判断的准确性甚至可以区分

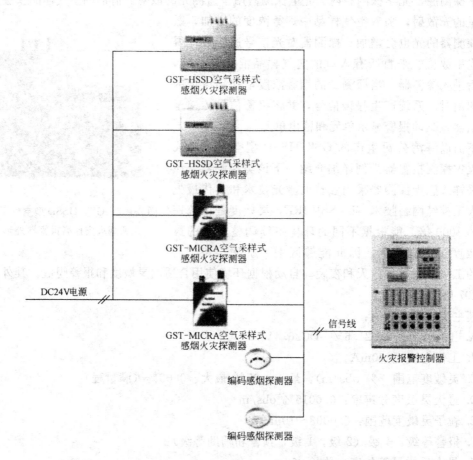

图 2-108 GST-HSSD 型空气采样式感烟火灾探测报警器系统构成

水蒸气和烟雾。通过有效探测烟源，VSD 不必等待烟雾接近探测器即能进行探测，因而不受距离的限制。不论摄像头是安装在距危险区域 10m 或是 100m，系统都能够在相同的时间内探测到烟雾。因此能够在以上所说的特殊场所里迅速发现火情，降低损失。

下面以海湾公司独家引进的英国 D-TEC 公司的 VSD 产品为例，介绍早期可视烟雾探测火灾报警系统（VSD），如图 2-109 所示。主要特点是：

1）火灾早期的探测；

2）直接探测火源，可以检测到人眼看不到的细微烟雾颗粒；

3）可以检测所有种类的烟雾；

4）不受高速气流运动的影响；

5）目前惟一的户外烟雾探测解决方案；

6）先进的烟雾运动模式分析算法及可视化警报验证，极大的消除了误报的发生；

7）硬件设备能够同时对来自 8 台摄像机的信号进行实时处理，不会有任何信息丢失或延误；

8）能够对现场以外危险场所、爆炸性场所、有毒场所进行探测；

9）能够利用现有的闭路电视（CCTV）系统，方便的搭建火灾报警控制系统，降低

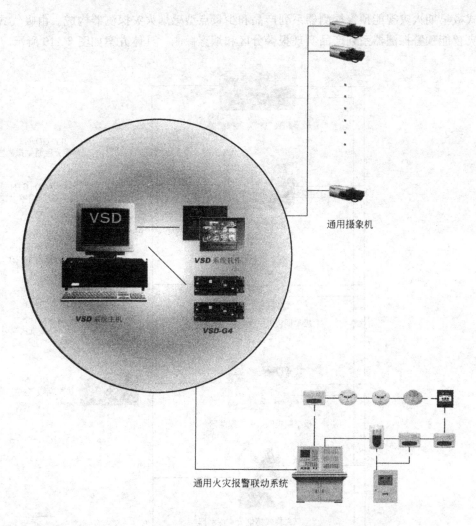

通用摄象机

通用火灾报警联动系统

图 2-109　早期可视烟雾探测火灾报警系统（VSD）结构示意

了系统安装维护的复杂性；

　　10）报警监视屏幕区域可被任意定制为防火分区，每个分区报警响应可独立编程；

　　11）16 组无源触点输出，5000 个视频及图像报警纪录；

　　12）支持时滞录像机；

　　13）独立和可编组点屏蔽区域定义，消除高反射平面干扰；

　　14）摄像机震动补偿，最高灵敏度自适应补偿；

　　15）自动检查信号丢失、模糊、低亮度和低对比度。

　　（4）采用吸气式火灾探测器对古建筑的保护实例

　　我国古建筑要求火灾自动报警系统能在火灾早期阶段第一时间报警；探测器等现场设备安装符合古建筑结构形式，尽量不影响古建筑外观和风格；火灾报警分区灵活简单，综合造价低。下面以采用海湾安全技术有限公司生产的吸气式极早期火灾智能预警探测器和 JB-QB-GST500 智能火灾报警控制器（联动型）构成的火灾自动报警系统为例，论述采用该系统在古建筑应用的方案。该方案由一台 JB-QB-GST500 智能火灾报警控制器（联动型）、吸气式极早期火灾智能预警探测器系列产品和少量点型感烟火灾探测器构成。由吸气式极早期火灾智能预警探测器系列产品实现报警分区和烟雾探测。具体方案如图 2-110 所示。

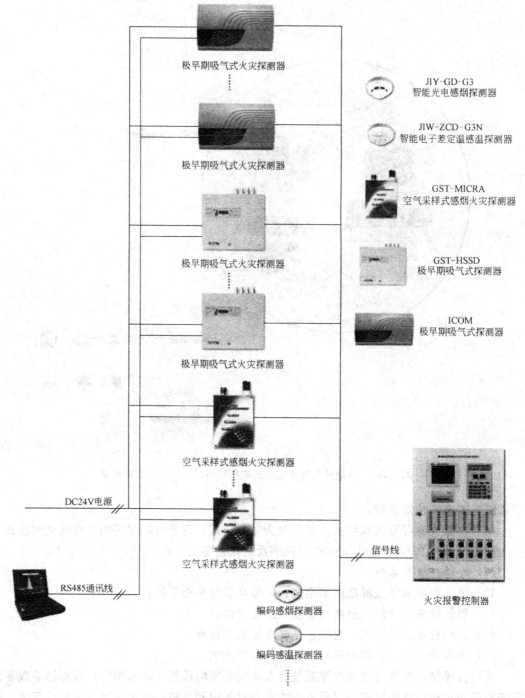

图 2-110　古建筑火灾自动报警系统方案图

1）吸气式极早期火灾智能预警探测器

吸气式极早期火灾智能预警探测器包括：GST-MICRA 空气采样式感烟火灾探测器、

GST-HSSD 极早期吸气式探测器和 ICOM 极早期吸气式探测器。如图 2-111 所示。GST-MICRA 空气采样式感烟火灾探测器适合较小空间，单根采样管，具有联网功能。GST-HSSD 极早期吸气式探测器适合保护较大空间，最大可连接四根采样管，采样管总距离可达 200m，具有液晶显示和联网功能。ICOM 极早期吸气式探测器适合保护各分区空间布局稍微分散的较大空间，最大可连接 15 根采样管。它们均可直接接入火灾报警控制器构成火灾自动报警系统。该系列产品采用独特的激光前向散射技术和当代最先进的人工神经网络技术 CLASSIFIRE，是新技术引发的消防技术革命。

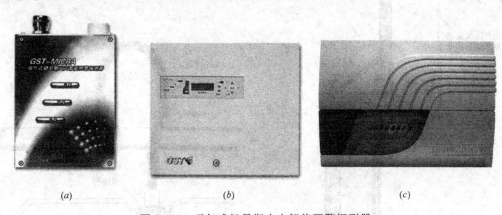

(a)　　　　　　　　　(b)　　　　　　　　　(c)

图 2-111　吸气式极早期火灾智能预警探测器
(a) GST-MICRA 探测器外形图；(b) GST-HSSD 探测器外形图；(c) ICOM 探测器外形图

A. 灵敏度高

吸气式极早期火灾智能预警探测器是将空气由管道经过过滤器、吸气泵送入激光探测腔，探测信号送到显示和输出单元。它一改传统点式感烟探测器需烟雾扩散到探测室再进行探测的方式，主动对空气进行采样探测，使保护区内的空气样品被探测器内部的吸气泵吸入采样管道，送到探测器进行分析，如果发现烟雾颗粒，即发出报警。因其主动吸气优于传统产品被动感烟，而有效克服了寺庙大空间上空因烟雾稀释浓度带来的报警延迟问题，同时由于采用了激光前向散射技术，散射光信号得到放大，与普通红外发射管的点型光电感烟探测器相比灵敏度可大大提高。

B. 环境适应性强

探测器采用激光散射技术，将各个散射角度的光汇聚到接收器上，能响应各类烟雾颗粒，软件采用人工神经网络技术 ClassiFire，能监测探测器迷宫和灰尘隔离器是否被污染，按照预设的最低误报率计算和调整灵敏度和报警阈值。此系统还能够区别"肮脏"和"洁净"的工作阶段，如白天和夜晚，自动根据古建筑环境使用合适的灵敏度和报警阈值。所以探测器对燃烧成分较复杂和灰尘较大的古建筑场所也能很好的运行。

C. 安装灵活简单，与建筑物的结构形式相协调

采样管布置灵活多样，空气采样管网按照需要可以水平（多层水平）或垂直布置在探测区域内，可根据古建筑结构设计管网走向。灵活的布管方式将极大满足古建筑个性化设计。同时安装维护便利也是其优点之一。既可以保护高大空间又可保护密闭小空间，完全可代替点型感烟火灾探测器和线型红外光束感烟火灾探测器。管道和采样点可选位置举例，参见图 2-112。

D. 隐藏安装采样管道，不影响古建筑外观

吸气式探测器管道安装方式的优点是不同于传统的点型探测器突出于顶棚表面安装。吸气式探测器可利用毛细管，这种采样法将采样点放在远离主采样管道的位置，特别适用于当由于技术或美观的原因，主采样管道不能铺设到保护区域的情况。毛细管采样的典型应用就是用于保护遗产、古建筑。如图2-113 所示。

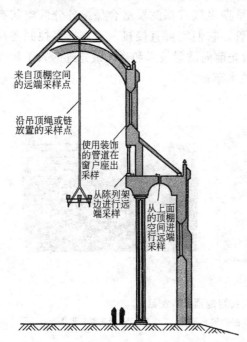

图 2-112　古建筑结构示例图

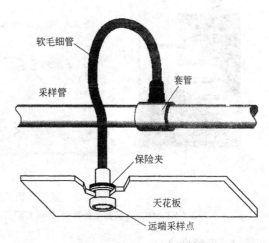

图 2-113　毛细管典型的隐蔽式采样安装示意图

E. 满足古建筑中的防火分区要求

针对古建筑地域广阔，殿堂分散，建筑布局、形式、色调等跟周围的环境相适应，构成为一个大空间的环境特点，因地制宜地划分防火分区，采用不同的吸气式极早期火灾智能预警系统产品应用在各防火分区内以满足《火灾自动报警系统设计规范》（GB 50116—1998）要求。

GST-MICRA 空气采样式感烟火灾探测器连接采样管一根，总长度不超过 50m，一台GST-MICRA 探测器最大保护面积为 $500m^2$，适合保护空间较小的防火分区；GST-HSSD极早期吸气式探测器最多可接四根采样管，每根管长度不应超过 100m，总长度不超过200m，一台 GST-HSSD 探测器最大保护面积为 $2000m^2$，适合保护空间较大的防火分区；ICOM 极早期吸气式探测器最多可接 15 根采样管，每根管长度不应超过 50m，适合保护空间分散的防火分区；三种产品都可与火灾报警控制器连接。依据现场情况灵活地设计，选用不同产品，更容易满足《火灾自动报警系统设计规范》中防火分区要求。防火分区方案举例如图 2-114 所示。

2）JB-QB-GST500 智能火灾报警控制器（联动型）

JB-QB-GST500 智能火灾报警控制器（联动型）具有以下特点：

A. 火灾报警控制器智能化

火灾报警控制器采用大屏幕汉字液晶显示，清晰直观。除可显示各种报警信息外，还可显示各类图形。报警控制器可直接接收火灾探测器传送的各类状态信号，通过控制器可

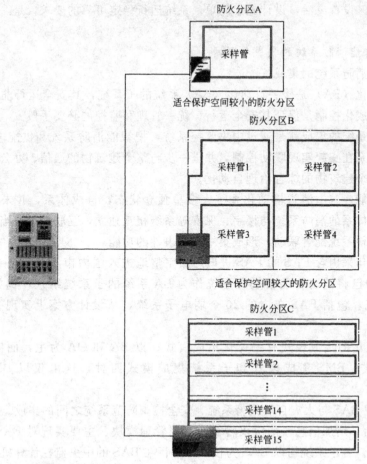

图 2-114　防火分区方案示意图

将现场火灾探测器设置成信号传感器，并对传感器采集到的现场环境参数信号进行数据及曲线分析，为更准确的判断现场是否发生火灾提供了有利的工具。

B. 报警及联动控制一体化

控制器采用内部并行总线设计，积木式结构，容量扩充简单方便。系统可采用报警联动共线式布线，也可采用报警和联动分线式布线，适用于目前各种报警系统的布线方式，彻底解决了变更产品设计带来的原设计图纸改动的问题。各类控制器全部通过 GB 4717—1993 及 GB 16806—1997 双项标准检验。

C. 数字化总线技术

探测器与控制器采用无极性信号二总线技术，通过数字化总线通讯，控制器可方便设置探测器的灵敏度等工作参数，查阅探测器的运行状态。由于采用二总线，整个报警系统的布线极大简化，便于工程安装、线路维修，降低了工程造价。系统还设有总线故障报警功能，随时监测总线工作状态，保证系统可靠工作。

综上所述，该古建筑火灾自动报警方案采用了现代最新的火灾报警技术，紧紧贴近古建筑的特点和对消防设备的需求，满足了报警早，对古建筑外观影响小，单台火灾报警控制器，报警分区设置灵活，设计施工简单，系统运行稳定可靠的要求，是一个较优化的古建筑技术方案。

5.2.3　智能消防系统的集成和联网

（1）智能消防系统的集成

消防自动化（FA）是楼宇自动化（BA）系统的子系统，其安全运行非常关键，对消防系统进行集成化控制是保证其安全运行、统一管理和监控的必要手段。

所谓消防系统的集成就是通过中央监控系统，把智能消防系统和供配电、音响广播、电梯等装置联系在一起实现联动控制，并进一步与整个建筑物的通信、办公和保安系统联网，以实现整个建筑物的综合治理自动化。

目前，智能建筑中消防自动化系统大多呈独立状态，自成体系，并未纳入 BA 系统中。这种自成体系的消防系统与楼宇、保安等系统相互独立，互联性差，当发生全局事件时，不能与其他系统配合联动，形成集中解决事件的功能。

由于近几年来内含 FAS 的 BAS 进口产品完整地进入国内市场，且已被采用，故国内智能建筑中已将消防智能自动化系统作为 BA 系统的子系统纳入，例如上海金茂大厦的消防系统，包括 FAS 在内的 20 个弱电子系统，从设计方案上实现了一体化集成的功能。

建筑智能化的集成模式有一体化集成模式；以 BA 和 OA 为主，面向物业管理的集成电路模式；BMS 集成模式和子系统集成模式四种，这里仅以 BMS 集成为例说明。

BMS 实现 BAS 与火灾自动报警系统、安全检查防范系统之间的集成。这种集成一般基于 BAS 平台，增加信息通信协议转换、控制管理模块、主要实现对 FAS 和 SAS 的集中监视与联动。各子系统均以 BAS 为核心，运行在 BAS 的中央监控计算机上。这种系统简单、造价低、可实现联动功能。国内大部分智能建筑采用这种集成模式。BMS 集成模式示意如图 2-115 所示。

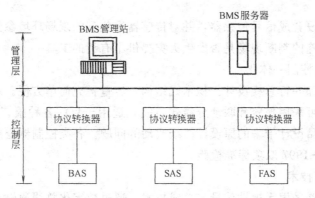

图 2-115　BMS 集成模式

（2）智能消防系统的联网

智能消防系统的联网一般分为两种形式。一类是同一厂家消防报警主机之间内部的联网；另一类是不同厂家消防报警主机之间进行统一联网。第一类因为是同一厂家内部的产品，主机与主机之间的接口形式和协议等都彼此兼容，所以实现起来相对要简单，联网后可实现火情的统一管理。第二类因为是在不同厂家消防报警主机之间联网，主机与主机之间的接口形式和协议等彼此都不兼容，所以实现起来非常困难。但在实际应用中需要在不同厂家报警主机之间进行联网的情况又非常多，比如建立城市火灾报警网络时因为在不同建筑物中所用的报警主机种类繁多，自然其联网的技术难度就非常大。下面就以海湾网络公司研发的 GST-119Net 城市火灾自动报警监控管理网络系统为例简单加以介绍。GST-119Net 城市火灾自动报警监控管理网络系统是利用公用电话网、GSM 网络（短消息、GPRS)/CDMA 网络（短信息、CDMA 1X）、以太网等通讯方式对城市内部分散运行的、独立的、不同厂家生产的火灾自动报警系统的火警情况、运行情况和值班情况进行实时数据采集和处理的监控管理网络系统。该系统中的用户端传输设备可以快速、准确地将火灾自动报警设备中的火警、运行、值班等信息，通过通讯网络传送至远程监控管理中心。当中心接收到火警信息后，根据详细火警信息或与现场值班人员对讲，判断火情真伪，确认后自动向 119 指挥中心传送。该系统可通过短消息方式提醒现场值班人员或单位领导，并自动联动相应的摄像机，将现场报警点相关的视频信息切换到大屏幕。同时系统中显示出相应地区的详细火警信息、GIS 地理信息及灭火预案，为消防部门快速反应提供辅助决策。系统还可以对联网用户的消防设施和值班人员进行管理，实现对联网监控设备的自动巡检。将消防设施故障信息及人员值班情况及时传送给远程监控管理中心，通过消防管理部门督促相关人员及时处理，达到早期发现火警，及时报警，快速扑灭火灾的目的。

GST-119Net 城市火灾自动报警监控管理网络系统由城市消防网络监控管理中心、119 确认火警显示终端、远程信息显示终端、传输介质和用户端传输设备五部分组成，系统结构如图 2-116 所示。

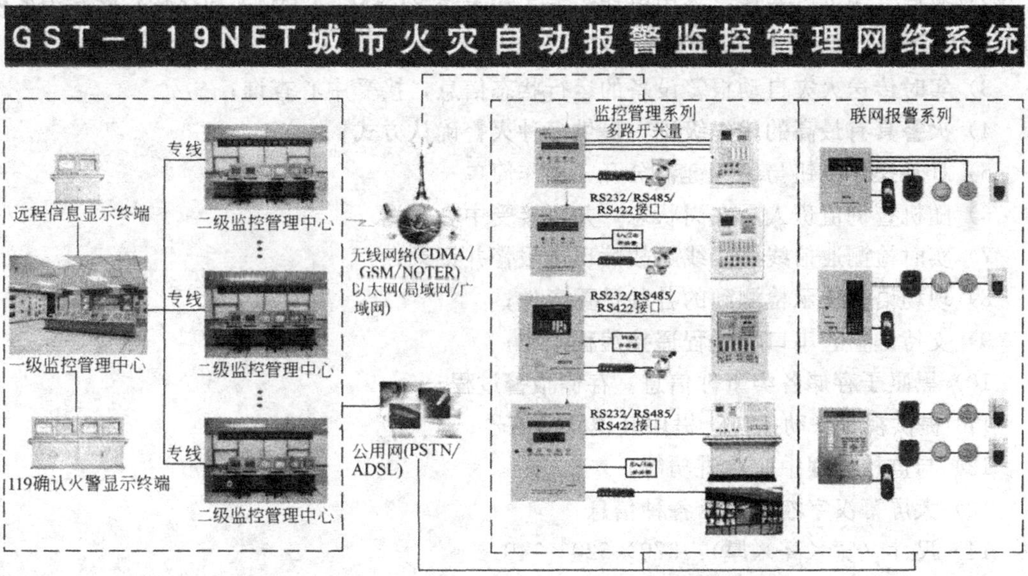

图 2-116　GST-119Net 城市火灾自动报警监控管理网络系统图

其中消防网络监控管理中心由数据服务器、通讯服务器、多台接警席计算机、监控管理软件、UPS 电源、光电模拟沙盘控制管理系统和打印机组成；119 确认火警显示终端设在 119 指挥中心，以文字和图形方式同时显示经确认的火警信息，并查询火警发生地点的详细资料；远程信息显示终端设在省市消防总队或消防管理部门，可在远端（异地）显示联网用户的所有报警信息，方便领导部门随时查阅、关注城市火灾报警网络的运行情况；传输介质主要包括公用电话网（PSTN）、无线网络（诺特网、GSM/GPRS）、计算机网络（LAN/WAN）、光纤等方式或介质进行双向数据通讯。用户端传输设备也就是指网络监控器，它一般就近安装在所监控报警控制器旁边，并通过传输介质负责把所监控报警控制器的各种情况传输到消防网络监控管理中心。它是不同厂家报警控制器与 GST-119Net 系统进行信息传输的主要桥梁，负责不同协议的翻译与不同接口的转换工作，同时还要负责信号的调制解调工作，是整个系统的关键环节。下面以 JK-TX-GST5000 消防网络监控器为列简单加以介绍。其外形如图 2-117 所示。

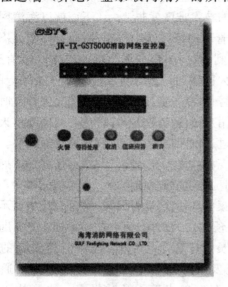

图 2-117　JK-TX-GST5000
消防网络监控器外形

其主要技术参数为：

1）提供 RS232、RS485、开关量等多种接口方式与火灾自动报警设备连接，并提供并行接口扩展方式；

2）通信方式可以选择：采用电话线方式和无线（GSM、CDMA 和诺特）网互为备份的工作方式，支持 TCP/IP 通讯方式；

3）实时传送火灾自动报警设备的运行状态信息，接受中心查询；

4）火警具有最高的优先级别，提供多种火警确认方式；

5）日常操作按钮与编程键盘分开，操作简单；

6）随机查询值班人员在岗状态，并可接受中心查询；

7）实时检测通信线路，线路故障现场报警并记录；

8）现场语音提示检测到的各种重要事件；

9）支持键盘、串口和远程遥控编程操作；

10）黑匣子存储各类事件信息，存储报警过程；

11）提供视频联动接口，提供其他联动信号；

12）与监控管理中心对讲功能；

13）大屏幕汉字液晶显示各种信息；

14）尺寸（宽×高×厚）：370×520×140；

15）适用于已安装火灾自动报警系统的大型重点防火单位。

传统火灾自动报警系统与现代火灾自动报警系统之间的区别主要在于探测器本身性能。由开关量探测器改为模拟量传感器是一个质的飞跃，将烟浓度、上升速率或其他感受参数以模拟值传给控制器，使系统确定火灾的数据处理能力和智能程度大为增加，减少了误报警的概率。区别之二在于，信号处理方法做了彻底改进，即把探测器中模拟信号不断送到控制器评估或判断，控制器用适当算法判别虚假或真实火警，判断其发展程度和探测受污染的状态。这一信号处理技术，意味着系统具有较高"智能"。

现代火灾自动报警系统迅速发展的另一方面是复合探测器和多种新型探测器不断涌现，探测性能越来越完善。多传感器、多判据探测器技术发展，多个传感器从火灾不同现象获得信号，并从这些信号寻出多样的报警和诊断判据。高灵敏吸气式激光粒子计数型火灾报警系统、分布式光纤温度探测报警系统、计算机火灾探测与防盗保安实时监控系统、电力线传输火灾自动报警系统等新技术已获得应用。近年来，红外光束感烟探测器、缆式线型定温火灾探测器、可燃气体探测器等在消防工程中日渐增多，也已经有相应的新产品标准和设计规范。

为了便于读者对火灾自动报警系统的了解，便于课程设计，给出图 2-118～图 2-131，火灾报警新产品见附录表。

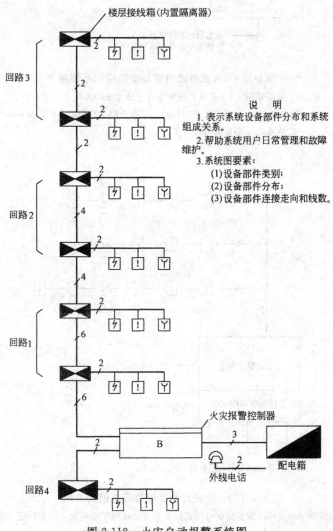

说　明
1. 表示系统设备部件分布和系统组成关系。
2. 帮助系统用户日常管理和故障维护。
3. 系统图要素：
　(1) 设备部件类别；
　(2) 设备部件分布；
　(3) 设备部件连接走向和线数。

图 2-118　火灾自动报警系统图

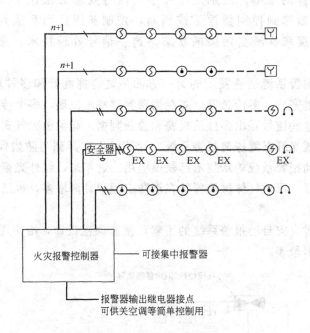

图 2-119　火灾自动报警与消防控制系统图

注：1. 本图采用 $n+1$ 多线制报警方式，适用于小系统，节省投资。

2. 在车库、仓库等大开间房间，可数个同类探测器并接，全占一个点。

3. 连接防爆类探测器较方便。

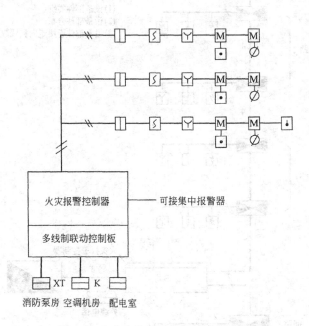

图 2-120　火灾自动报警与消防控制系统

注：1. 本图采用总线制报警多线制可编程控制方式，适用于小系统，使用方便，节省投资。

2. 对于多个小型建筑，可实现区域，集中两地报警，就地控制方式，可靠性较高。

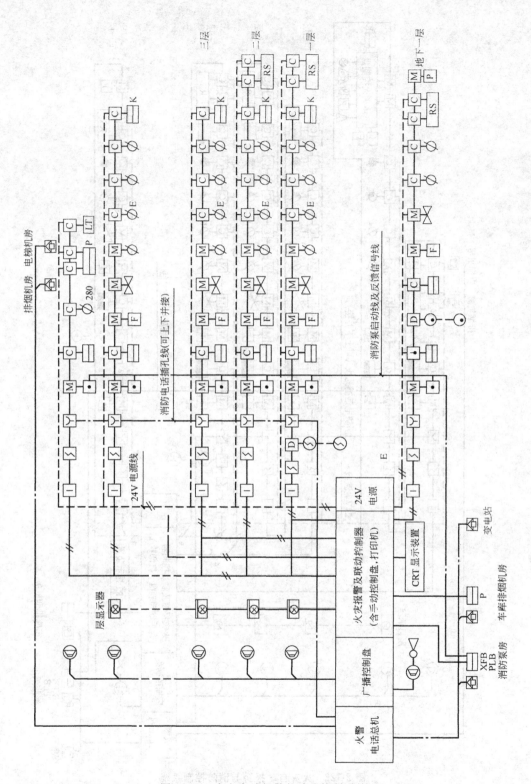

图 2-121　火灾自动报警与消防控制系统

说明：1. 本图采用总线报警，总线控制方式。

　　　　2. 报警与控制合用总线，以分支型连接。

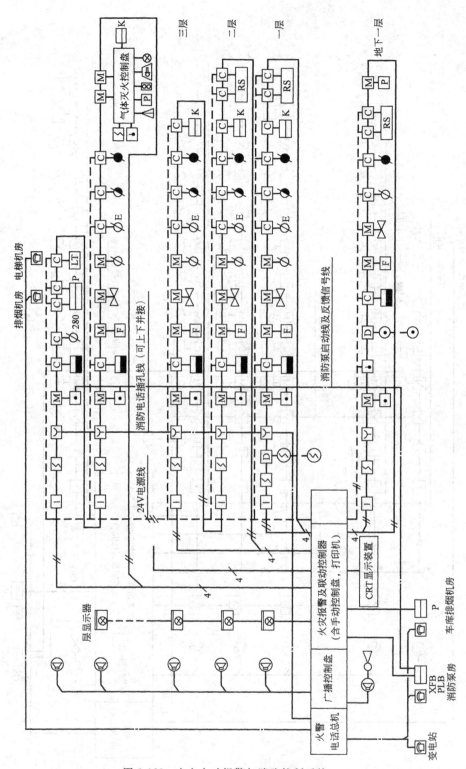

图 2-122　火灾自动报警与消防控制系统

说明：1. 本图采用总线报警，总线控制方式。

2. 报警与控制合用总线，采用环形连接方式，可靠性较高。

3. 气体灭火采用就地控制方式。

114

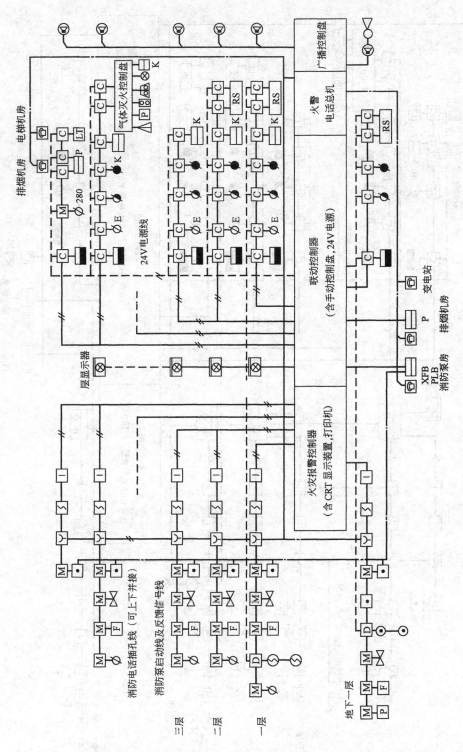

图 2-123　火灾自动报警与消防控制系统

说明：1. 本图采用总线报警，总线控制方式。

2. 报警与控制总线分开，采用分支型连接方式。

3. 气体灭火采用集中控制方式。

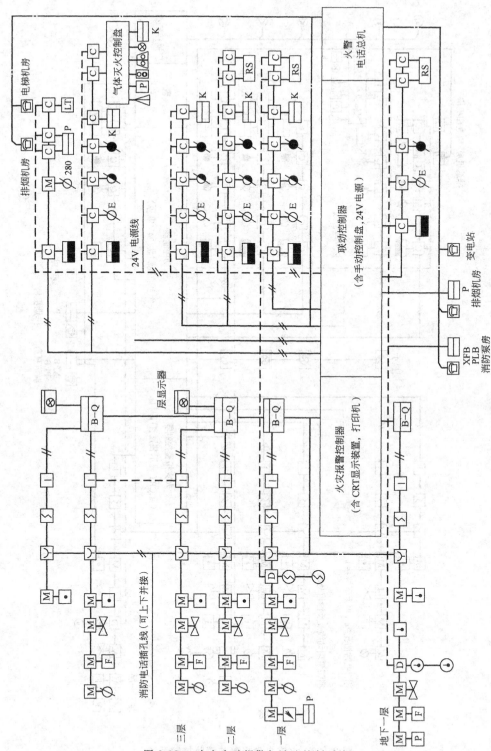

图 2-124　火灾自动报警与消防控制系统

说明：1. 本图采用区域，集中两级报警，总线控制方式，适用于较大系统。
　　　2. 消火栓按钮经输入模块报警，并经控制器编程启动消防泵。
　　　3. 气体灭火采用集中控制方式，设可燃气体报警及控制。
　　　4. 此类建筑一般另设有广播系统，紧急广播见该系统。

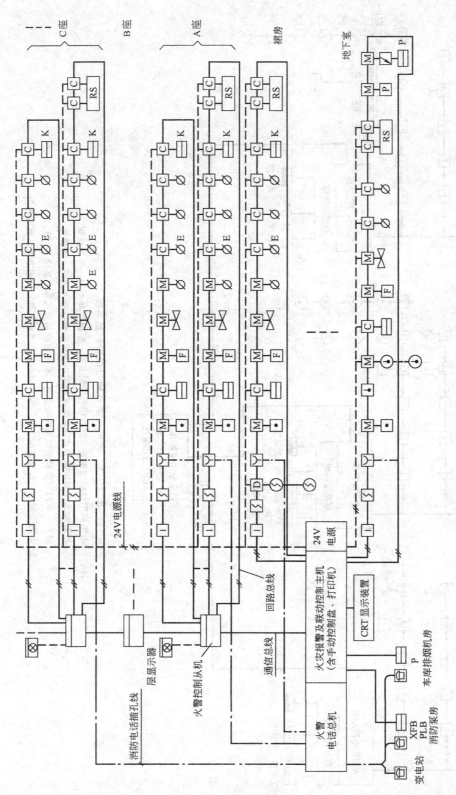

图 2-125　火灾自动报警与消防控制系统

注：1. 本图采用主机、从机报警方式，以通信总线连接成网，适用于建筑群或多个建筑联网的大型系统。

2. 根据产品不同，通信线可连成主干型或环型。

3. 各回路报警与控制全用总线，采用环型连接方式，可靠性较高。

4. 此类重建筑一般另设有广播系统，紧急广播系统见该系统图。

117

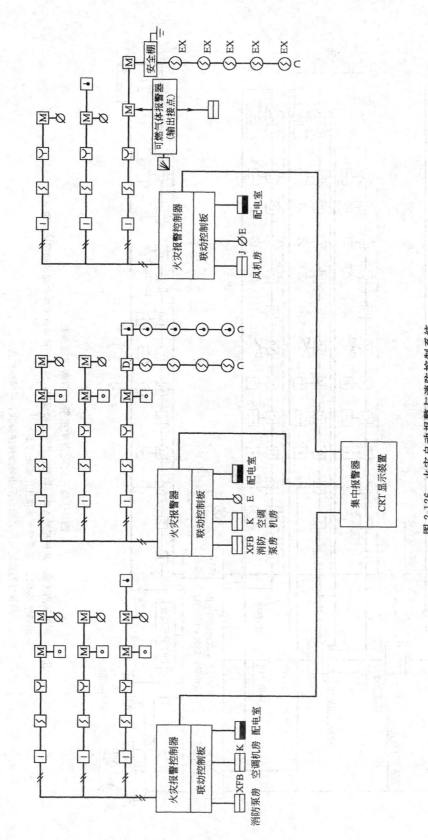

图 2-126　火灾自动报警与消防控制系统

注：1. 本图采用总线制报警，就地编程控制报警方式，根据产品不同，有总线制控制和多线制控制方式，集中两地报警，就地控制，可靠性较高。本图以多线制控制方式为例，总线制控制方式参见系统 2-121。

2. 本图适用于比较分散的工业厂房、中小型民用建筑等，使用方便，节省投资。

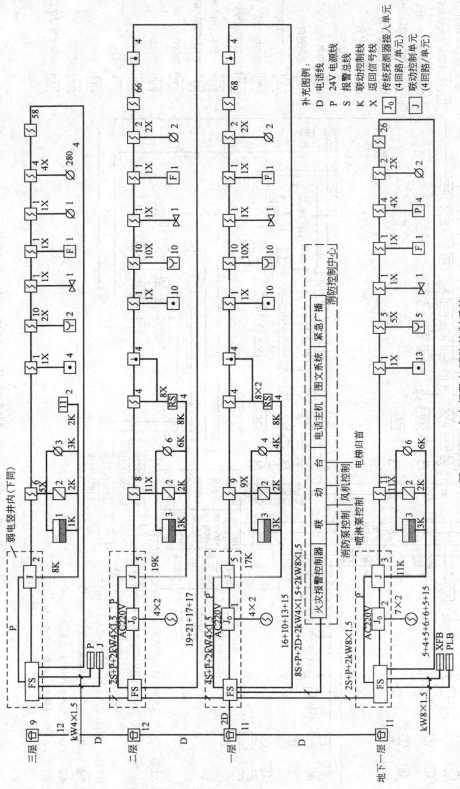

图 2-127 火灾报警与消防控制系统

补充图例：
D 电话线
P 24V 电源线
S 报警总线
K 联动控制线
X 返回信号线
◻J₀ 传统探测器接入单元
    （4回路单元）
◻J 联动控制单元
    （4回路单元）

本系统图为工程应用举例。
总线为环路连接；传统探测器单元连接，传统探测器接入单元与联动控制单元单元放置于弱电竖井内，放射形配线配线至楼层各点；返回信号均就近直接至地码探测器；
消防泵与排烟风机均由消防联动消防联动动台直接配线控制。
本建筑另设有广播系统，紧急广播见该系统。

119

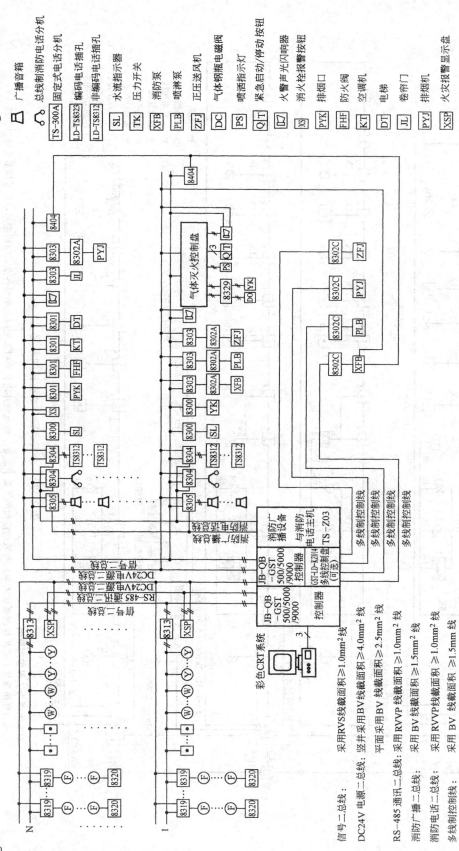

图例 Ⓕ 非编码探测器

🔲 广播音箱

☏ 总线制消防电话分机

TS-300A 固定式电话分机

LD-TS8823 编码电话插孔

LD-TS8312 非编码电话插孔

SL 水流指示器

TK 压力开关

XFB 消防泵

PLB 喷淋泵

ZFJ 正压送风机

DC 气体钢瓶电磁阀

PS 喷洒指示灯

QT 紧急启动/停动 按钮

▷▽ 火警声光闪鸣器

XS 消火栓报警按钮

PYK 排烟口

FHF 防火阀

KT 空调机

DT 电梯

JL 卷帘门

PYJ 排烟机

XSP 火灾报警显示盘

图 2-128 分体化火灾自动报警与消防联动控制系统（海湾产品）

信号二总线: 采用RVS线截面积≥1.0mm² 线

DC24V电源二总线: 竖井采用BV线截面积≥4.0mm² 线
平面采用BV线截面积≥2.5mm² 线

RS-485通讯二总线: 采用RVVP线截面积≥1.0mm² 线

消防广播二总线: 采用BV线截面积≥1.5mm² 线

消防电话二总线: 采用RVVP线截面积≥1.0mm² 线

多线制控制线: 采用BV线截面积≥1.5mm² 线

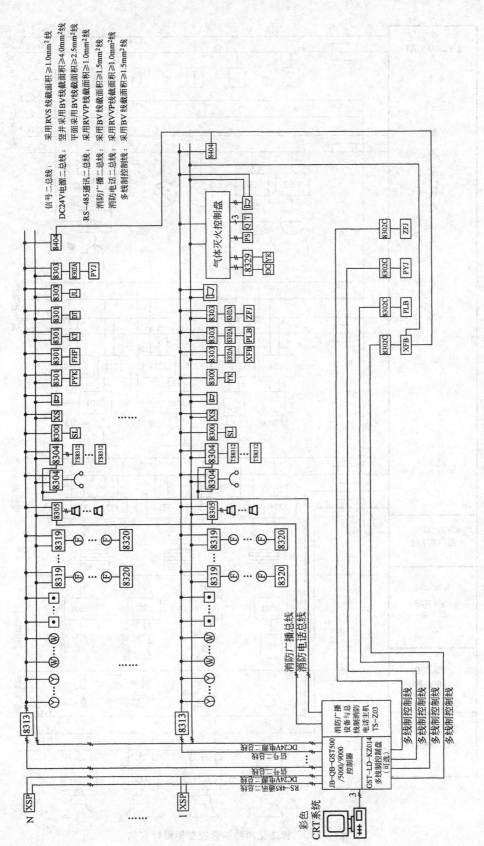

图 2-129　一体化火灾自动报警与联动系统（海湾产品）

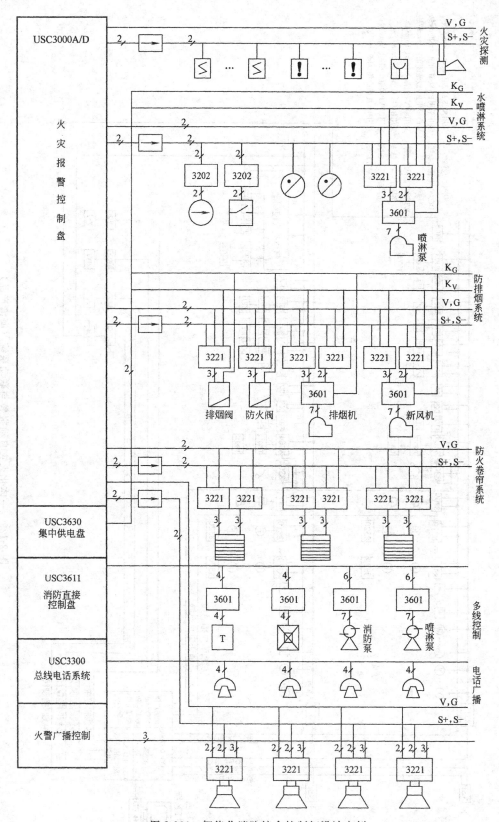

图 2-130　智能化消防综合控制柜设计实例

编码感烟探测器
消防泵、喷淋泵
普通感烟探测器
排烟机、送风机
编码感温探测器
防火 排烟阀
普通感温探测器
防火卷帘
煤气探测器
防火阀
编码手动报警按钮
T
电梯迫降
普通手动报警按钮
空调断电
编码消火栓按钮
压力开关
普通消火栓按钮
水流指示器
短路隔离器
湿式报警阀
电话插口
电源控制箱
声光报警器
电话
楼层显示器
3202
报警输入中继器
警铃
3221
控制输出中断器
气体释放灯、门灯
3203
红外光束中继器
广播扬声器
3601
双切换盒

图 2-131 常用符号

单元小结

火灾自动报警系统是本书的核心部分。本单元共分五小节。先概述了火灾自动报警系统的形成发展和组成，又对探测器的分类、型号及构造原理进行了说明，对探测器的选择和布置及线制进行了详细的阐述，通过一系列实例验证了不同布置方法的特点，确保读者设计时选用。对现场配套附件及模块如手动报警开关、消火栓报警开关、报警中继器、楼层（区域）显示器、模块（接口）、总线驱动器、总线（短路）隔离器、声光报警盒、CRT 彩色显示系统等的构造及用途进行叙述。火灾自动报警控制器是火灾自动报警系统的心脏，对火灾报警控制器的构造、功能布线及区域和集中报警器的区别进行了说明，最后是火灾自动报警系统及应用示例，分别对区域报警系统、集中报警系统、控制中心报警系统进行详细分析、并对智能报警系统及智能消防系统的集成和联网进行概述。

总之，通过本章理论知识的学习和基本技能实训，明白了火灾自动报警系统的相关规范、工程设计的基本内容和基本方法，学会了识读火灾自动报警系统的施工图，为从事消防设计和施工打下了基础。

习题与能力训练

【习题部分】

1. 火灾自动报警系统由哪几部分组成？各部分的作用是什么？

2. 探测器分为几种？

3. 下列型号代表的意义如何：

(1) JTY-LZ-101；

(2) JTW-DZ-262/062；

(3) JTW-BD-C-KA-II。

4. 什么叫灵敏度？什么叫感烟（温）探测器的灵敏度？

5. 感烟、温、光探测器有何区别？

6. 选择探测器主要应考虑哪些方面的因素？

7. 智能探测器的特点是什么？

8. 布置探测器时应考虑哪些方面的问题？

9. 已知某计算机房，房间高度为 8m 地面面积为 15m×20m，房顶坡度为 14°，属于二级保护对象。

试：(1) 确定探测器种类；(2) 确定探测器的数量；(3) 布置探测器。

10. 已知某锅炉房，房间高度为 4m，地面面积为 10m×20m，房顶坡度为 10°，属于二级保护对象。

试：(1) 确定探测器种类；(2) 确定探测器的数量；(3) 布置探测器。

11. 怎样用电子编码器编出 18，20。

12. 已知某高层建筑规模为 40 层，每层为一个探测区域，每层有 45 只探测器，手动报警开关等有 20 个，系统中设有一台集中报警控制器，试问该系统中还应有什么其他设备？为什么？

13. 已知某综合楼为 18 层，每一层一台区域报警控制器，每台区域报警器所带设备为 30 个报警点，每个报警点安一只探测器，如果采用两线、总线制布线，看布线图绘出会有何不同？

14. 报警器的功能是什么？

15. 手动报警按钮与消火栓报警按钮的区别是什么？

16. 区域报警器与区域显示器的区别是什么？

17. 输入模块、输出模块、总线驱动器、总线隔离器的作用是什么？

18. 火灾报警控制器有哪些种类？

19. 分别在七位、八位编码开关中编出 106、28、66 号。

20. 区域及集中报警控制器的设计要求有哪些？

21. 模块、总线隔离器、手动报警开头安装在什么部位？

22. 简述 HSSD 激光探测器的工作原理及特点。

【能力训练】

训练 1　报警设备的认识和接线。

（1）目的：认识报警设备、学会接线；

（2）能力及标准要求：培养独立操作的能力，能区别不同设备，并根据要求自行设计训练过程；

（3）准备：在实训室找出不同的探测器、模块及有关设备；

（4）步骤：认识设备比较它们的不同点；编写训练程序；对探测器、手动报警开关及模块等进行接线；写出实训报告。

（5）注意事项：找准设备端子，不得损坏设备；

（6）讨论：感烟探测器、感温探测器比较它们的不同点；手动报警开关及消火栓报警开关的区别；不同模块的接线特点。

训练2　火灾自动报警实训要求：

（1）学会使用手持编码器编码；

（2）自己编写实训程序并写出实训报告。

训练3　火灾自动报警系统设计要求：

（1）以本学院的某一建筑为题材，并假定为一类建筑，设计火灾自动报警系统；

（2）算出探测器等设备的数量并进行布置；

（3）选择手动报警开关、报警器及模块等并进行布置；

（4）绘制平面图及系统图。

单元 3 消防灭火系统施工

知 识 点：本单元从自动灭火系统的分类、灭火的基本方法及执行灭火的基本功能入手，分别对室内消火栓系统及自动喷洒系统的构成、全电压及降压的电气控制原理及安装情况进行了详细的分析，并介绍了灭火设备、气体灭火系统的构成及原理。

教学目标：

（1）了解自动灭火系统的分类、灭火的基本方法及执行灭火的基本功能；

（2）掌握室内消火栓系统及自动喷洒系统的构成、全电压及降压的电气控制原理及安装情况；

（3）明白气体灭火系统的构成及原理，能进行施工；

（4）教学法建议：采用项目教学法（结合工程实际或实训基地进行）。

课题 1 概 述

高层建筑或建筑群体着火后，主要做好两方面的工作：一是有组织有步骤的紧急疏散，二是进行灭火。为将火灾损失降到最低限度，必须采取最有效的灭火方法。灭火方式有两种：一种是人工灭火，动用消防车、云梯车、消火栓、灭火弹、灭火器等器械进行灭火。这种灭火方法具有直观、灵活及工程造价低等优点，缺点是：消防车、云梯车等所能达到的高度十分有限，灭火人员接近火灾现场困难、灭火缓慢、危险性大。另一种是自动灭火，自动灭火又分为自动喷水灭火系统和固定式喷洒灭火剂系统两种。

1.1 分类及基本功能

1.1.1 分类

（1）自动喷水灭火系统的分类

1）湿式喷水灭火系统

2）室内消火栓灭火系统

3）干式喷水灭火系统

4）干湿两用灭火系统

5）预作用喷水灭火系统

6）雨淋灭火系统

7）水幕系统

8）水喷雾灭火系统

9）轻装简易系统

10) 泡沫雨淋系统

11) 大水滴（附加化学品）系统

12) 自动启动系统

(2) 固定式喷洒灭火剂系统的分类

1) 泡沫灭火系统　　4) 卤代烷灭火系统

2) 干粉灭火系统　　5) 气溶胶灭火系统

3) 二氧化碳灭火系统

1.1.2　基本功能

(1) 能在火灾发生后，自动地进行喷水灭火；

(2) 能在喷水灭火的同时发出警报。

1.2　灭火的基本方法

燃烧是一种发热放光的化学反应。要达到燃烧必须同时具备三个条件，即：(1) 有可燃物（汽油、甲烷、木材、氢气、纸张等）；(2) 有助燃物（如高锰酸钾、氯、氯化钾、溴、氧等）；(3) 有火源（如高热、化学能、电火、明火等）。一般灭火方法有以下三种：

(1) 化学抑制法

灭火剂或介质：二氧化碳、卤代烷等。将灭火剂施放到燃烧区上，就可以起到中断燃烧的化学连锁反应，达到灭火的目的。

(2) 冷却法

灭火剂或介质：水。将灭火剂喷于燃烧物上，通过吸热使温度降低到燃点以下，火随之熄灭。

(3) 窒息法

灭火剂或介质：泡沫。这种方法是阻止空气流入燃烧区域，即将泡沫喷射到燃烧液体上，将火窒息；或用不燃物质进行隔离（如用石棉布、浸水棉被覆盖在燃烧物上，使燃烧物因缺氧而窒息）。

总之，灭火剂的种类很多，目前应用的灭火剂有泡沫（低倍数泡沫、高倍数泡沫）、卤代烷1211、二氧化碳、四氯化碳、干粉、水等。但比较而言用水灭火具有方便、有效、价格低廉的优点，因此被广泛使用。然而由于水和泡沫都会造成设备污染，在有些场所下（如档案室、图书馆、文物馆、精密仪器设备、电子计算机房等）应采用卤素和二氧化碳等灭火剂灭火。常用的卤代烷（卤素）灭火剂如下表3-1所示。

一般常用的卤代烷灭火剂　　　　　　　　　　　　　　表 3-1

介质代号	名　　称	化　学　式
1101	一氯一溴甲烷	CH_2BrCl
1211	二氟一氯一溴甲烷	$CBrClF_2$
1202	二氯二溴甲烷(红 P912)	CBr_2F_2
1301	三氟一溴甲烷	$CBrF_3$
2404	四氟二溴乙烷	$CBrF_3CBrF$

从表3-1中可见有五种卤素灭火剂，最常用的"1211"和"1301"灭火剂具有无污染、毒性小、易氧化、电器绝缘性能好、体积小、灭火能力强、灭火迅速、化学性能稳定等优点。

在实际工程设计中，应根据现场的实际情况来选择和确定灭火方法和灭火剂，以达到最理想的灭火效果。

课题 2　室内消火栓灭火系统

2.1　消火栓灭火系统简介

采用消火栓灭火是最常用的灭火方式，它由蓄水池、加压送水装置（水泵）及室内消火栓等主要设备构成，属于移动式灭火设施，如图3-1所示。消火栓设备的电气控制包括：水池的水位控制、消防用水和加压水泵的启动。水位控制应能显示出水位的变化情况和高、低水位报警及控制水泵的启停。室内消火栓系统由水枪、水龙带、消火栓、消防管道等组成。水枪嘴口径不应小于19mm，水笼带直径有 50mm、65mm 两种，水龙带长度一般不超过 25m，消火栓直径应根据水的流量确定，一般有口径为 50mm 与 65mm 两种。为保证喷水枪在灭火时具有足够的水压，需要采用加压设备，常用的加压设备两种：消防水泵和气压给水装置。采用消防水泵时，在每个消火栓内设置消防按钮，灭火时用小锤击碎按钮上的玻璃小窗，按钮不受压而复位，从而通过控制电路启动消防水泵，水压增高后，灭火水管有水，用水枪喷水灭火。采用气压给水装置时，由于采用了气压水罐，并以气水分离器来保证供水压力，所以水泵功率较小，可采

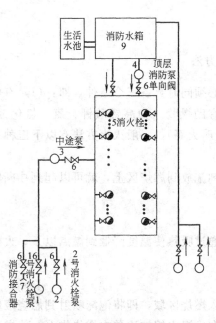

图 3-1　室内消火栓系统

用电接点压力表，通过测量供水压力来控制水泵的启动。

高位水箱与管网构成水灭火的供水系统，在没有火灾情况下，规定高位水箱的蓄水量应能提供火灾初期消防水泵投入前 10min 的消防用水。10min 后的灭火用水要由消防水泵从低位蓄水池或市区供水管网将水注入室内消防管网。

消防水箱应设置在屋顶，宜与其他用水的水箱合用，使水处于流动状态，以防消防用水长期静止而使水质变坏发臭。

2.2　室内消防水泵的电气控制

2.2.1　对室内消防水泵的控制要求

室内消火栓灭火系统的框图如图3-2所示。从图中显而易见消火栓灭火系统属于闭环控制系统。当发生火灾时，控制电路接到消火栓泵启动指令发出消防水泵启动的主令信号后，消防水泵电动机起动，向室内管网提供消防用水，压力传感器用以监视管网水压，并将监测水压信号送至消防控制电路，形成反馈的闭环控制。

（1）消防水泵控制有以下三种方法

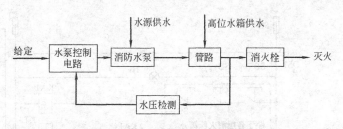

图 3-2　消火栓灭火系统框图

1）由消防按钮控制消防水泵的启停：当火灾发生时，用小锤击碎消防按钮的玻璃罩，按钮盒中按钮自动弹出，接通消防泵电路。

2）由水流报警启动器，控制消防水泵的启停：当发生火灾时，高位箱向管网供水，水流冲击水流报警启动器，于是即可发出火灾报警，又可快速发出控制消防泵起动信号。

3）由消防中心发出主令信号控制消防泵启停：当发生火灾时，灾区探测器将所测信号送至消防中心报警控制器，再由报警控制器发出启动消防水泵的联动信号。

（2）对消火栓灭火系统的要求

1）消防按钮必须选用打碎玻璃才能启动的按钮，为了便于平时对断线或接触不良进行监视和线路检测，消防按钮应采用串联（常闭接点）接法或并联（常开接点）接法。

2）消防按钮启动后，消火栓泵应自动投入运行，同时应在建筑物内部发出声光报警，通告住户。在控制室的信号盘上也应有声光显示，应能表明火灾地点和消防泵的运行状态。

3）为了防止消防泵误启动使管网水压过高而导致管网爆裂，需加设管网压力监视保护，当水压达到一定压力时，压力继电器动作，使消火栓泵自动停止运行。

4）消火栓泵发生故障需要强投时，应使备用泵自动投入运行，也可以手动强投。

5）泵房应设有检修用开关和启动、停止按钮，检修时，将检修开关接通，切断消火栓泵的控制回路以确保维修安全，并设有开关信号灯。

2.2.2　消防水泵的控制电路工作原理分析

（1）全电压启动的消火栓泵的控制电路

全电压启动的消火栓泵控制电路如图 3-3 所示。图中 BP 为管网压力继电器，SL 为低位水池水位继电器，QS3 为检修开关，SA 为转换开关。其工作原理如下：

1）1 号为工作泵，2 号为备用泵：将 QS4、QS5 合上，转换开关 SA 转至左位，即"1 自，2 备"，检修开关 QS3 放在右位，电源开关 QS1 合上，QS2 合上，为启动做好准备。

如某楼层出现火情，用小锤将楼层的消防按钮玻璃击碎，内部按钮因不受压而断开（即 SBXF1～SBXFN 中任一个断开），使中间继电器 KA1 线圈失电，时间继电器 KT3 线圈通电，经过延时 KT3 常开触头闭合，使中间继电器 KA2 线圈通电，接触器 KM1 线圈通电，消防泵电机 M1 启动运转，拿水枪进行移动式灭火，信号灯 H2 亮。需停止时，按下消防中心控制屏上总停止按钮 SB9 即可。

如 1 号故障，2 号自动投入过程：

出现火情时，设 KM1 机械卡住，其触头不动作，使时间继电器 KT1 线圈通电，经

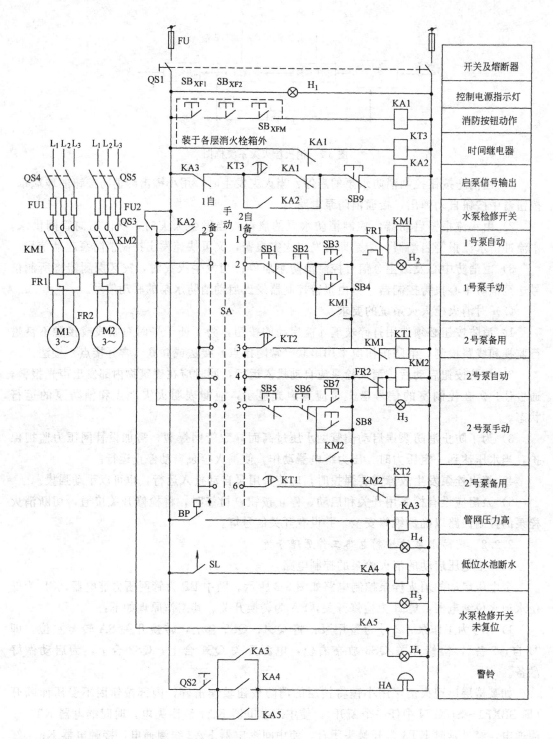

图 3-3　消防按钮串联全电压启动的消防泵控制电路

延时后 KT1 触头闭合，使接触器 KM2 线圈通电，2 号备用泵电机起动运转，信号灯 H3 亮。

　　2）其他状态下的工作情况：如需手动强投时，将 SA 转至"手动"位置，按下 SB3

（SB4），KM1 通电动作，1 号泵电机运转。如需 2 号泵运转时，按 SB7（SB8）即可。

当管网压力过高时，压力继电器 BP 闭合，使中间继电器 KA3 通电动作，信号灯 H4 亮，警铃 HA 响。同时，KT3 的触头使 KA2 线圈失电释放，切断电动机。

当低位水池水位低于设定水位时，水位继电器 SL 闭合，中间继电器 KA4 通电，同时信号灯 H5 亮，警铃 HA 响。

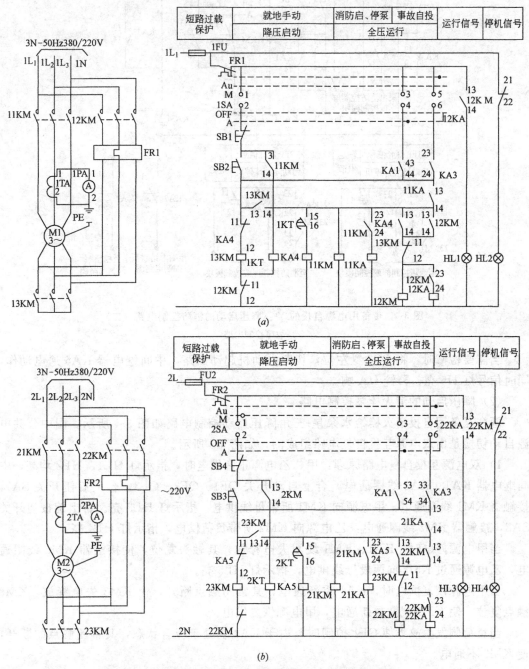

图 3-4　带备用电源自投的 Y-△降压启动的消防控制电路（一）

（a）2 号泵正常运行电路；（b）故障控制电路

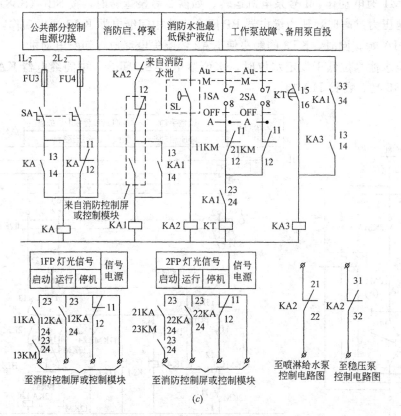

公共部分控制电源切换	消防启、停泵	消防水池最低保护液位	工作泵故障、备用泵自投

图 3-4　带备用电源自投的 Y-△降压启动的消防控制电路（二）

(c) 故障控制电路

当需要检修时，将 QS3 置左位，切断电动机起动回路，中间继电器 KA5 通电动作，同时信号灯 H5 亮，警铃 HA 响。

（2）降压启动的消火栓泵控制电路

两台互备用自投消火栓给水泵星-三角降压启动控制电路如图 3-4 所示。图中公共电源自动切换是由双电源互投自复电路组成的，如图 3-5 所示。

1）双电源互投自复电路原理：甲、乙电源正常供电时，指示灯 HL1、HL2 均亮，中间继电器 KA1、KA2 线圈通电，合上自动开关 QF1、QF2、QF3，合上旋钮开关 SA1，接触器 KM1 线圈通电，甲电源向 KM1 所带母线供电，指示灯 HL3 亮。合上旋按钮开关 SA2，接触器 KM2 线圈通电，乙电源向 KM2 所带负荷供电，指示灯 HL4 亮。

当甲电源停电时，KA1、KM1 线圈失电释放，其触头复位，使接触器 KM3 线圈通电，乙电源通过 KM3 向两段母线供电，指示灯 HL5 亮。

当甲电源恢复供电时，KA1 重新通电，其常闭触点断开，使 KM3 失电释放，KM3 触点复位，使 KM1 线圈重新通电，甲电源恢复供电。

当负荷侧发生故障使 QF1 掉闸时，由于 KA1 仍处于吸合状态，其常闭触点的断开，使 KM3 不通电。

乙电源停电时，动作过程相同。

2）公共部分控制电源切换：合上控制电源开关 SA，中间继电器 KA 线圈通电，

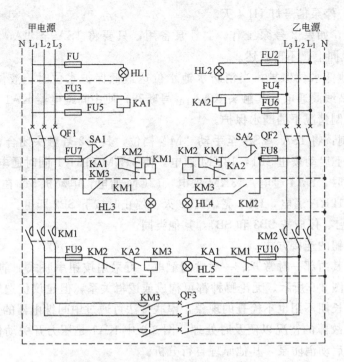

图 3-5　两路电源互投自复电路

KA₁₃₋₁₄号触头闭合，送上 1L₂ 号电源，KA₁₁₋₁₂号触头断开，切断 2L₂ 号电源，使公共部分控制电路有电。当 1 号电源 1L₂ 无电时，KA 线圈失电，其触头复位，KA₁₁₋₁₂号触头闭合，为公共部分送出 2 号电源，即 2L₂，确保线路正常工作。

3）正常情况下的自动控制：令 1 号消防泵电动机 M1 为工作泵，2 号电动机 M2 为备用泵，将选择开关 1SA 至工作"A"挡位，其 3-4、7-8 号触头闭合，将选择开关 2SA 至自动"Au"挡位，其 5-6 号触头闭合，做好火警下的 1 号泵起动，2 号泵备用准备。当发生火灾时，来自消防控制室或控制模块的常开触点闭合（此触点瞬间即 0.2s 闭合，然后断开）使中间继电器 KA1 线圈通电，其触点动作，其中 KA1₄₃₋₄₄号触头闭合，使接触器 13KM 线圈通电，其触头动作，主触头闭合，使电机尾端接在一起，其 13KM₁₃₋₁₄号触头闭合，接触器 11KM、时间继电器 1KT 通电，中间继电器 11KA 通电，11KM 主触头闭合，1 号电动机 M1 星形接法下降压启动。经延时后 1KT 闭合，切换中间继电器 KA4 线圈通电，使接触器 13KM 失电释放，接触器 12KM 线圈通电，M1 在三角形接法下全电压稳定运行，中间继电器 12KA 线圈通电，运行信号灯 HL1 亮，停机信号灯 HL2 灭。

当火灾扑灭时，来自消防控制室或控制模块的常闭触点断开，KA1 失电，使 11KM、11KA、12KA、12KA 同时失电，HL1 灭，HL2 亮。

4）故障下备用泵的自动投入：当 1 号故障时，如接触器 11KM 机械卡住，时间继电器 ˙KT 线圈通电，经延时后中间继电器 KA3 线圈通电，使接触器 23KM 通电，将电机尾端相接，接触器 21KM 和时间继电器 2KT 同时通电，21KM 通电，2 号备用电动机 M2 在星形接法下降压启动。经延时后，切换继电器 KA5 通电，使 23KM 失电，接触器 22KM 通电，电动机 M2 在三角形接法下全电压稳定运行。中间继电器 22KA 通电，2 号泵运行信号灯 HL3 亮，停泵信号灯 HL4 灭。

综上分析知，如果 2 号泵工作，1 号泵备用，只要将 1SA 至 "Au" 档位，2SA 至 "A" 档位，其他同上，不再叙述。

5）消防水池低水位保护：当消防水池水位达最低保护水位时，液位开关 SL 闭合，中间继电器 KA2 线圈通电，其触头 KA2$_{11-12}$ 号断开，使中间继电器 KA1 失电，电动机停止，实现自动控制情况下的断水保护。

6）手动控制：将 1SA、2SA 至手动 "M" 档位，其 1-2 号触头闭合，需要启 1 号电动机 M1 时，按下启动按钮 SB1，13KM 通电，使 11KM 和 1KT 同时通电，M1 在星形接法下启动，经延时，KA4 通电，13KM 失电，12KM 通电，电动机 M1 在三角形接法下全电压稳定运行，12KA 通电，HL1 亮，HL2 灭。停止时按下 SB2 即可。

2 号电动机启、停应按 SB3 和 SB4，其他类同。

（3）消防按钮的连接方式

消防按钮因其内部一对常开、一对常闭触电，可采用按钮串联式如前图 3-3，也可采用按钮并联式如图 3-6 所示。无论哪种都可构成或逻辑关系，但建议优选串联接法，原因是：消防按钮有长期不用也不检查的现象，串联接法可通过中间继电器的失电去发现按钮接触不好或断线故障的情况以便及时处理。图 3-6 中 KA1 是压力开关动作后由消防中心发指令闭合，可启动消防泵，其他原理自行分析。

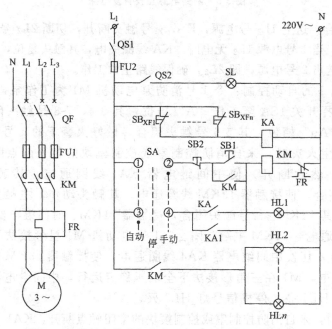

图 3-6　常闭触点并联的全电压启动的消防水泵控制电路

课题 3　自动喷洒水灭火系统

自动喷水灭火系统是目前世界上采用最广泛的一种固定式设施。从 19 世纪中叶开始使用，至今已有 100 多年的历史，其具有价格低廉，灭火效率高的特点。据统计，灭火成功率在 96％以上，有的已达 99％。在一些发达国家（如美、英、日、德等）的消防规范中，几乎所有的建筑都要求安装自动喷水灭火系统。有的国家（如美、日等）已将其应用在住宅中了。我国随着工业和民用建筑的飞速发展，消防法规正逐步完善，自动喷水灭火系统在宾馆、公寓、高层建筑、石油化工中得到了广泛的使用。

3.1 基本功能及分类

3.1.1 基本功能
(1) 能在火灾发生后，自动地进行喷水灭火；
(2) 能在喷水灭火的同时发出警报。

3.1.2 自动喷水灭火系统的分类
从不同的角度得到不同的分类，这里分为以下 4 类：

(1) 闭式系统

采用闭式喷洒水的自动喷水灭火系统。可分为以下四个系统：

1) 湿式系统：准工作状态时管道内充满用于启动系统的有压水的闭式系统。

2) 干式系统：准工作状态时管道内充满用于启动系统的有压气体的闭式系统。

3) 预报用系统：准工作状态时配水管道内不充水，由火灾自动报警系统自动开启雨淋报警阀后，转换为湿式系统的闭式系统。

4) 重复启动预作用系统：能在扑灭火灾后自动关阀，复燃时再次开阀喷水的预作用系统

(2) 雨淋系统

由火灾自动报警系统或传动管控制，自动开启雨淋报警阀和启动供水泵后，向开式洒水喷头供水的自动喷水灭火系统，亦称开式系统。

(3) 水幕系统

由开式洒水喷头或水幕喷头、雨淋报警阀组或感温雨淋阀以及水流报警装置（水流指示器或压力开关）等组成，用于挡烟防火和冷却分隔物的喷水系统。

1) 防火分隔水幕：密集喷洒形成水墙或水帘的水幕。

2) 防护冷却水幕：冷却防火卷帘等分隔物的水幕。

(4) 自动喷水-泡沫联用系统

配置供给泡沫混合液的设备后，组成即可喷水又可喷泡沫的自动喷水灭火系统。

3.2 湿式自动喷水灭火系统

3.2.1 系统简介
自动喷水灭火系统（简称花洒系统），属于固定式灭火系统。它分秒不离开值勤岗位，不怕浓烟烈火，随时监视火灾，是最安全可靠的灭火装置，适用于温度不低于 4℃（低于4℃受冻）和不高于 70℃（高于 70℃失控，会误动作造成误喷）的场所。

(1) 系统的组成

湿式喷水灭火系统是由喷头、报警止回阀、延迟器、水力警铃、压力开关（安装于管上）、水流指示器、管道系统、供水设施、报警装置及控制盘等组成，如图 3-7 所示，主要部件如表 3-2 所列。其相互关系如图 3-8 所示。报警阀前后的管道内充满压力水。

编号	名称	用 途	编号	名称	用 途
1	高位水箱	储存初期火灾用水	13	水池	储存 1h 火灾用水
2	水力警铃	发出音响报警信号	14	压力开关	自动报警或自动控制
3	湿式报警阀	系统控制阀,输出报警水流	15	感烟探测器	感知火灾,自动报警
4	消防水泵接合器	消防车供水口	16	延迟器	克服水压液动引起的误报警
5	控制箱	接收电信号并发出指令	17	消防安全指示阀	显示阀门启闭状态
6	压力罐	自动启闭消防水泵	18	放水阀	试警铃阀
7	消防水泵	专用消防增压泵	19	放水阀	检修系统时,放空用
8	进水管	水源管	20	排水漏斗(或管)	排走系统的出水
9	排水管	末端试水装置排水	21	压力表	指示系统压力
10	末端试水装置	实验系统功能	22	节流孔板	减压
11	闭式喷头	感知火灾,出水灭火	23	水表	计量末端实验装置出水量
12	水流指示器	输出电信号,指示火灾区域	24	过滤器	过滤水中杂质

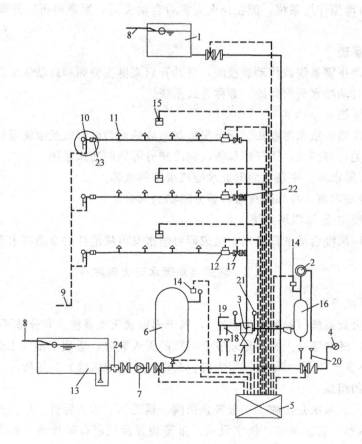

图 3-7 湿式自动喷水灭火系统示意图

(2) 湿式喷水系统附件

1) 水流指示器（水流开关）：水流指示器的作用是把水的流动转换成电信号报警。其电接点即可直接启动消防水泵，也可接通电警铃报警。在保护面积小的场所（如小型商店、高层公寓等），可以用水流指示器代替湿式报警阀，但应将止回阀设置于主管道底部，一是可防止水污染（如和生活用水同水源），二是可配合设置水泵接合器的需要。

在多层或大型建筑的自动喷水系统中，在每一层或每分区的干管或支管的始端安装一个水流指示器。为了便于检修分区管网，水流指示器前端装设安全信号阀。

水流指示器分类：

按叶片形状分为板式和桨式两种。按安装基座分为管式、法兰连接式和鞍座式三种。

这里仅以桨式水流指示器为例进行说明。桨式水流指示器又分为电子接点方式和机械接点方式两种。桨式水流指示器的构造如图 3-9 所示，主要由桨片、法兰底座、螺栓、本体和电接点等组成。

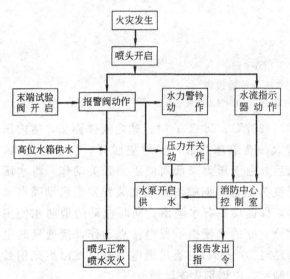

图 3-8 湿式自动喷水灭火系统动作程序图

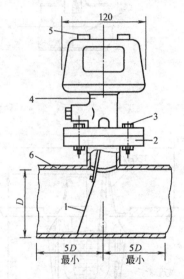

图 3-9 水流指示器示意
1—桨片；2—法兰底座；3—螺栓；4—本体
5—接线孔；6—喷水管道

桨式水流指示器的工作原理：当发生火灾时，报警阀自动开启后，流动的消防水使桨片摆动，带动其电接点动作，通过消防控制室启动水泵供水灭火。

水流指示器的接线：水流指示器在应用时应通过模块与系统总线相连，水流指示器的接线如图 3-10 所示。

2) 洒水喷头：喷头可分为开启式和封闭式两种。它是喷水系统的重要组成部分，因此其性质、质量和安装的优劣会直接影响火灾初期灭火的成败，可见选择时必须注意。

A. 封闭式喷头：可以分为易熔合金式、双金属片式和玻璃球式三种。应用最多的是玻璃球式喷头，如图 3-11 所示。喷头布置在房间顶棚下边，与支管相连。喷头主要技术参数如表 3-3 所列，动作温度级别如表 3-4 所列。

在正常情况下，喷头处于封闭状态。火灾时，开启喷水是由感温部件（充液玻璃球）控制，当装有热敏液体的玻璃球达到动作温度（57℃、68℃、79℃、93℃、141℃、

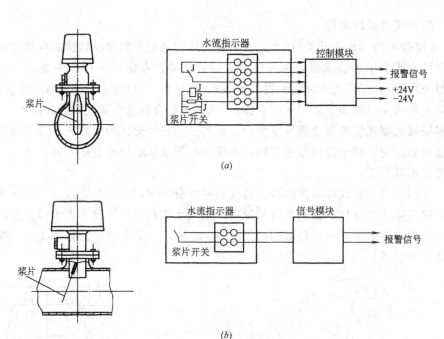

图 3-10　水流指示器接线

(a) 电子接点方式；(b) 机械接点方式

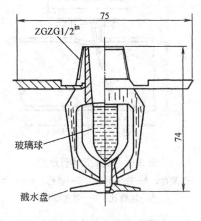

图 3-11　玻璃球式喷淋头

182℃、227℃、260℃）时，球内液体膨胀，使内压力增大，玻璃球炸裂，密封垫脱开，喷出压力水，喷水后，由于压力降低而使压力开关动作，将水压信号变为电信号向喷淋泵控制装置发出启动喷淋泵信号，保证喷头有水喷出。同时流动的消防水使主管道分支处的水流指示器电接点动作，接通延时电路（延时 20～30s），通过继电器触点发出声光信号给控制室，以识别火灾区域。

综上可知，喷头具有探测火情、启动水流指示器、扑灭早期火灾的重要作用。其特点是：结构新颖、耐腐蚀性强、动作灵敏、性能稳定。

适用范围：高（多）层建筑、仓库、地下工程、宾馆等适用水灭火的场所。

B. 开启式喷头：按其结构可分为双臂下垂型、单臂下垂型、双臂直立型、和双臂边墙型四种，如图 3-12 所示，其主要参数见表 3-5。

玻璃球式喷淋头主要技术参数　　　　　　　　　　　　　　　表 3-3

型号	直径 (mm)	通水口径 (mm)	接口螺纹 (in)	温度级别 (℃)	炸裂温度范围	玻璃球色标	最高环境温度 (℃)	流量系数 K(%)
ZST-15 系列	15	11	1/2	57 68 79 93	+15%	橙 红 黄 绿	27 38 49 63	80

玻璃球式喷淋头动作温度级别   表 3-4

动作温度(℃)	安装环境最高允许温度(℃)	颜色	动作温度(℃)	安装环境最高允许温度(℃)	颜色
57	38	橙	141	121	蓝
68	49	红	182	160	紫
79	60	黄	227	204	黑
93	74	绿	260	238	黑

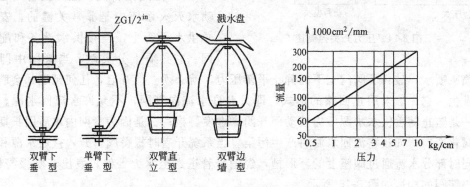

图 3-12　开启式喷淋头

开启式喷淋头的主要技术参数   表 3-5

型号名称	直径	接管螺纹	外形尺寸(mm)		流量系统
	(mm)	(in)	高	宽	K(%)
ZSTK-15	15	ZG1/2	74	46	80

　　开启式喷头与雨淋阀（或手动喷水阀）、供水管网以及探测器、控制装置等组成雨淋灭火系统。详见后叙。

　　开启式喷头的特点是：外形美观，结构新颖，价格低廉，性能稳定，可靠性强。

　　适用范围：易燃、易爆品加工现场或储存仓库以及剧场舞台上部的葡萄棚下等处。

　　3）压力开关：ZSJY、ZSJY25 和 ZSJY50（上海消防器材厂生产）三种压力开关的外形如图 3-13 所示。

　　压力开关的原理是：当湿式报警阀阀瓣开启后，压力开关触点动作，发出电信号至报警控制箱从而启动消防泵。报警管路上如装有延迟器，则压力开关应装在延迟器之后。以上三种压力开关都有一对常开触点，作自动报警式自动控制用。压力开关的特点：ZSJY 型：A. 膜片驱动，工作压力为 0.07～1MPa 之间可调。B. 适用于空气、水

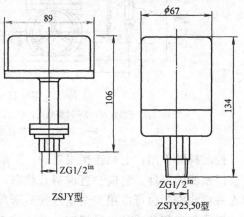

图 3-13　压力开关外形图

介质。C. 可用交直流电，工作电压为：AC220V、380V；DC12V、24V、36V、48V；触点所能承受的电容量：AC220V、5A；DC12V、3A，接线电缆外径 20mm。ZSJY25、50型：工作压力为 0.02～0.025MPa 及 0.04～0.05MPa。用弹簧接线柱给接线带来了方便，触点容量为 AC220V、5A。

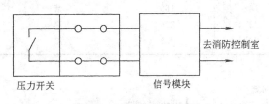

图 3-14　压力开关控制图

压力开关的应用接线：压力开关用在系统中需经模块与报警总线连接，如图 3-14 所示。

4）湿式报警阀：湿式报警阀在湿式喷水灭火系统中是非常关键的。安装在总供水干管上，连接供水设备和配水管网。它必须十分灵敏，当管网中即使有一个喷头喷水，破坏了阀门上下的静止平衡压力，就必须立即开启，任何延迟都会耽误报警的发生，它一般采用止回阀的形式，即只允许水流向管网，不允许水流回水源。其作用：一是防止随着供水水源压力波动而开闭，虚发警报；二是因为管网内水质因长期不流动而腐化变质，如让它流回水源将产生污染。当系统开启时报警阀打开，接通水源和配水源。同时部分水流通过阀座上的环形槽，经信号管道送至水力警铃，发出音响报警信号。湿式报警阀的构造如图 3-15 所示。

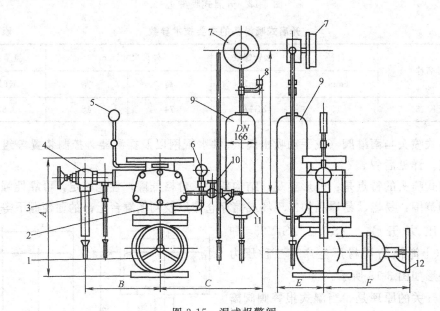

图 3-15　湿式报警阀

1—控制阀；2—报警阀；3—试警铃阀；4—防水阀；5、6—压力表；7—水力警铃；8—压力开关；
9—延时器；10—警铃管阀门；11—滤网；12—软锁

控制阀的作用：上端连接报警阀，下端连接进水立管，是检修管网及灭火后更换喷头时关闭水源的部件。它应一直保持开状态，以确保系统使用。因此用环形软锁将闸门手轮锁在开启状态，也可以用安全信号阀显示其开启状态。

湿式报警阀的分类：导阀型如图 3-16 所示和隔板座圈形如图 3-17 所示两种。

导阀型湿式报警阀特点是：除主阀芯外，还有一个弹簧承载式导阀，在压力正常波动

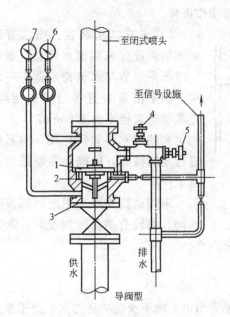

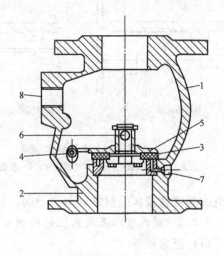

图 3-16　导阀型湿式报警阀

1—报警阀及阀芯；2—阀座凹槽；3—总闸阀；4—试
铃阀；5—排水阀；6—阀后压力表；7—阀前压力表

图 3-17　隔板座圈型报警阀构造示意图

1—阀体；2—铜座圈；3—胶垫；4—锁轴；5—阀瓣；
6—球形止回阀；7—延时器接口；8—防水阀接口

范围内此导阀是关闭的，在压力波动小时，不致使水流入报警阀而产生误报警，只有在火灾时，管网压力迅速下降，水才能不断流入，使喷头出水并由水力警铃报警。

隔板座圈型报警阀特点是：主阀瓣铰接在阀体上，并借自重坐落在阀座上，当阀板上下产生很小的压力差时，阀板就会开启。为了防止由于水源水压波动或管道渗漏而引起的隔板座圈型湿式报警阀的误动作，往往在报警阀和水力警铃之间的信号管上设延迟器。

湿式报警阀的作用：平时阀芯前后水压相等，水通过导向杆中的水压平衡水孔保持阀板前后水压平衡，由于阀芯的自重和阀芯前后所受水的总压力不同，阀芯处于关闭状态（阀芯上面的总压力大于阀芯下面的总压力）。发生火灾时，闭式喷头喷水，由于水压平衡小孔来不及补水，报警阀上面的水压下降，此时阀下水压大于阀上水压，于是阀板开启，向洒水管网及洒水喷头供水，同时水沿着报警阀的环形槽进入延迟器、压力继电器及水力警铃等设施，发出火警信号并启动消防水泵等设施。

放水阀的作用：进行检修或更换喷头时放空阀后管网余水。

警铃管阀门的作用：检修报警设备，应处于常开状态。

水力警铃的作用：火灾时报警。水力警铃宜安装在报警阀附近，其连接管的长度不宜超过 6m，高度不宜超过 2m，以保证驱动水力警铃的水流有一定的水压，并不得安装在受雨淋和曝晒的场所，以免影响其性能。电动报警不得代替水力警铃。

延迟器的作用：它是一个罐式容器，安装在报警阀与水力警铃之间，用以防止由于水源压力突然发生变化而引起报警阀短暂开启，或对因报警阀局部渗漏而进入警铃管道的水流起一个暂时容纳作用，从而避免虚假报警。只有在火灾真正发生时，喷头和报警阀相继打开，水流源源不断地大量流入延迟器，经 30s 左右充满整个容器，然后冲入水力警铃。

试警铃阀的作用：进行人工试验检查，打开试警铃阀泄水，报警阀能自动打开，水流应迅速充满延迟器，并使压力开关及水力警铃立即动作报警。

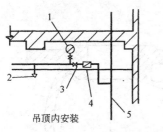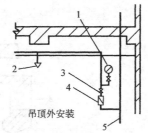

图 3-18　末端试水装置

1—压力表；2—闭式喷头；3—末端试验阀；4—流量计；5—排水管

5）末端试水装置：喷水管网的末端应设置末端试水装置，如图 3-18 所示。宜与水流指示器——对应。图中流量表直径与喷头相同，连接管道直径不小于 20mm。

末端试水装置的作用：对系统进行定期检查，以确定系统是否正常工作。

末端试验阀可采用电磁阀或手动阀。如设有消防控制室时，若采用电磁阀可直接从控制室启动试验阀，给检查带来方便。

3.2.2　湿式喷水灭火系统的控制原理

（1）正常状态

在无火灾时，管网压力水由高位水箱提供，使管网内充满不流动的压力水，处于准工作状态。

（2）火灾状态

当发生火灾时，灾区现场温度快速上升，使闭式喷头中玻璃球炸裂，喷头打开喷水灭火。管网压力下降，使湿式报警阀自动开启，准备输送喷淋泵（消防水泵）的消防供水。管网中设置的水流指示器感应到水流动时，发出电信号，同时压力开关检测到降低了的水压，并将水压信号送入湿式报警控制箱，启动喷淋泵，消防控制室同时接到信号，当水压超过一定值时，停止喷淋泵。

从上述喷淋泵的控制过程可见，它是一个闭环控制过程，可用图 3-19 描述。

3.2.3　全电压启动的湿式自动喷水灭火系统

（1）电气线路的组成

在高层建筑及建筑群体中，每座楼宇的喷水系统所用的泵一般为 2～3 台。采用两台泵时，平时管网中压力水来自高位水池，当喷头喷水，管道里有消防水流动时，水流指示器启动

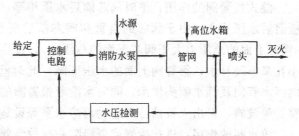

图 3-19　喷淋泵闭环控制示意图

消防泵，向管网补充压力水。平时一台工作，一台备用，当一台因故障停转，接触器触点不动作时，备用泵立即投入运行，两台可互为备用。图 3-20 为两台泵的全电压启动的喷淋泵电路，图中 B1、B2、Bn 为区域水流指示器的电节点。如果分区较多可有 n 个水流指示器及 n 个继电器与之配合。

采用三台消防泵的自动喷水系统也比较常见，三台泵中其中两台为压力泵，一台为恒压泵。恒压泵一般功率很小，在 5kW 左右，其作用是使消防管网中水压保持在一定范围之内。此系统的管网不得与自来水或高位水池相连，管网消防用水来自消防贮水池，当管网中的渗漏压力降到某一数值时，恒压泵启动补压。当达到一定压力后，所接压力开关断

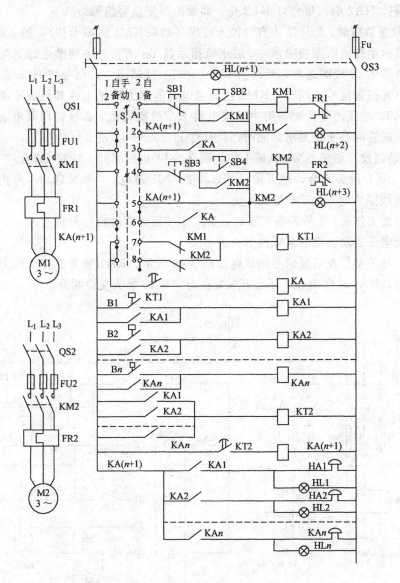

图 3-20　全电压启动的喷淋泵控制电路

开恒压泵控制回路，恒压泵停止运行。

（2）电路的工作原理

1）正常（即 1 号泵工作，2 号泵备用）时：将开关 QS1、QS2、QS3 合上，将转换开关 SA 至 "1 自，2 备" 位置，其 SA 的 2、6、7 号触头闭合，电源信号灯 HL（$n+1$）亮，做好火灾下的运行准备。

如二层着火，且火势使灾区现场温度达到热敏玻璃球发热程度时，二楼的喷头爆裂并喷出水流。由于喷水后压力降低，压力开关动作，向消防中心发去信号（此图中未画出），同时管网里有消防水流动时，水流指示器 B2 闭合，使中间继电器 KA2 线圈通电，时间继电器 KT2 线圈通电，经延时后，中间继电器 KA（$n+1$）线圈通电，使接触器 KM1 线圈通电，1 号喷淋消防泵电动机 M1 启动运行，向管网补充压力水，信号灯 HL（$n+1$）

143

亮，同时警铃 HA2 响，信号灯 HL2 亮，即发出声光报警信号。

2）1 号泵故障时，2 号泵的自动投入过程（如果 KM1 机械卡住）：如 n 层着火，n 层喷头因室温达动作值而爆裂喷水，n 层水流指示器 Bn 闭合，中间继电器 KAn 线圈通电，使时间继电器 KT2 线圈通电，延时后 KA（n+1）线圈通电，信号灯 HLn 亮，警铃 HLn 响，发出声光报警信号，同时，KM1 线圈通电，但因为机械卡住其触头不动作，于是时间继电器 KT1 线圈通电，使备用中间继电器 KA 线圈通电，2 号备用泵电动机 M2 自动投入运行，向管网补充压力水，同时，信号灯 HL（n+3）亮。

3）手动强投：如果 KM1 机械卡住，而且 KT1 也损坏时，应将 SA 至"手动"位置，其 SA 的 1、4 号触头闭合，按下按钮 SB4，使 KM2 通电，2 号泵启动，停止时按下按钮 SB3、KM2 线圈失电，2 号电动机停止。

当 2 号为工作泵，1 号为备用泵时，其工作过程请读者自行分析。

（3）全电压启动的喷淋泵线路另一种形式

以压力开关动作发启泵信号的线路如图 3-21 所示。KA1 触头受控于压力开关，压力开关动作时，KA1 动作闭合，压力开关复位时，KA1 触头复位断开。

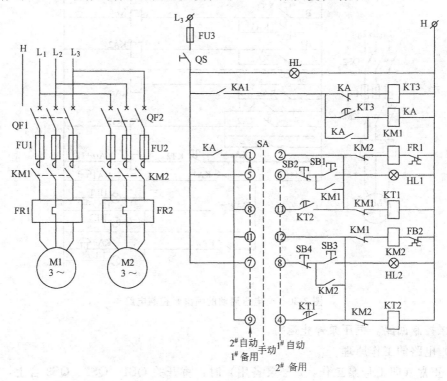

图 3-21　全电压启动喷淋泵控制电路（压力开关控制）

1）准备工作状态：合上自动开关 QF1、QF2、QS，将 SA 至"1 号自动，2 号备用"位置，电源指示灯 HL 亮，喷淋泵处于准备工作状态。

2）火灾状态：当发生火灾时，如温度升高使喷头喷水，管网中水压下降，压力开关动作，使继电器 KA1 触点闭合，时间断电器 KT3 线圈通电，使中间继电器 KA 线圈通电，使接触器 KM1 线圈通电，1 号喷淋泵电机 M1 启动加压，信号灯 HL1 亮，显示 1 号电机运行，同时使 KT3 失电释放。当压力升高后，压力开关复位，KA1 触点复位，KA

失电、KM1 失电、1 号电机停止。

3）故障时备用泵自动投入：当发生火灾时，如果 1 号电机不动作，时间继电器 KT1 线圈通电，延时后其触头使接触器 KM2 线圈通电，备用泵 2 号电机 M2 启动加压。

4）手动控制：当自动环节故障时，将 SA 至"手动"位置，按 SB1~SB4 便可启动 1 号（2 号）喷淋泵电机。

也可以 2 号工作，1 号备用，其原理自行分析。

以上两个全电压启动线路中，前图为水流指示器发信号动作，后图为压力开关发信号动作，即水流指示器、压力开关将水流转换成火灾报警信号，控制报警控制柜（箱）发出声光报警并显示灭火地址。工程中，水流指示器有可能由于管路水流压力突变，或受水锤影响等而误发信号，也可能因选型不当，灵敏度不高，安装质量不好等而使其动作不可靠。因此消防泵（喷淋泵）的启停应采用能准确反映管网水压的压力开关，让其直接作用于喷淋泵启停回路，而无需与火灾报警控制器作联动控制。但消防控制室仍需设置喷淋泵的启停，以确保无误。

3.2.4 降压启动的喷淋泵电机控制

采用两路电源互投且自耦变压器降压启动的线路如图 3-22 所示。图中 SP 为电接点压力表触点，KT3、KT4 为电流时间转换器，其触点可延时动作，1PA、2PA 为电流表，1TA、2TA 为电流互感器。线路工作过程分析如下。

（1）公共部分控制电源切换：合上控制电源开关 SA，中间继电器 KA 线圈通电，KA_{13-14} 号触头闭合，送上 $1L_2$ 号电源，KA_{11-12} 号触头断开，切断 $2L_2$ 号电源，使公共部分控制电路有电。当 1 号电源 $1L_2$ 无电时，KA 线圈失电，其触头复位，KA_{11-12} 号触头闭合，为公共部分送出 2 号电源，即 $2L_2$，确保线路正常工作。

（2）正常状态下的自动控制：令 1 号为工作泵，2 号为备用泵，把电源控制开关 SA 合上，引入 1 号电源 $1L_2$，将选择开关 1SA 至工作"A"档位，其 3-4、7-8 号触头闭合，当消防水池水位不低于低水位时，$KA2_{21-22}$ 闭合，当发生水灾时，水流指示器和压力开关相"与"后，向来自消防控制屏或控制模块的常开触点发出闭合信号，即发来启动喷淋泵信号，中间继电器 KA1 线圈通电，使中间继电器 1KA 通电，$1KA_{23-24}$ 号触头闭合，使接触器 13KM 线圈通电，$13KM_{23-14}$ 号触头使接触器 12KM 通电，其主触头闭合，1 号喷淋泵电动机 M1 串自耦变压器 1TC 降压启动，12KM 触头使中间继电器 12KA、电流时间转换器 KT3 线圈通电，经过延时后，当 M1 达到额定工作电流时，即从主回路 $KT3_{3-4}$ 号触电引来电流变化时，$KT3_{15-16}$ 号触头闭合，使切换继电器 KA4 线圈通电，13KM 失电释放，使 11KM 通电，1TC 被切除，M1 全电压稳定运行，并使用中间继电器 11KA 通电，其触头使运行信号灯 HL1 亮，停泵信号灯 HL2 灭。另外，$11KM_{11-12}$ 号触头断开，使 12KM、12KA 失电，启动结束，加压喷淋灭火。

（3）故障时备用泵的自动投入：当出现故障时，在火灾时，如 11KM 机械卡住，11KM 线圈虽通电，但是其触头不动作，使时间继电器 KT2 线圈通电，经延时后，中间继电器 KA3 线圈通电，使继电器 2KA 线圈通电，其触头使接触器 23KM 线圈通电，接触器 22KM 线圈随之通电，2 号备用泵电动机 M2 串联自耦变压器 2TC 降压启动。中间继电器 22KA 和电流时间转换 KT4 线圈通电，经延时后，当 M2 达到额定电流时，KT4 触点闭合，使切换继电器 KA5 线圈通电，23KM 失电，22KM 失电，使接触器 21KM 线

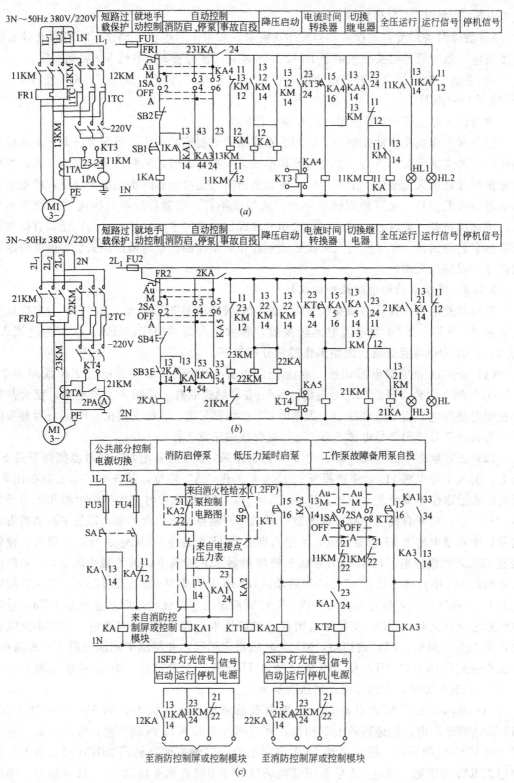

图 3-22　带自备电源的两台互备自投自耦变压器降压喷淋给水泵

(a) 1号泵正常运行电路；(b) 2号泵正常运行电路；(c) 故障控制电路

圈通电，切除 2TC，M2 全电压稳定运行，21KA 通电，运行信号灯 HL3 亮，停机信号灯 HL4 灭，加压喷水灭火。当火被扑灭后，来自消防控制屏或控制模块的触点断开，KA1 失电、KT2 失电，使 KA3 失电，2KA 失电，21KM、21KA 均失电，M2 失电，M2 停止，信号灯 HL3 灭，HL4 亮。

（4）手动控制：将开关 1SA、2SA 至手动"M"档位，如启动 2 号电动机 M2，按下启动按钮 SB3，2KA 通电，使 23KM 线圈通电，22KM 线圈也通电，电动机 M2 串联 2TC 降压启动，22KA、KT4 线圈通电，经过延时，当 M2 的电流达到额定电流时，KT4 触头闭合，使 KA5 线圈通电，断开 23KM，接通 21KM，切除 2TC，M2 全电压稳定运行。21KM 使 21KA 线圈通电，HL3 亮，HL4 灭。停止时，按下停止按钮 SB4 即可。1 号电动机手动控制类同，不再叙述。

（5）低压力延时启泵：来自消防控制室或控制模块的常开触点因压力低，压力继电器使之断开，此时，如果消防水池水位低于低水位，压力也低，来自消火栓给水泵控制电路的 $KA2_{21-22}$ 号触点断开，喷淋泵无法启动，但是由于水位低，压力也低，使来自电接点压力表的下限电接点 SP 闭合，使时间继电器 KT1 线圈通电，经过延时后，使中间继电器 KA2 线圈通电，$KA2_{23-24}$ 号触点闭合，这时水位已开始升高，来自消防水泵控制电路的 $KA2_{21-22}$ 号触点闭合，使 KA1 通电，此时启动喷淋泵电动机就可以了，称之为低压力延时启泵。

3.2.5 稳压泵及其应用

（1）线路的组成

两台互备自投稳压泵全电压启动电路如图 3-23 所示。图中来自电接点压力表的上限电接点 SP2 和下限电接点 SP1 分别控制高压力延时停泵和低压力延时启泵。另外，来自消火栓给水泵控制电路中的常闭触点 $KA2_{31-32}$ 当消防水池水位过低时是断开的，以其控制低水位停泵。

（2）线路的工作过程

1）正常状态下的自动控制：令 1 号为工作泵，2 号为备用泵，将选择开关 1SA 至工作"A"位置其 3-4、7-8 号触点闭合，将 2SA 至自动"Au"档位，其 5-6 号触点闭合，做好准备。稳压泵是用来稳定水的压力的。它将在电接点压力表的控制下启动和停止，以确保水的压力在设计规定的压力范围之内，达到正常供消防用水的目的。

当消防水池压力降至电接点压力表下限值时，SP1 闭合，使时间继电器 KT1 线圈通电。经延时后，其常开触头闭合，使中间继电器 KA1 线圈通电，运行信号灯 HL1 亮，停泵信号灯 HL2 灭。伴随着稳压泵的运行，压力不断提高，当压力升为电接点压力表高压力值时，其上限电接点 SP2 闭合，使时间继电器 KT2 通电，其触头经延时断开，KA1 失电释放，使 KM1 线圈失电，1KA 线圈失电，稳压泵停止运行，HL1 灭，HL2 亮，如此在电接点压力表控制之下，稳压泵自动间歇运行。

2）故障时备用泵的投入：如果由于某种原因 M1 不启动，接触器 KM1 不动作，使时间继电器 KT 通电，经过延时其触头闭合，使中间继电器 KA3 通电，使 KM2 通电，2 号备用稳压泵 M2 自动投入运行加压，同时 2KA 通电，运行信号灯 HL3 亮，停泵信号灯 HL4 灭。随着 M2 运行，压力不断升高，当压力达到设定的最高压力值时，SP2 闭合，时间继电器 KT2 线圈通电，经延时后其触头断开，使 KA1 线圈失电，$KA1_{22-24}$ 断开，

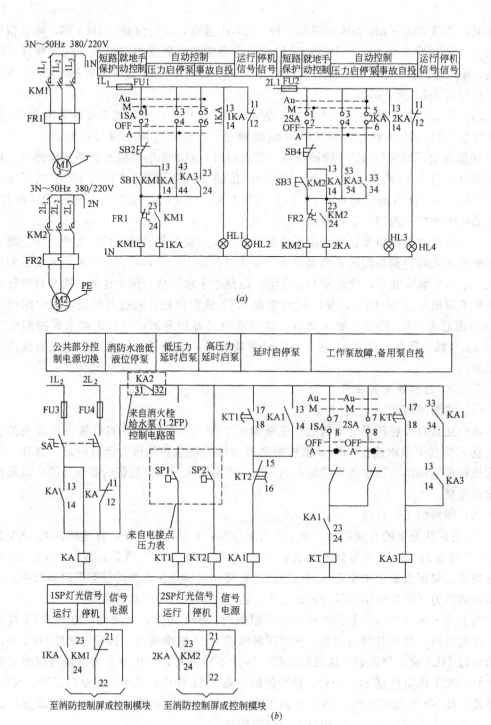

图 3-23 稳压泵全电压启动线路

(a) 正常运行电路；(b) 事故控制电路

KT 失电释放，KA3 失电，KM2、1KA 均失电，M2 停止，HL3 灭、HL4 亮。

3) 手动控制：将开关系 1SA、2SA 至手动"M"档位，其 1-2 号触头闭合。如启动 M1，可按下启动按钮 SB1，KM1 线圈通电，稳压泵电机 M1 启动，同时 1KA 通电，

HL1 亮，HL2 灭，停止时按 SB2 即可。2 号泵启动及停止按 SB3 和 SB4 便可实现。

课题 4　卤代烷灭火系统

在前表 3-1 中介绍了几种卤代烷灭火剂，其特点已有所了解。这里仅仅以 1211 灭火系统为对象，介绍 1211 的灭火效能，通过组合分配系统着重介绍有管网式灭火系统。并给出系统的系统图和平面图，便于施工及工程造价的识读。

4.1　概　　述

（1）系统的分类

从不同角度如：灭火方式、系统结构、加压方式及所使用的灭火剂种类分类如下表 3-6 所示。

卤代烷灭火系统分类　　　　　　　　　　　　表 3-6

序号	从不同角度分为	系 统 名 称	序号	从不同角度分为	系 统 名 称
1	灭火方式	全淹没系统； 局部应用系统	3	加压方式	临时加压系统； 预先加压系统
2	系统结构	有管网灭火系统； 无管网灭火系统；	4	灭火剂种类	1211 灭火剂； 1301 灭火剂

（2）适用范围

卤代烷 1211、1301 灭火系统可用扑救下列火灾：

1）可燃气体火灾，如煤气、甲烷、乙烯等的火灾；

2）液体火灾，如甲醇、乙醇、丙酮、笨、煤油、汽油、柴油等的火灾；

3）固体的表面火灾，如木材，纸张等的表面火灾，对固体深位火灾具有一定控火能力；

4）电气火灾，如电子设备、变配电设备、发电机组、电缆等带电设备及电气线路的火灾；

5）热塑性塑料火灾。

（3）系统的设置

根据《建筑设计防火规范》（GBJ 16—87）规定，下列部位应设置卤代烷灭火设备：

1）省级或超过 100 万人口城市电视发射塔和微波室；

2）超过 50 万人口城市的通迅机房；

3）大中型电子计算机房或贵重设备室；

4）省级或藏书量超过 100 万册的图书馆，以及中央、省、市级的文物资料珍藏室；

5）中央和省、市级的档案库的重要部位。

根据《人民防空工程设计防火规范》（GBJ 98—87）规定，下列部位应设置卤代烷灭火装备：油浸变压器室、电子计算机房、通信机房、图书、资料、档案库、柴油发电机室。

根据《高屋民用建筑设计防火规范》（GB 50045—95）规定，高层建筑的下列房间，应设置卤代烷灭火装置：

    1）大、中型计算机房；

    2）自备发电机房；

    3）贵重设备室；

    4）珍藏室。

    除此之外，金库、软件室、精密仪器室、印刷机、空调机、浸渍油坛、喷涂设备、冷冻装置、中小型油库、化工油漆仓库、车库、船仓和隧道等场所都可用卤代烷灭火装置进行有效的灭火。

4.2　1211气体灭火系统的组成

    有管网式1211气体灭火系统由监控系统、灭火剂贮存和释放装置、管道和喷嘴三部分组成。

    监控系统由探测器、控制器、手动操作盘、施放灭火剂显示灯，声光报警器等组成。

    灭火剂贮存器和释放装置由1211贮存容器（钢瓶）、启动气瓶、瓶头阀、单向阀、分配阀、压力信号发送器（压力开关）及安全阀等组成。如图3-24所示为有管网组合分配型灭火系统。

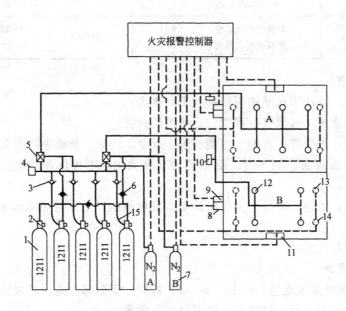

图 3-24　1211组合分配型灭火系统构成图

1—贮存容器；2—容器阀；3—液体单向阀；4—安全阀；5—选择阀；6—气体单向阀；
7—启动气瓶；8—施放灭火剂显示灯；9—手动操作盘；10—压力讯号器；11—声报警器；
12—喷嘴；13—感温探测器；14—感烟探测器；15—高压软管

4.2.1　1211钢瓶的设置

    在建筑群体中，由于工程的不同，气体灭火分区的分布是不同的。如果灭火区彼此相邻或相距很近，1211钢瓶宜集中设置。如各灭火区相当分散，甚至不在同一楼层，钢瓶则应分区设置。

(1) 1211 钢瓶的集中设置

采用管网灭火系统，通过管路分配，钢瓶可以跨区公用。但在钢瓶间需设置钢瓶分盘，在分盘上设有区域灯、放气灯和声光报警音响等。当火灾发生需灭火时，先打开气体分配管路阀门（选择阀），再打开钢瓶的气动瓶头阀，将灭火剂喷洒到火灾防护区实施灭火。

(2) 1211 的分区设置

这种设置方式无集中钢瓶间，自然也无钢瓶分盘，但每个区应该自设一个现场分盘。在分盘上设有烟、温报警指示灯、灭火报警音响、灭火区指示灯、放气灯等。另外分盘上一般装有备用继电器，其触点可供在放气前的延时过程中关闭本区电动门窗、进风阀、回风阀等设备或关停相应的风机等。

(3) 系统灭火分区划分的有关要求

1) 灭火分区应以固定的封闭空间来划分；

2) 当采用管网灭火系统时，一个灭火分区的防护面积不宜大于 $500m^2$，容积不宜大于 $2000m^3$；

3) 采用无管网灭火装置时，一个灭火分区的防护的面积不宜大于 $100m^2$，容积不宜大于 $300m^3$，且设置的无管网灭火装置数不应超过 8 个。无管网灭火装置是将贮存灭火剂容器、阀门和喷嘴等组合在一起的灭火装置。

4.2.2　气体灭火系统控制的基本方式

每个灭火区都设有信号道、灭火驱动道，并设有紧急启动、紧急切断按钮和手动、自动方式的选择开关等。另外在消防工程中，1211 灭火系统应作为独立单元处理，即需要 1211 保护的场所的火灾报警，灭火控制等不应参与一般的系统报警，但是系统灭火的结果应在消防控制中心显示。

(1) 报警信号道感烟、感温回路的分配

每个报警信号道内共有 10 个报警回路，分为感烟、感温两组。感烟探测回路之间取逻辑"或"，感温探测回路之间也取逻辑"或"，而后两组再取逻辑"与"构成灭火条件。这 10 个报警回路怎样分配可根据工程设计具体要求而定，其分配比例可取下任意一种，但总数保持 10 路不变。

感烟回路：2、3、4、5、6、7、8；

感温回路：8、7、6、5、4、3、2。

采用两组探测器逻辑"与"的方式的特点是：当一组探测器动作时，只发出预报警信号，只有当两组探测器同时动作时，才执行灭火联动。大大降低了由误报而引起的误喷，减少了损失。但事物总是两方面的，这种相"与"也延误了执行灭火时间，使火势可能扩大。另外，相"与"的两个（或两组）探测器，如果其中一个（或一组）探测器损坏，将使整个系统无法"自动"工作。因此，对小面积的保护区，如果计算结果只需两个探测器，从可靠性考虑应装上 4 个，再分成两组取逻辑"与"，对大面积的保护区，因为探测器数量较多，可不考虑此问题。

(2) 火灾"报警"和灭火"警报"

在灭火区的信号道内若只有一种探测器报警，控制柜只发出火灾"报警"，即信号道内房号灯亮，发出慢变调报警音响，但不对灭火现场发出指令，只限在消防控制中心（消防值班室）内有声光报警信号。

当任一灭火分区的信号道内任意两种探测器同时报警时，控制柜则由火灾"报警"立即转变为灭火"警报"。在警报情况下：1）控制柜上的两种探测器报警信号（房号）灯亮；2）在消防控制中心（消防值班室）内发出快变调"警报"音响，同时向报警的灭火现场发出声光"警报"；3）延时20～30s，在此时间内如有人将紧急切断按钮按下，则只有"警报"而不开启钢瓶（假定控制柜已置于自动工作位置），在此时间内无人按下紧急切断按钮，则延时20～30s后自动开启钢瓶电磁阀，实现自动灭火；4）钢瓶开启后，钢瓶上有一对常开触点闭合，使灭火分区门上的"危险"、"已充满气"、"请勿入内"等字样的警告指示灯点亮；5）开始报警时，控制柜上电子钟停走，记录灭火报警发出的时间，控制柜上的外控触点也同时闭合，关停风机；6）如工作方式为手动方式时，控制柜只能报警而钢瓶开启则靠值班人员操作紧急启动控钮来实现，为了保证安全，防止误操作，按按钮后也需延时20～30s后才开启钢瓶灭火；7）灭火后，应打开排气、排烟系统，以便于及时清理现场。

4.3   1211 气体灭火系统的工作原理

为分析系统原理，给出有管网灭火系统如图 3-25 和有管网灭火系统工作流程如图 3-26 及钢瓶室及其主要设备连接示意如图 3-27 所示。

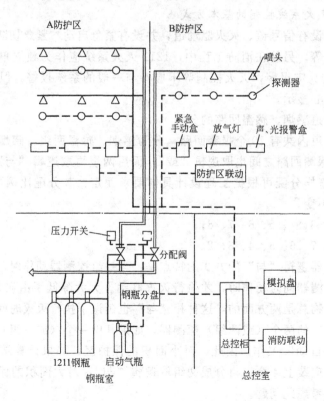

图 3-25   1211 有管网自动灭火系统

4.3.1   系统中主要器件的作用

（1）感烟、感温探测器

152

安装在各保护区内，通过导线和分检箱与总控室的控制柜连接，及时把火警信号送入控制柜，再由控制柜分别控制钢瓶室外的组合分配系统和单元独立系统。

（2）钢瓶 A、B

二者均为 ZLGQ4.2/60 启动小钢瓶，用无缝钢管滚制而成。启动钢瓶中装有 60kgf/cm²（5.88MPa）1211 灭火剂，用于启动灭火系统，当火灾发生时，靠电磁瓶头阀产生的电磁力（也可手动）驱动释

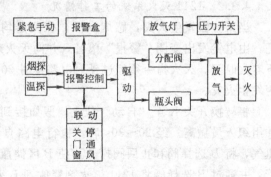

图 3-26　1211 有管网自动灭火工作流程

放瓶内充压氮气，启动灭火剂储瓶组（1211 储瓶组）的气动瓶头阀，将灭火剂 1211 释放到灾区，达到灭火的目的。

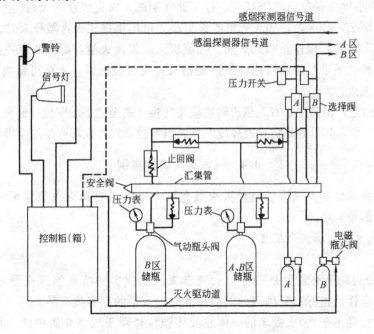

图 3-27　钢瓶室及主要设备连接示意

（3）选择阀 A、B

选择阀是用不锈钢、铜等金属材料制成，由阀体活塞、弹簧及密封圈等组成，用于控制灭火剂的流动去向，可用气体和电磁阀两种方式启动，还应有备用手动开关，以便在自动选择阀失灵时，用手动开关释放 1211 灭火剂。

（4）其他器件

1）止回阀安装于汇集管上，用以控制灭火剂流动方向；

2）安全阀安装在管路的汇集管上，当管路中的压力大于 70±5kgf/cm²（7.35～6.37MPa）时，安全阀自动打开，起到系统的保护作用；

3）压力开关的作用是：当释放灭火剂时，向控制柜发出回馈信号。

4.3.2　1211灭火系统的工作情况

当某分区发生火灾，感烟（温）探测器均报警，则控制柜上两种探测器报警房号灯亮，由电铃发出变调"警报"单音，并向灭火现场发出声、光警报。同时，电子钟停走记下着火时间。灭火指令须经过延时电路延时20～30s发出，以保证值班人员有时间确认是否发生火灾。

将转换开关K至"自动"位上，假如接到B区发出火警信号后，值班人员确认火情并组织人员撤离。经20～30s后，执行电路自动启动小钢瓶B的电磁瓶头阀，释放充压氮气，将B选择阀和止回阀打开，使B区储瓶和A、B区储瓶同时释放1211区剂至汇集管，并通过B选择阀将1211灭火剂释放到B火灾区域。1211药剂沿管路由喷嘴喷射到B火灾区域，途经压力开关，使压力开关触点闭合，即把回馈信号送至控制柜，指示气体已经喷出实现了自动灭火。

将控制柜上的转换开关至"手动"位，则控制柜只发出灭火报警，当手动操作后，经20～30s，才使小钢瓶释放出高压氮气，打开储气钢瓶，向灾区喷灭火剂。

在接到火情20～30s内，如无火情或火势小，可用手提式灭火器扑灭时，应立即按现场手动"停止"按钮，以停止喷灭火剂。如值班人员发现火情，而控制柜并没发出灭火指令，则应立即按"手动"启动按钮，使控制柜对火灾区发火警，人员可撤离，经20～30s后施放灭火剂灭火。

值得注意的是：消防中心有人值班时均应将转换开关至"手动"位，值班人离开时转换开关至"自动"位，其目的是防止因环境干扰、报警控制元件损坏产生的误报而造成误喷。

4.4　气体灭火装置实例

随着消防技术发展，气溶胶自动灭火装置和七氟丙烷自动灭火装置更显出独特的优势。下面进行简单介绍。

4.4.1　气溶胶自动灭火装置

（1）特点

ZQ气溶胶自动灭火装置是一种对大气臭氧层无损害的哈龙类灭火器材的理想替代品。是一种综合性能指标达到国内外同类产品先进水平的高科技产品。

气溶胶是直径小于0.01微米的固体或液体颗粒悬浮于气体介质中的一种物体，其形态呈高分散度。气溶胶灭火装置即是将灭火材料以超细微粒的形态，快速弥漫于着火点周围空间的设备。因为众多气溶胶微粒形成很大的比表面，迅速弥漫过程中吸收大量热量，达到冷却灭火目的；在火灾初始阶段，气溶胶喷到火场中对燃烧过程的链式反应具有很强的负催化作用，迅速对火焰进行化学抑制，从而降低燃烧的反应速率，当燃烧反应生成的热量小于扩散损失的热量时，燃烧过程即终止。因此，气溶胶是一种高效能的灭火剂，可通过全淹没及局部应用方式扑灭可燃固体、液体及气体火灾。

（2）灭火原理

ZQ系列气溶胶自动灭火系统通过火灾感知组件及报警系统探测火警信号来启动气溶胶系统喷射气溶胶实施灭火。系统可选择自动方式或手动方式启动，当采用自动启动方式时，通过火灾探测器复合火警，延时时间过后启动气溶胶灭火装置，向防护区内喷放气溶胶；在24小时有人职守的防护区，可采用手动启动方式，即报警系统报告火警经人工确认以后，由人工启动气溶胶灭火装置实施灭火，这样可最大限度防止误喷发生，增加了系统的可靠性。

ZQ 气溶胶灭火装置灭火迅速、灭火性能高、出口温度低、无毒害、污染小、绝缘性能高。存储时不带压，不存在泄露问题。灭火后便于清理，喷放时的出口温度低于 80℃，实测低于 50℃，从而确保了被保护对象的安全。

4.4.2 七氟丙烷自动灭火装置

七氟丙烷（FM200）自动灭火系统是一种现代化消防设备。中华人民共和国公安部于 2001 年 8 月 1 日发布了公消〔2001〕217 号《关于进一步加强哈龙替代品及其技术管理的通知》，通知中明确规定：七氟丙烷气体自动灭火系统属于全淹没系统，可以扑救 A（表面火）、B、C 类和电器火灾，可用于保护经常有人的场所。

七氟丙烷（FM200）灭火剂无色、无味、不导电、无二次污染。对臭氧层的耗损潜能值（ODP）为零，符合环保要求，其毒副作用比卤代烷灭火剂更小，是卤代烷灭火剂较理想的替代物。七氟丙烷（FM200）灭火剂具有灭火效能高，对设备无污染，电绝缘性好，灭火迅速等优点。七氟丙烷（FM200）灭火剂释放后不含有粒子和油状物，不破坏环境，且当灭火后，及时通风迅速排除灭火剂，即可很快恢复正常情况。

七氟丙烷（FM200）灭火剂经试验和美国 EPA 认定安全性比 1301 卤代烷更为安全可靠，人体暴露于 9% 的浓度（七氟丙烷一般设计浓度为 7%）中无任何危险，而七氟丙烷最大的优点是非导电性能。因而是电气设备的理想灭火剂。

具有：设计参数完整、准确、功能完善、工作可靠的特点。有自动、电气手动和机械应急手动操作三种方式。

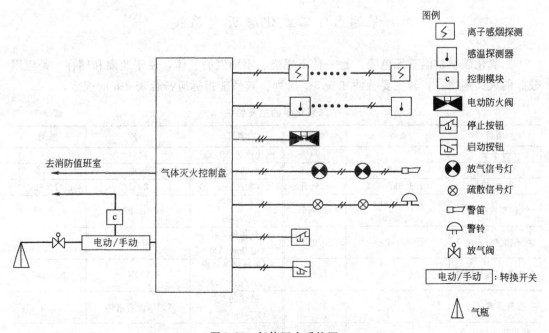

图 3-28　气体灭火系统图

注：本图适用于卤烷气体灭火系统和非卤代烷灭火系统（1211，1301，FM200）

七氟丙烷系统由火灾报警气体、灭火控制器、灭火剂瓶、瓶头阀、启动阀、选择阀、压力信号器、框架、喷嘴管道系统等组成。可组成单元独立系统，组合分配系统和无管网装置等多种形式。只能实施对单元和多区全淹没消防保护。适用于电子计算机机房、电讯中心、图书馆、档案馆、珍品库、配电房、地下工程、海上采油平台等重点单位的消防保护。

　　气体灭火的系统图如图 3-28 和平面图如图 3-29 所示。本图适于卤代烷气体灭火系统和非卤代烷气体灭火系统。

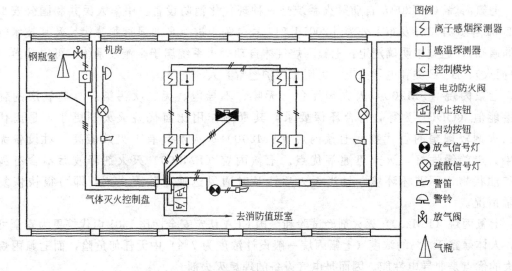

图 3-29　气体灭火设备平面图（图为机房平面）

注：本图适用于代烷气体灭火系统和非卤烷灭火系统（1211，1301，FM200）

课题 5　二氧化碳灭火系统

　　二氧化碳在常温下无色嗅，是一种不燃烧、不助燃的气体，便于装灌和储存，是应用较广的灭火剂之一。其主要特性如表 3-7 所列。其性能指标应符合表 3-8 的规定。

二氧化碳的主要特性　　　　　　　　　　　　　　　　表 3-7

项目	条件	数据	项目	条件	数据
分子量		44	汽化潜热（kJ/kg）	沸点	577
溶点（℃）	526kPa	−56.6	溶解热（kJ/kg）	熔点	189.7
沸点（℃）	101.325kPa,0℃	−78.5（升华）	气体粘度（Pa·s）	20℃	1.47×10^{-5}
气体密度（g/L）	101.325kPa大气压,0℃	1.946	液体表面张力（N/m）	−52.2℃	0.0165
液体密度（g/cm³）	3475kPa	0.914	气体的 C_P（kJ/kg·℃）	300K	0.871
对空气的相对密度		1.529	气体的导热系数（W/m·℃）	300K	0.01657
临界温度（℃）		31.35	液体的 C_P（KJ/kg·℃）	20℃,饱合液体	5.0
临界压力（MPa）		7.395	液体的导热系数（W/m·℃）	20℃,饱合液体	0.0872
临界密度（g/cm³）		0.46			

二氧化碳灭火剂性能指标   表 3-8

项目	技术指标（液相）		项目	技术指标（液相）	
	一级品	二级品		一级品	二级品
纯度（体积%）≥	99.5	99.0	含油量	无油斑	
水管量（质量%）≤	0.015	0.100	乙醇和其他有机物	无	

5.1　二氧化碳灭火系统分类

二氧化碳灭火系统从不同的角度有不同分类，分类如下表 3-9 所示。

二氧化碳灭火系统分类   表 3-9

序号	从不同的角度分	系统名称	应用范围及特点
1	按灭火方式分	全淹没系统	主要用于炉灶、管道、高架停车塔、封闭机械设备、地下室、厂房、计算机房等。它由一套储存装置组成，在规定时间内，向防护区喷射一定浓度的二氧化碳，并使其充满整个防护区空间的系统。防护区应是一个封闭良好的空间
		局部应用系统	用在蒸汽泄放口、注油变压器、浸油罐、淬火槽、轧机、喷漆棚等场所。特点是在灭火过程中不能封闭
2	按储压等级分	高压储存系统	储存压力为 5.17MPa
		低压储存系统	储存压力为 2.07MPa
3	按系统结构特点分	单元独立系统	用一套灭火剂储存装置保护一个防护区
		组合分配系统	用一套灭火剂储存装置保护多个防护区
4	按管网布置形式分	均衡系统管网	从储存容器到每个喷嘴的管道长度应大于最长管道长度的 90%；从储存容器到每个喷嘴的管道等效长度大于管道长度的 90%（注：管道等效长度＝实管长＋管件的当量长度）
		非均衡系统管网	不具备均衡系统管网的条件

5.2　二氧化碳系统的组成及自动控制

5.2.1　系统的组成

组合分配系统组成如图 3-30 所示。单元独立系统如图 3-31 所示。

5.2.2　系统的自动控制过程

控制内容有：火灾报警显示、灭火介质的自动释放灭火、切断保护区内的送排风机、关闭门窗及联动控制等。下面以图 3-32 为例说明二氧化碳灭火系统的自动控制过程。

从图可知，当保护区发生火灾时，灾区产生的烟、温或光使保护区设置的两路火灾探测器（感烟、感热）报警，两路信号为"与"关系发至消防中心报警控制器上，驱动控制器一方面发声、光报警，另一方面发出联动控制信号（如停空调、关防火门等），待人员撤离后再发信号关闭保护区门。从报警开始延时约 30s 后发出指令启动二氧化碳储存容器，储存的二氧化碳灭火剂通过管道输送到保护区，经喷嘴释放灭火。如果手动控制，可按下启动按钮，其他同上。

二氧化碳的释放过程自动控制用框图 3-33 描述。压力开关为监测二氧化碳管网的压力设备，当二氧化碳压力过低或过高时，压力开关将压力信号送至控制器，控制器发出开

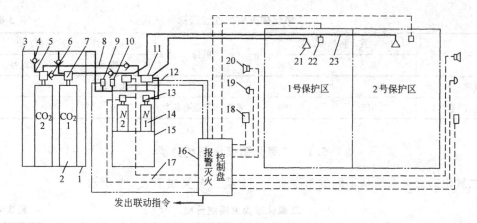

图 3-30　组合分配系统示意

1—XT灭火剂储瓶框架；2—灭火剂储瓶；3—集流管；4—液流单向阀；5—软管；6—气流单向阀；7—瓶头阀；

8—启动管道；9—压力信号器；10—安全阀；11—选择阀；12—信号反馈线路；13—电磁阀；14—启动钢瓶；

15—QXT启动瓶框架；16—报警灭火控制盘；17—控制线路；18—手动控制盒；

19—光报警器；20—声报警器；21—喷嘴；22—火灾探测器；23—灭火剂输送管道

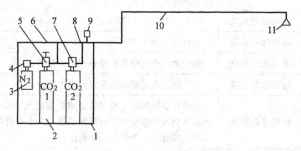

图 3-31　单元独立系统示意

1—XT灭火剂储瓶框架；2—灭火剂储瓶；3—启动钢瓶；4—电磁阀；5—主动瓶容器阀；

6—软管；7—气动阀；8—集流管；9—压力信号器；10—灭火剂输送管道；11—喷嘴

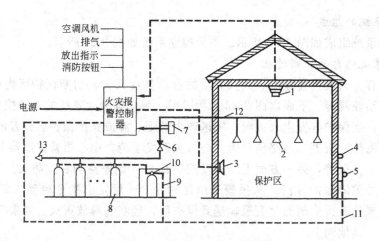

图 3-32　二氧化碳灭火系统例图

1—火灾探测器；2—喷头；3—警报器；4—放气指示灯；5—手动启动按钮；6—选择阀；7—压力开关；

8—二氧化碳钢瓶；9—启动气瓶；10—电磁阀；11—控制电缆；12—二氧化碳管线；13—安全阀

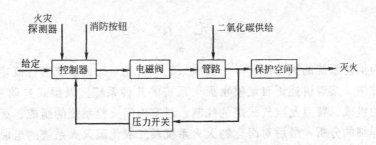

图 3-33　二氧化碳释放过程自动控制

大或关小钢瓶阀门的指令，可释放介质。

　　二氧化碳的释放过程手动控制则用图 3-34 描述。为了实现准确而更快速灭火，当发生火灾时，用手直接开启二氧化碳容器阀，或将放气开关拉动，即可喷出二氧化碳灭火。这个开关一般装在房间门口附近墙上的一个玻璃面板内，火灾即将玻璃面板击破，就能拉动开关喷出二氧化碳气体，实现快速灭火。

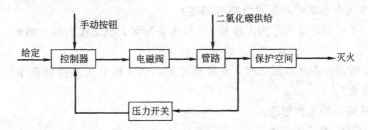

图 3-34　二氧化碳释放过程手动控制

　　装有二氧化碳灭火系统的保护场所（如变电所或配电室），一般都在门口加装选择开关，可就地选择自动或手动操作方式。当有工作人员进入里面工作时，为防止意外事故，即避免有人在里面工作时喷出二氧化碳影响健康，必须在入室之前把开关转到手动位置，离开时关门之后复归自动位置。同时也为避免无关人员乱动选择开关，宜用钥匙型转换开关。

5.3　系统的特点及适用范围

（1）特点

　　具有对保护物体不污染、灭火迅速、空间淹没性好等特点，但与卤化烷灭火系统相比造价高，且灭火的同时对人产生毒性危害，因此，只有较重要场合才使用。

（2）应用范围

　　二氧化碳可以扑救的火灾有：气体火灾、电气火灾、液体或可熔化固体、固体表面火灾及部分固体的深位火灾等。二氧化碳不能扑灭的火灾有：金属氧化物、活泼金属、含氧化剂的化学品等。

　　二氧化碳应用场所有：易燃可燃液体贮存容器、易燃蒸汽的排气口、可燃油油浸电力变压器、机械设备、实验设备、反应釜、淬火槽、图书档案室、精密仪器室、贵重设备室、电子计算机房、电视机房、广播机房、通信机房等。

单 元 小 结

本单元为消防系统的执行机构——灭火系统,首先对灭火系统进行概述,从而了解了灭火的基本方法,接着讲述了自动喷水灭火系统的几种系统。以湿式自动喷水系统为主,介绍了系统的组成、特点及电气线路的控制;对室内消火栓系统的组成、灭火方式及电气线路进行了详细的分析,最后对卤化物灭火系统及二氧化碳灭火系统的组成、特点及适用场所进行了说明,从而证明了不同的场所、不同的火灾特点应采用不同的灭火方式。掌握不同的灭火方式对相关的工程设计、安装调试及维护是十分必要的。

习题与能力训练

【习题部分】

1. 灭火系统的类型有几种?灭火的基本方法有几种?各有什么特点?

2. 自动喷水灭火系统的功能及分类有哪些?

3. 如前图 3-3 所示,令 2 号为工作泵,1 号为备用泵,当 2 楼出现火情时,试说明消火栓泵的启动过程。

4. 如图 3-4 所示,令 2 号泵工作,1 号泵备用,当 4 楼着火且接触器 KM2 机械卡住时,消火栓泵如何启动?

5. 简述闭式喷头的工作原理。

6. 叙述压力开关的工作原理。

7. 湿式自动喷水灭火系统主要有几部分组成?各起什么作用?工作原理如何?

8. 简述水流指示器的作用及工作原理?

9. 两路电源互投自复电路有何特点?如 1 号无电、2 号如何投入?

10. 末端试水装置的作用是什么?

11. 如前图 3-20 中,2 号工作,1 号备用,KM2 机械卡住时,当火灾时其工作状态如何?

12. 如图 3-22 中,1 号工作泵故障即控制电路中热继电器常闭触点没闭合,火灾时,备用泵如何启动?

13. 叙述图 3-23 稳压泵的工作原理。

14. 简述 1211 气体灭火系统的工作原理。

【能力训练】

训练 1　灭火设备的识别要求:

(1) 熟悉灭火设备的外形、安装位置;

(2) 在系统中的作用及使用方法。

训练 2　消火栓灭火系统实训要求:

(1) 自行设计实训程序;

(2) 进行灭火实训;

(3) 写出实训报告。

训练 3　自动喷洒水灭火系统实训要求:

(1) 自行设计实训程序;

（2）准备实训用具；

（3）记录实训情况；

（4）写出实训报告。

训练4　气体灭火系统模拟实训要求：

（1）自行设计实训程序；

（2）进行模拟实训；

（3）写出实训报告。

训练5　气溶胶灭火系统模拟实训要求：

（1）自行设计实训程序；

（2）进行模拟实训；

（3）写出实训报告。

单元 4 安全疏散诱导与防排烟系统的施工

知 识 点：首先介绍了疏散诱导系统的基本作用和组成，然后对防排烟设施、防排烟系统的监控原理及火灾事故广播的容量、设置场所、广播方式、火灾事故照明、疏散指示标志的设置方式和有关要求等进行了阐述，最后对消防电梯的设置及作用进行了说明。

教学目标：

(1) 了解疏散诱导的意义和内容、防排烟的基本概念、防排烟系统的监控及消防电梯的设置；

(2) 掌握几种常用的防排烟设施的原理及火灾事故广播的容量、设置场所、广播方式等；

(3) 学会火灾事故照明及疏散指示标志的设置方式和有关要求；

(4) 能完成课程设计中该部分的内容，具有指导系统施工的能力；

(5) 建议采用项目教学，结合实训项目进行。

课题 1 概   述

1.1 安全疏散诱导与防排烟系统的作用

建筑火灾，尤其是高层建筑火灾的经验教训表明，火灾中对人体伤害最严重的是烟雾，是由固体、液体粒子和气体所形成的混合物，含有有毒、刺激性气体。因此，火灾死伤者中相当数量的人是因为中毒或窒息死亡。建筑物发生火灾后，烟气在建筑物内不断流动传播，不仅导致火灾蔓延，也引起人员恐慌，影响疏散与扑救。引起烟气流动的因素有：扩散、烟囱效应、浮力、热膨胀、风力、通风空调系统等。高层建筑的火灾由于火灾蔓延快，疏散困难，扑救难度大，且其火灾隐患多，因而其防火防烟和排烟问题尤其重要。

安全疏散是指人们（物资）在建筑物发生火灾后能够迅速安全地退出他们所在的场所。在正常情况下，建筑物中的人员疏散可分为零散的（如商场）和集中的（如影剧院）两种，当发生紧急事故时，都变成集中而紧急的疏散。安全疏散设计是确保人员生命财产安全的有效措施，是建筑防火的一项重要内容。

通过对国内外建筑火灾的统计分析，凡造成重大人员伤亡的火灾，大部分是因没有可靠的安全疏散设施或管理不善，人员不能及时疏散到安全避难区域造成的。可见，如何根据不同使用性质、不同火灾危险性的建筑物，通过安全疏散设施的合理设置，为建筑物内人员和物资的安全疏散提供条件，是建筑防火设计的重要内容。只有按照国家有关消防技术规范的要求进行设计、施工、管理和进行消防监督，才能保证建筑物内人员和物资安全疏散，有效地减少火灾所造成的人员伤亡和财产损失。

1.2 安全疏散诱导与防排烟系统的内容

1.2.1 安全与疏散诱导系统

（1）安全出口：所谓安全出口是指供人员安全疏散用的房间门、楼梯或直通室外地平面的门。

（2）疏散楼梯和楼梯间：作为竖向疏散通道的室内、外楼梯，是建筑物的主要垂直交通空间，是安全疏散的重要通道。

（3）疏散走道：是疏散时人员从房间内到房间门，或从房间门到疏散楼梯、外部出口等安全出口的室内走道。

（4）疏散门：疏散用的门应向疏散方向开启。如人数不超过60人的房间，且疏散人数不超过30人时，其开启方向不限。

（5）火灾应急照明和疏散指示标志：提供火灾时的照明及逃离方向。

（6）火灾应急广播：火灾时指挥疏散。

1.2.2 防排烟系统

（1）防火分隔设施：是只能在一定时间内阻止火势蔓延，且能把建筑内部空间分割成若干较小防火空间的物体。（包括：防火门、防火窗、防火卷帘、防火阀、排烟防火阀、挡烟垂壁）。

（2）防排烟系统：及时排除烟气，确保人员顺利疏散、安全避难。分为：自然排烟、机械加压送风排烟、机械排烟等。

课题2 防排烟系统的基本概念

2.1 火灾烟气控制

主要目的是在建筑物内创造无烟或烟气含量极低的疏散通道或安全区。烟气控制的实质是控制烟气的合理流动，也就是使烟气不流向疏散通道、安全区和非着火区，而向室外流动。主要有以下三种方法。

（1）隔断或阻挡

墙、楼板、门等都具有隔断烟气传播的作用。为了防止火势蔓延和烟气传播，建筑法规规定了建筑中必须划分防火分区和防烟分区。所谓防火分区是指用防火墙、楼板、防火门或防火卷帘等分隔的区域，可以以将火灾限制在一定的局部区域内（在一定时间内），不使火势蔓延。当然防火分区的隔断同样也对烟气起了隔断作用。所谓防烟分区是在设置排烟措施的过道、房间中，用隔墙或其他措施（可以阻挡和限制烟气的流动）分割的区域。

（2）排烟

利用自然或机械力的作用力，将烟气排到室外，称之为排烟。利用自然作用力的排烟称为自然排烟；利用机械（风机）作用力的排烟称为机械排烟。排烟的部位有两类：着火区和疏散通道。着火区排烟的目的是将火灾发生的烟气排到室外，有利于着火区的人员疏散及救火人员的扑救。对于疏散通道的排烟是为了排除可能侵入的烟气，以保证疏散通道无烟或少烟，以利于人员安全疏散及救火人员通行。

（3）加压防烟

加压防烟是用风机把一定量的室外空气送入一房间或通道内，使室内保持一定压力或门洞处有一定的流速，以避免烟气侵入。图 4-1 是加压防烟两种情况，其中图（a）是当门关闭时，房间内保持一定正压值，空气从门缝或其他缝隙处流出，防止了烟气的侵入；图（b）是当门开启的时候，送入加压区的空气以一定的风速从门洞流出，防止烟气的流入。当流速较低时，烟气可能从上部流入室内。对以上两种情况分析可以看到，为了防止烟气流入被加压的房间，必须达到：1）门开启时，门洞有一定向外的风速；2）门关闭时，房间内有一定正压值。

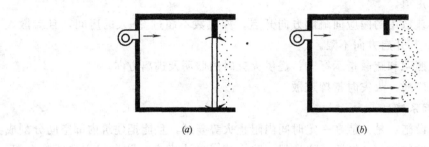

图 4-1 加压防烟
（a）门关闭时；（b）门开启时

2.2 防烟分区

划分防烟分区与防火分区的目的不同，前者的目的在于防止烟气扩散，主要用挡烟垂壁、挡烟壁或者挡烟隔墙等措施来实现，以满足人员安全疏散和消防扑救的需要，以免造成不应有的伤亡事故。后者则采用防火墙或防火卷帘加水幕，划分防火分区，目的在于防止烟火蔓延扩大，为扑救创造有利条件，以保障财产和安全。

课题 3 防排烟系统

3.1 排烟系统

高层建筑的排烟方式有自然排烟和机械排烟两种。

3.1.1 自然排烟

自然排烟是火灾时，利用室内热气流的浮力或室外风力的作用，将室内的烟气从与室外相邻的窗户、阳台、凹廊或专用排烟口排出。自然排烟不使用动力，结构简单，运行可靠，但当火势猛烈时，火焰有可能从开口部喷出，从而使火势蔓延；自然排烟还易受到室外风力的影响，当火灾房间处在迎风侧时，由于受到风压的作用，烟气很难排出。虽然如此，在符合条件时宜优先采用。自然排烟有两种方式：（1）利用外窗或专设的排烟口排烟；（2）利用竖井排烟，如图 4-2 所示。其中（a）利用可开启的外窗进行排烟，如果外窗不能开启或无外窗，可以专设排烟口进行自然排烟。图中（b）是利用专设的竖井，即

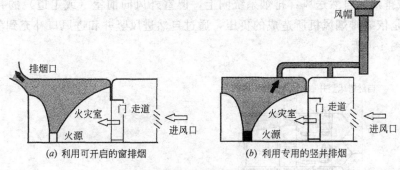

图 4-2 房间自然排烟系统示意图

相当于专设一个烟囱，各层房间设排烟风口与之连接，当某层起火有烟时，排烟风口自动或人工打开，热烟气即可通过竖井排到室外。

3.1.2 机械排烟

使用排烟风机进行强制排烟的方法称机械排烟。机械排烟可分为局部和集中排烟两种。局部排烟方式是在每个房间内设置风机直接进行；集中排烟方式是将建筑物划分为若干个防烟分区，在每个区内设置排烟风机，通过风道排出各区内的烟气。

（1）机械排烟系统：高层建筑在机械排烟的同时还要向房间内补充室外的新风，送风方式有两种：

1）机械排烟、机械送风：利用设置在建筑物最上层的排烟风机，通过设在防烟楼梯间、前室或消防电梯前室上部的排烟口及与其相连的排烟竖井至室外，或通过房间（或走道）上部的排烟口排至室外；由室外送风机通过竖井和设于前室（或走道）下部的送风口向前室（或走道）补充室外的新风。各层的排烟口及送风口的开启与排烟风机及室外送风风机相连锁，如图 4-3 所示。

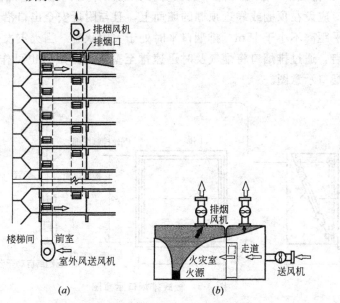

图 4-3 机械排烟、机械送风

（a）通过设在前室的排烟竖井排至室外；（b）房间（走道）上的排烟口排至室外

165

2）机械排烟、自然送风：排烟系统同上，但室外风向前室（或走道）的补充并不依靠风机，而是依靠排烟风机所造成的负压，通过自然进风竖井和进风口补充到前室（或走道）内，如图 4-4 所示。

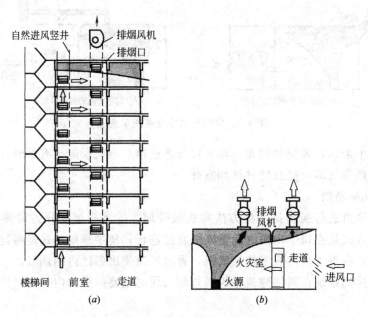

图 4-4　机械排烟、自然进风
（a）通过自然进风竖井和进风口补充到前室；（b）通过自然进风竖井和进风口补充到走道内

（2）机械排烟系统：由防烟垂壁、排烟口、排烟道、排烟阀、排烟防火阀及排烟风机等组成。

1）排烟口：排烟口一般尽可能布置在防烟分区的中心，距最远点的水平距离不能超过 30m。排烟口应设在顶棚或靠近顶棚的墙面上，且与附近安全出口沿走道方向相邻边缘之间最小的水平距离不小于 15m。排烟口平时处于关闭状态，当火灾发生时，自动控制系统使排烟口开启，通过排烟口将烟气及时迅速排至室外。排烟口也可作为送风口。图 4-5 所示为板式排烟口示意图。

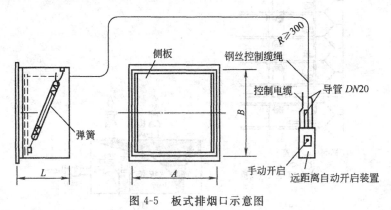

图 4-5　板式排烟口示意图

2）排烟阀：排烟阀应用于排烟系统的风管上，平时处于关闭状态，火灾发生时，烟感探头发出火警信号，控制中心输出 DC24V 电源，使排烟阀开启，通过排烟口进行排

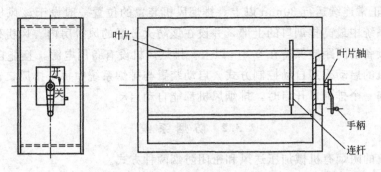

图 4-6　排烟阀示意图

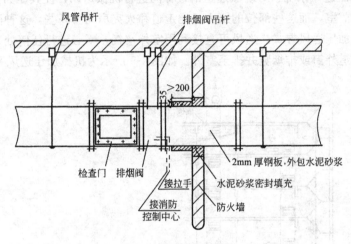

图 4-7　排烟阀安装图

烟。图 4-6 所示为排烟阀示意图，图 4-7 所示为排烟阀安装图。

3）排烟防火阀：排烟防火阀适用于排烟系统管道上或风机吸入口处，兼有排烟阀和防烟阀的功能。平时处于关闭状态，需要排烟时，其动作和功能与排烟阀相同，可自动开启排烟。当管道气流温度达到 280℃ 时，阀门靠装有易熔金属温度熔断器而自动关闭，切断气流，防止火灾蔓延。图 4-8 所示为远距离排烟防火阀示意图。

4）排烟风机：排烟风机也有离心式和轴流式两种类型。在排烟系统中一般采用离心式风机。排烟风机在构造性能上具有一定的耐燃性和隔热性，以保证输送烟气温度在

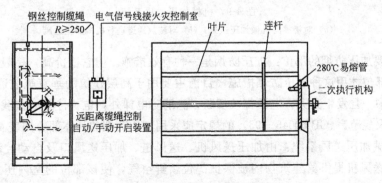

图 4-8　远距离排烟防火阀

280℃时能够正常连续运行 30min 以上。排烟风机装置的位置一般设于该风机所在的防火分区的排烟系统中最高排烟口的上部,并设在该防火分区的风机房内。风机外缘与风机房墙壁或其他设备的间距应保持在 0.6m 以上。排烟风机设有备用电源,且能自动切换。

排烟风机的启动采用自动控制方式,启动装置与排烟系统中每个排风口连锁,即在该排烟系统任何一个排烟口开启时,排烟风机都能自动启动。

3.2 防 烟 系 统

高层建筑的防烟有机械加压送风和密闭防烟两种方式。

3.2.1 机械加压送风

(1) 机械加压送风系统:对疏散通道的楼梯间进行机械送风,使其压力高于防烟楼梯间前室或消防电梯前室,而这些部位的压力又比走道和火灾房间要高些,这种防止烟气侵入的方式,称为机械加压送风方式。送风可直接利用室外空气,不必进行任何处理。烟气则通过远离楼梯间的走道外窗或排烟竖井排至室外。如图 4-9 所示为机械加压送风系统图。

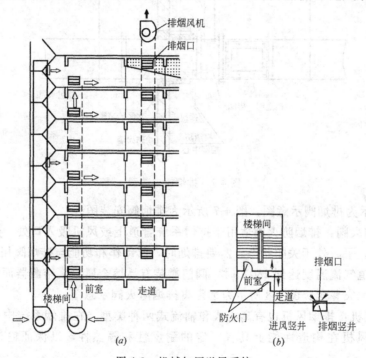

图 4-9　机械加压送风系统
(a) 对楼梯间机械加压送风; (b) 对疏散通道进行机械加压送风

(2) 需要加压防烟的部位:加压防烟是一种有效措施。但它造价高,一般只在一些重要建筑和重要部位才用这种加压防烟措施,目前主要用于高层建筑的垂直疏散通道和避难层。在高层建筑中一旦发生火灾,电源都被切断,除消防电梯外,电梯停运。按我国《高层民用建筑设计防火规范》(GB 50045—95) 的规定应采用加压防烟的具体部位如表 4-1 所示。

(3) 机械加压送风系统:由加压送风机、送风道、加压送风口及自动控制等组成。它是依靠加压送风机提供给建筑物内被保护部位新鲜空气,使该部位的室内压力高于火灾压力,形成压力差,从而防止烟气侵入被保护部位。

序号	需要防烟的部位	有无自然排烟的条件	建筑类别	加压送风部位
1	防烟楼梯间及前室	有或无	建筑高度超过 50m 的一类公共建筑和高度超过 100m 的居住建筑	防烟楼梯间
2	防烟楼梯间及其合用前室	有或无		消防电梯前室
3	防烟楼梯间	有或无		防烟楼梯间和合用前室
4	防烟楼梯间前室	无	除上述类别的高层建筑	防烟楼梯间
	防烟楼梯间	有或无		
5	防烟楼梯间	无		防烟楼梯间
	合用前室	有		
6	防烟楼梯间和合用前室	无		防烟楼梯间和合用前室
7	防烟楼梯间	有		前室或合用前室
	前室或合用前室	无		
8	消防电梯前室	无		消防电梯前室
9	避难层(间)	有或无		避难层(间)

1) 加压送风机:加压送风机可采用中、低压离心式风机或轴流式风机,其位置根据电源位置、室外新风入口条件、风量分配情况等因素来确定。

机械加压送风机的全压,除计算最不利环管压头外,尚有余压,余压值在楼梯间为 40～50Pa,前室、合用前室、消防电梯间前室、封闭避难层(间)为 25～30Pa。

2) 加压送风口:楼梯间的加压送风口一般采用自垂式百叶风口或常开的百叶风口。当采用常开的百叶风口时,应在加压送风机出口处设置止回阀。楼梯间的加压送风口一般每隔 2～3 层设置一个。前室的加压送风口为常开的双层百叶风口,每层均设一个。

3) 加压送风道:加压送风道采用密实不漏风的非燃烧材料。

4) 余压阀:为保证防烟楼梯间及前室、消防电梯前室和合用前室的正压值,防止正压值过大而导致门难以推开,为此在防烟楼梯间与前室,前室与走道之间设置余压阀以控制正压间的正压差不超过 50Pa。图 4-10 为余压阀结构示意图。

3.2.2 密闭防烟

对于面积较小,且其墙体、楼板耐火性能较好、密闭性好并采用防火门的房间,可以

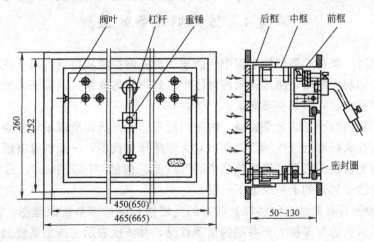

图 4-10 余压阀结构示意图

采取关闭房间使火灾房间与周围隔绝，让火情由于缺氧而熄灭的防烟方式，称密闭防烟。

3.3 防排烟系统的适用范围

《高层民用建筑设计防火规范》（GB 50045—95）根据我国目前的实际情况，认为设置防排烟系统的范围不是设置面越宽越好，而是既要从保障基本疏散安全要求、满足扑救活动需要、控制火势蔓延、减少损失出发，又能以节约投资为目标，保证突出重点。需要设置防烟、排烟设施的部位如下：

（1）一类高层建筑和建筑高度超过 32m 的二类高层建筑的下列部位应设排烟设施：

1）长度超过 20m 的内走道。

2）面积超过 100m²，且经常有人停留或可燃物较多的房间。

3）高层建筑的中庭和经常有人停留或可燃物较多的地下室。

（2）除建筑高度超过 50m 的一类公共建筑和建筑高度超过 100m 的居住建筑外，靠外墙的防烟楼梯间及前室，消防电梯前室和合用前室，宜采用自然排烟方式。

（3）一类高层建筑和建筑高度超过 32m 的二类高层建筑的下列部位，应设置机械排烟设施：

1）无直接自然通风，且长度超过 20m 的内走道或虽有直接自然通风，但长度超过 60m 的内走道。

2）面积超过 100m²，且经常有人停留或可燃物较多的地上无窗房间或设固定窗的房间。

3）不具备自然排烟条件或净空超过 12m 的中庭。

4）除利用窗井等开窗进行自然排烟的房间外，各房间总面积超过 200m² 或一个房间面积超过 200m²，且经常有人停留或可燃物较多的地下室。

（4）下列部位应设置独立的机械加压送风的防烟设施：

1）不具备自然排烟条件的防烟楼梯间及前室，消防电梯前室或合用前室。

2）采用自然排烟措施的防烟楼梯间，及其不具备自然排烟条件的前室。

3）封闭避难层（间）。

课题 4 防排烟设备的监控

发生火灾时以及在火势发展过程中，防排烟设备的控制和监视，对于正确地控制和监视防排烟设备的动作顺序，使建筑物内防排烟达到理想的效果，以保证人员的安全疏散和消防人员的顺利扑救，具有重要意义。

对于建筑物内的小型防排烟设备，因平时没有监视人员，所以不可能集中控制，一般当发生火灾时在火场附近进行局部操作；对大型防排烟设备，一般均设有消防控制中心来对其进行控制和监视。所谓"消防控制中心"就是一般的"防灾中心"，常将其设在建筑的疏散层或疏散层邻近的上一层或下一层。

图 4-11 表示具有紧急疏散楼梯及前室的高层楼房的排烟系统原理图。图中左侧纵轴表示火灾发生后火势逐渐扩大至各层的活动状况，并依次表示了排烟系统的操作方式。

首先，火灾发生时由烟感器感知，并在防灾中心显示所在分区。以手动操作为原则将

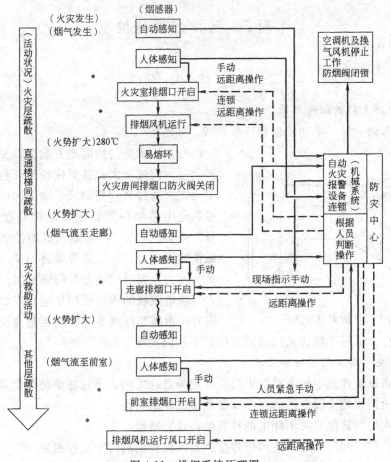

图 4-11　排烟系统原理图

注：1. 记号 * 表示防灾中心动作；2. 虚线表示辅助手段。

排烟口开启，排烟风机与排烟口的操作连锁启动，人员开始疏散。

火势扩大后，排烟风道中的阀门在温度达到 280℃ 时关闭，停止排烟（防止烟温过高引起火灾）。这时，火灾层的人员全部疏散完毕。

如果当建筑物不能由防火门或防火卷帘构成分区时，火势扩大，烟气扩散到走廊中来。对此，和火灾房间一样，由烟感器感知，防灾中心仍能随时掌握情况。这时打开走廊的排烟口（房间和走廊的排烟设备一般分别设置，即使火灾房间的排烟设备停止工作后，走廊的排烟设备也能运行）。

若火势继续扩大，温度达到 280℃ 时，防烟阀关闭，烟气流入作为重要疏散通道的楼梯间前室。这里的烟感器动作使防灾中心掌握烟气的流入状态。从而，在防灾中心，依靠远距离操作或者防灾人员到现场紧急手动开启排烟口。排烟口开启的同时，进风口也随即开启。

防排烟系统不同于一般的通风空调系统，该系统在平时是处于一种几乎不用的状况。但是，为了使防排烟设备经常处于良好的工作状况，要求平时应加强对建筑物内防火设备和控制仪表的维修管理工作，还必须对有关工作人员进行必要的训练，以便在失火时能及时组织疏散和扑救工作。

课题5 防排烟设施控制

5.1 防 火 门

5.1.1 防火门的构造与原理

防火门有防火锁、手动及自动环节组成，如图4-12所示。

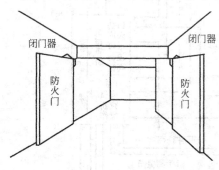

图4-12 防火门示意图

防火门锁按门的固定方式可以分为两种：一种是防火门被永久磁铁吸住处于开启状态，当发生火灾时通过自动控制或手动关闭防火门。自动控制是由感烟探测器或联动控制盘发来指令信号，使DC24V、0.6A电磁线圈的吸力克服永久磁铁的吸着力，从而靠弹簧将门关闭，手动操作是：人力克服磁铁吸力，门即关闭。另一种是防火门被电磁锁的固定销扣住呈开启状态。发生火灾时，由感烟探测器或联动控制盘发出指令信号使电磁锁动作，或用手拉防火门使固定销掉下，门关闭。

5.1.2 电动防火门的控制要求

（1）重点保护建筑中的电动防火门应在现场自动关闭，不宜在消防控制室集中控制。

（2）防火门两侧应设专用的感烟探测器组成控制电路。

（3）防火门宜选用平时不耗电的释放器，且宜暗设。

（4）防火门关闭后，应有关闭信号反馈到区控盘或消防中心控制室。

防火门设置实例如图4-13所示。图中 $S_1 \sim S_4$ 为感烟探测器，$FM_1 \sim FM_3$ 为防火门。当 S_1 动作后，FM_1 应自动关闭；当 S_2 或 S_3 动作后，FM_2 应自动关闭；当 S_4 动作后，FM_3 应自动关闭。

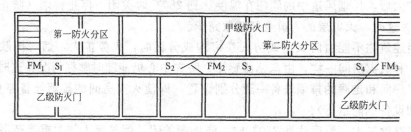

图4-13 防火门设置示意图

5.2 防火卷帘门

防火卷帘设置在建筑物中防火分区通道口处，可形成门帘或防火分隔。当发生火灾时，可根据消防控制室、探测器的指令或就地手动操作使卷帘下降至一定点，水幕同步供水（复合型卷帘可不设水幕），接受降落信号先一步下放，经延时后再二步落地，以达到人员紧急疏散、灾区隔烟、隔火、控制火灾蔓延的目的。卷帘电动机的规格一般为三相

380V，0.55~2kW，视门体大小而定。控制电路为直流 24V。

5.2.1 **电动防火卷帘门组成**

电动防火卷帘门安装示意图如图 4-14 所示，防火卷帘门控制程序如图所示，防火卷帘门控制程序如图 4-15 所示，防火卷帘门电气控制如图 4-16 所示。

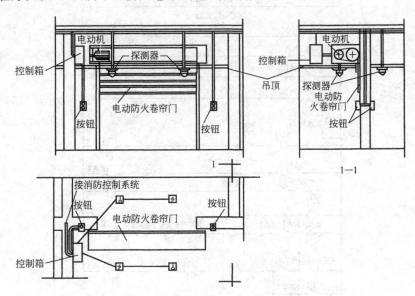

图 4-14 防火卷帘门安装示意图

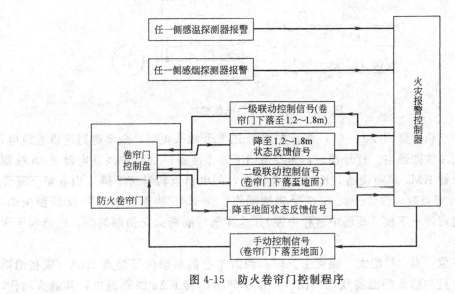

图 4-15 防火卷帘门控制程序

5.2.2 **防火卷帘门电气线路工作原理**

正常时卷帘卷起，且用电锁锁住，当发生火灾时，卷帘门分两步下放：

第一步下放：当火灾初期产生烟雾时，来自消防中心联动信号（感烟探测器报警所致）使触点 1KA（在消防中心控制器上的继电器因感烟报警而动作）闭合，中间继电器 KA1 线圈通电动作：（1）使信号灯 HL 亮，发出光报警信号；（2）电警笛 HA 响，发出声报警信号；（3）$KA1_{11\text{-}12}$ 号触头闭合，给消防中心一个卷帘启动的信号（即 $KA1_{11\text{-}12}$ 号

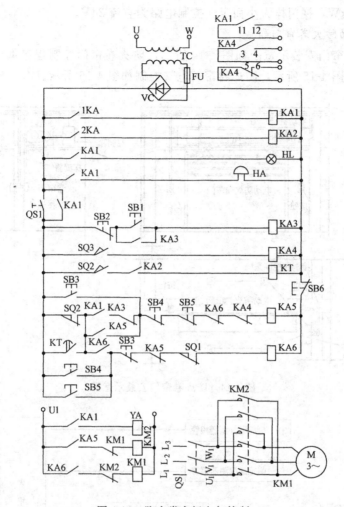

图 4-16　防火卷帘门电气控制

触头与消防中心信号灯相接）；（4）将开关 QS1 的常开触头短接，全部电路通以直流电；（5）电磁铁 YA 线圈通电，打开锁头，为卷帘门下降作准备；（6）中间继电器 KA5 线圈通电，将接触器 KM2 线圈接通，KM2 触头动作，门电机反转卷帘下降，当卷帘下降距地 1.2～1.8m 定点时，位置开关 SQ2 受碰撞动作，使 KA5 线圈失电，KM2 线圈失电，门电机停，卷帘停止下放（现场中常称中停），这样既可隔断火灾初期的烟，也有利于灭火和人员逃生。

第二步下放：当火势增大，温度上升时，消防中心的联动信号接点 2KA（安在消防中心控制器上且与感温探测器联动）闭合，使中间继电器 KA2 线圈通电，其触头动作，使时间继电器 KT 线圈通电。经延时（30s）后其触点闭合，使 KA5 线圈通电，KM2 又重新通电，门电机反转，卷帘继续下放，当卷帘落地时，碰撞位置开关 SQ3 使其触点动作，中间继电器 KA4 线圈通电，其常闭触点断开，使 KA5 失电释放，又使 KM2 线圈失电，门电机停止。同时 $KA4_{3-4}$ 号，$KA4_{5-6}$ 号触头将卷帘门完全关闭信号（或称落地信号）反馈给消防中心。

卷帘上升控制：当火扑灭后，按下消防中心的卷帘卷起按钮 SB4 或现场就地卷起按钮 SB5，均可使中间继电器 KA6 线圈通电，使接触器 KM1 线圈通电，门电机正转，卷帘上升，当上升到顶端时，碰撞位置开关 SQ1 使之动作，使 KA6 失电释放，KM1 失电，门电机停止，上升结束。

开关 QS1 用手动开、关门，而按钮 SB6 则用于手动停止卷帘升和降。

5.2.3 防火卷帘门联动设计实例

防火卷帘门在商场中一般设置在自动扶梯的四周及商场的防火墙处，用于防火隔断。现以商场扶梯四周所设卷帘门为例，说明其应用。如图 4-17 所示。感烟、感温探测器布置在卷帘门的四周，每樘（或一组门）设计配用一个控制模块、一个监视模块与卷帘门电控箱连接，以实现自动控制，动作过程是：感烟探测器报警→控制模块动作→电控箱发出卷帘门降半信号→感温探测器报警→监视模块动作→通过电控箱发出卷帘二步降到底信号。防火卷帘分为中心控制方式和模块控制方式两种，其控制框图如图 4-18 所示。

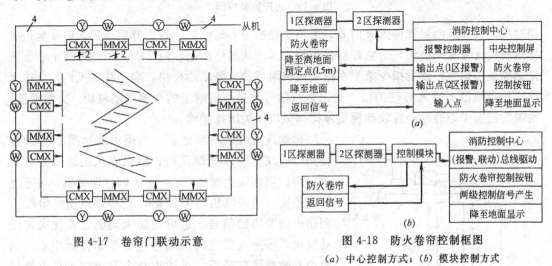

图 4-17 卷帘门联动示意　　　　　　图 4-18 防火卷帘控制框图
　　　　　　　　　　　　　　　　　（a）中心控制方式；（b）模块控制方式

5.3 正压风机控制

排烟机、送风机一般由三相异步电动机控制。其电气控制应按防排烟系统的要求进行设计，通常由消防控制中心、排烟口及就地控制组成。高层建筑中的送风机一般装在地下技术层或 2~3 层，排烟机构均装在顶层或上技术层。

正压风机按防火分区的火警信号即图 4-19 中的 K，当发生火灾时，K 闭合，接触器 KM 线圈通电，直接开启相应分区楼梯间或消防电梯前室的正压风机，对各层前室都送风，使前室中的风压为正压，周围的烟雾进不了前室，以保证垂直疏散通道的安全。由于它不是送风设备，高温烟雾不会进入风管，也不会危及风机，所以风机出口不设防火阀。除火警信号联动外，还可以通过联动模块在消防中心直接点动控制；另外设置就地启停控制按钮，以供调试及维修用，这些控制组合在一起，不分自控和手控，以免误放手控位置而使火警失控。火警撤消，则由火警联动模块送出 K′停机信号，使正压风机停。

5.4 排烟风机控制

排烟风机的风管上设排烟阀，这些排烟阀可以伸入几个防火分区。火警时，与排烟阀

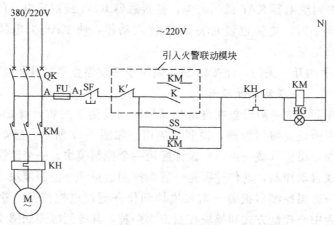

图 4-19　正压风机控制

相对应的火灾探测器探得火灾信号，由消防控制中心确认后，送出开启排烟阀信号至相应排烟阀的火警联动模块，由它开启排烟阀，排烟阀的电源是直流 24V。消防控制中心收到排烟阀动作信号，就发指令给装在排烟风机附近的火警联动模块，启动排烟风机，由排烟风机的接触器 KM 常开辅助接点送出运行信号至排烟机附近的火警联动模块。火警撤消，由消防控制中心通过火警联动模块停排烟风机、关闭排烟阀。

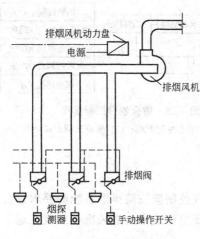

图 4-20　排烟系统示意

排烟风机吸取高温烟雾，当烟温度达到 280℃时，按照防火规范应停排烟风机，所以在风机进口处设置防火阀，当烟温达到 280℃，防火阀自动关闭，可通过触点开关（串入风机启停回路）直接停风机，但收不到防火阀关闭的信号。也可在防火阀附近设置火警联动模块，将防火阀关闭的信号送到消防控制中心，消防中心收到此信号后，再送出指令至排烟风机火警联动模块停风机，这样消防控制中心不但收到停排烟风机信号，而且也能收到防火阀的动作信号。

排烟系统示意如图 4-20 所示，控制原理如图 4-21 所示，就地控制启停与火警控制启停是合在一起，排烟阀直接由火警联动模块控制，每个火警联动模块控制一个排烟阀。发生火警时，消防控制中心收到排烟阀动作信号，即发出指令 K_x 闭合，使 KM 线圈通电自锁。火警撤消时，另送出 K'_x 闭合指令停风机。当烟温达到 280℃时，防火阀关闭后，KM 线圈失电断开，使风机停止。

5.5　排风与排烟共用风机控制

这种风机大部分用于在地下室、大型商场等场所，平时用于排风，火警时用于排烟。

装在风道上的阀门有两种形式：一是空调排风用的风阀与排烟阀是分开的，平时排风的风阀是常开型的，排烟阀是常闭型的。每天由 BA 系统按时启停风机进行排风，但风阀不动。火警时，由消防联动指令关闭全部风阀，按失火部位开启相应的排烟阀，再指令开启风机，进行排烟。火警撤消时，指令停风机，再由人工到现场手动开启排风阀，手动关

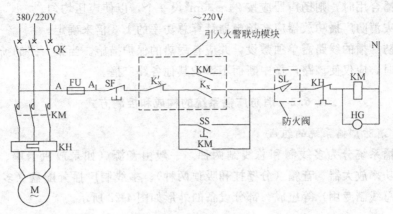

图 4-21　排烟风机控制

闭排烟阀，恢复到可以由 BA 系统指令排气或再次接受火警信号的控制。另一种是空调排风用的风阀与排烟阀是合一的，平时是常开的，可由 BA 系统按时指令风机开停，作排风用。火警时，由消防控制中心指令阀门全关，再由各个阀门前的烟感探测器送出火警信号后，开启相应的阀门，同时指令开启风机，进行排烟。火警撤消，由消防控制中心发指令停风机；同时开启所有风阀。由于风阀的开停及信号全部集中在消防控制中心，因此将阀门全开的信号送入控制回路，以防开启风机，部分阀门未开，达不到排风的要求。

　　排风排烟风机的进口也应设置防火阀，280℃自熔关闭，关阀信号送消防控制中心，再由消防控制中心发指令停风机。

课题 6　消　防　广　播

　　由于火灾发生后，现场非常混乱，为了便于组织人员快速安全地疏散以及广播通知有关救灾的事项，同时提高消防系统广播功能的可靠性。对一二级保护对象宜设置火灾消防广播系统。

6.1　火灾消防广播系统要求

　　（1）防火分区的走道、大厅、餐厅等公共场所，扬声器的设置数量应能保证防火分区中的任何部位到最近一个扬声器的步行距离不超过 15m，在走道交叉处或拐弯处应设扬声器，走到末端最后一个扬声器距离墙不大于 8m。每个扬声器的功率不小于 3W，实配功率不应小于 2W。

　　（2）客房内的扬声器设在多功能床头柜上，每个扬声器 1W。若床头柜不设火灾消防广播，则客房的走道设的火灾消防广播扬声器功率不小于 3W，间距不大于 10m。

　　（3）工业建筑内设置的扬声器，在其播放范围内最远点的播放声压级应高于背景噪声 15dB。

　　（4）在空调机房、洗衣机房、文娱场所、车库等有背景噪声干扰的场所，在其播放范围内的播放声压级应高于 15dB，按此确定扬声器的功率。

　　（5）餐厅、宴会厅、咖啡厅、酒吧间、商场营业厅等需要播放背景音乐，其扬声器与火灾消防广播合用时，则扬声器应按 24～30m² 设一个，以使声压均匀。

（6）火灾消防广播功放器应按扬声器计算总功率的 1.3 倍来确定。

（7）消防广播的线路需单独敷设，并应有耐热的保护措施。当某一路的扬声器、配线短路或开路时，应仅使该路广播中断而不影响其他各路广播。

6.2 消防广播系统的构成和控制方式

6.2.1 消防广播系统的组成

消防广播系统分为多线制和总线制两种。一般由音源（如录放机卡座、CD 机等）、播音话筒、功率放大器、音箱（分壁挂和吸顶两种）、多线制广播分配盘（多线制专用）、广播模块（总线制专用）等组成。部分设备的外形如图 4-22 所示。

音箱　　　　　　　LD-GBFP-100 多线制广播分配盘　　　　LD-8305 编码消防广播模块

图 4-22 消防广播系统部分设备的外形示意

（1）多线制消防广播系统：对外输出的广播线路按广播分区来设计，每一广播分区有二根独立的广播线路与现场放音设备连接，各广播分区的切换控制由消防控制中心专用的多线制消防广播分配盘来完成。多线制消防广播系统中心的核心设备为多线制广播分配盘，通过此切换盘，可完成手动对各广播分区进行正常或消防广播的切换。但是因为多线制消防广播系统的 N 个防火（或广播）分区，需敷设 $2N$ 条广播线路，导致施工难度大、工程造价高，所以在实际应用中已很少使用了。其系统构成如图 4-23 所示。

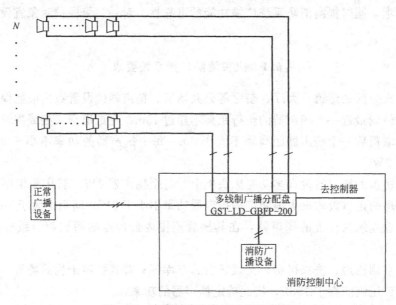

图 4-23 多线制消防广播系统示意图

178

（2）总线制消防广播系统，取消了广播分路盘，总线制广播系统主要由总线制广播主机、功率放大器、广播模块、扬声器组成，如图 4-24 所示。该系统使用和设计灵活，与正常广播配合协调，同时成本相对较低，所以应用相当广泛。

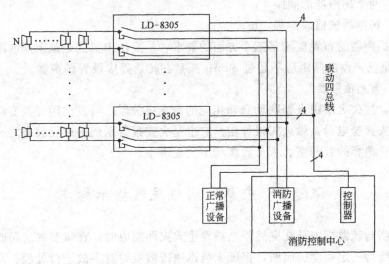

图 4-24　总线制火灾广播系统框图

以上两种系统都可与火灾报警设备成套供应，在购买火灾报警系统时厂家都可依据要求加配相关设备。

6.2.2　消防广播系统控制

（1）控制火灾广播的顺序：

1）2 层及 2 层以上的楼层发生火灾，可先接通火灾层及其相邻的上、下两层。

2）首层发生火灾，可先接通首层、2 层及地下各层。

3）地下室发生火灾，可先接通地下各层及首层，若首层与 2 层有跳空的共享空间时，也应包括 2 层。

（2）广播分路盘每路功率是有定量的，一般一路可接 8～10 个 3W 扬声器。分路配址应以报警区划分，以便于联动控制。

（3）火灾消防广播与背景音乐的切换方式：

1）大部分厂家生产的消防火灾广播设备采用在分路盘中抑制背景音乐声压级、提高消防火灾广播声压级的方式，这样做可使功放及输出线只需一套，方便又简洁。但对酒吧、宴会厅等背景音乐输出要调节音量时，则应从广播分路盘中用 3 条线引入扬声器，火灾时强切到第三条线路上为火灾广播，并切除第 2 条线路，即切除背景音乐。

2）用音源切换方式时背景音乐及消防火灾广播需要分开设置功放，每个功放分别输出背景音乐音源和消防广播音源，两路音源同时输入到每层的消防广播模块中，再由消防广播模块将经过其切换后声音信号输出到每层的所有音箱上，这样一来消防广播和背景音乐可以共用一套音箱，而音箱广播的内容则是通过消防广播模块统一控制的。此方法切换方便灵活，同时可以充分利用所有的音箱，避免浪费。

6.2.3　火灾应急广播扬声器的设置数量

设置数量应能保证从一个防火分区内的任何部位到最近一个扬声器的距离不大于

25m。当大厅中的扬声器按正方形布置时，其间距可按下式计算：

$$S=\sqrt{2}R \tag{4-1}$$

式中　S——两个扬声器的间距，m；

　　　R——扬声器的播放半径，m。

走道内扬声器的布置应满足三个方面的要求：一是扬声器到走道末端的距离不应大于12.5m；二是扬声器的间距应不超过50m；三是在转弯处应设置扬声器。

6.2.4　声光报警器

火警时，按失火层由火警联动启动相应的声光报警器，可发出闪光及变调音响，也可直接启动火灾火警电铃，做火灾报警用。它也是火灾报警系统的成套设备之一，常安装在消防楼梯间、电梯间及前室、人员较多场所的走道中。

课题 7　应急照明与疏散指示标志

应急照明与疏散标志是在突然停电或发生火灾而断电时，在重要的房间或建筑的主要通道，继续维持一定程度的照明，保证人员迅速疏散及时对事故进行处理。高层建筑、大型建筑及人员密集的场所（如商场、体育场等），必须设置应急照明和疏散指示照明。

7.1　应 急 照 明

（1）应急照明的设置部位

为了便于在夜间或在烟气很大的情况下紧急疏散，应在建筑物内的下列部位设置火灾应急照明：

1）封闭楼梯间、防烟楼梯间及其前室；消防电梯及其前室。

2）配电室、消防控制室、自动发电机房、消防水泵房、防烟排烟机房、供消防用电的蓄电池室、电话总机房、监控（BMS）中央控制室，以及在发生火灾时仍需坚持工作的其他房间。

3）观众厅，每层面积超过 1500m^2 展览厅、营业厅，建筑面积超过 200m^2 的演播室，人员密集且建筑面积超过 300m^2 的地下室及汽车库。

4）公共建筑内的疏散走道和长度超过 20m 的内走道。

（2）应急照明的设置要求

应急照明设置通常有两种方式：一种是设独立照明回路作为应急照明，该回路灯具平时是处于关闭状态，只有当发生火灾时，通过末级应急照明切换控制箱使该回路通电，使应急照明灯具点燃；另一种是利用正常照明的一部分灯具作为应急照明，这部分灯具既连接在正常照明的回路中，同时也被连接在专门的应急照明回路中。正常时，该部分灯具由于接在正常照明回路中，所以被点亮。当发生火灾时，虽然正常电源被切断但由于该部分灯具又接在专门的应急照明回路中，所以灯具依然处于点亮状态，当然要通过末级应急照明切换控制箱才能实现正常照明和应急照明的切换。

（3）供电要求

应急照明要采用双电源供电，除正常电源之外，还要设置备用电源，并能够在末级应急照明配电箱实现备电自投。

7.2 疏散指示照明

(1) 疏散指示照明设置部位

1) 消火栓处。

2) 防、排烟控制箱、手动报警器、手动灭火装置处。

3) 电梯入口处。

4) 疏散楼梯的休息平台处、疏散走道、居住建筑内长度超过20m内走道，公共出口处。

(2) 疏散指示照明设置要求

疏散指示照明应设在安全出口的顶部嵌墙安装，或在安全出口门边墙上距地2.2～2.5m处明装；疏散走道及转角处、楼梯休息平台处在距地1m以下嵌墙安装；大面积的商场、展厅等安全通道上采用顶棚下吊装。疏散指示照明设置示例如图4-25所示。疏散指示照明只需提供足够的照度，一般取$0.5l_x$，维持时间按楼层高度及疏散距离计算，一般为20～60min。

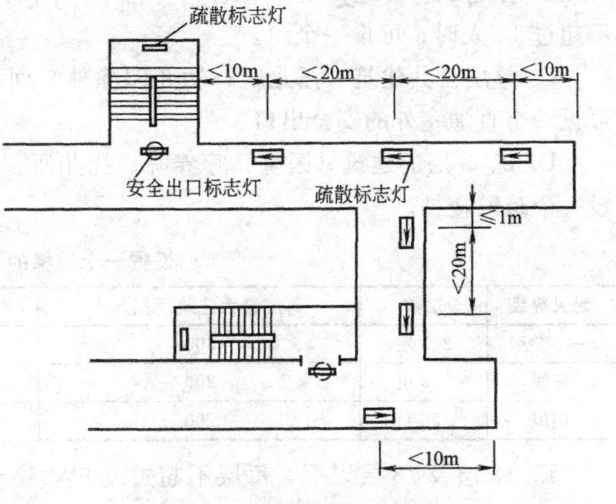

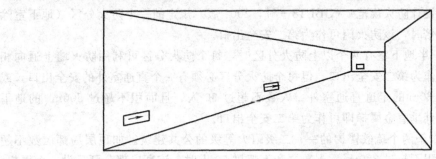

图 4-25 疏散指示灯设置示例

疏散指示照明器，按防火规范要求，采用白底绿字或绿底白字，并用箭头或图形指示疏散方向，以达到醒目效果，使光

图 4-26 疏散指示灯外形示意图

的距离传播较远。常见的疏散指示照明器包括：疏散指示灯和出入口指示灯，如图4-26、图4-27所示。

图 4-27 安全出口示意图

(3) 安全出口

1) 设置数量：公共建筑的安全出口不应少于两个。这样，万一有一个出口被烟火充塞时，人员还可以从另一个出口疏散。剧院、电影院和礼堂、观众厅的安全出口数量须根据容纳的人数计算确定。如容纳人数未超过2000人，每个

安全出口的平均疏散人数不应超过 250 人；容纳人数超过 2000 人时，每个安全出口的平均疏散人数不应超过 400 人。体育馆观众厅每个安全出口的平均疏散人数不宜超过 400～700 人（规模较小的观众厅宜采用接近下限值；规模较大的观众厅宜采用接近上限值）。

凡符合下列情况的，可只设一个安全出口：

A. 一个房间的面积不超过 60m² ，且人数不超过 50 人（普通建筑）、40 人（高层建筑）时，可设一个门；位于走道尽端的房间（托儿所、幼儿园除外）内最远一点到房门口的直线距离不超过 14m，且人数不超过 80 人时，也可设一个向外开启的门，但门的净宽不应小于 1.4m；如其面积不超过 60m² 时，门的净宽可适当减小。

B. 在建筑物的地下室、半地下室中，一个房间的面积不超过 50m² ，且经常停留人数不超过 15 人时，可设一个门。

C. 单层公共建筑（托儿所、幼儿园除外）面积超过 200m² ，且人数不超过 50 人时，可设一个直通室外的安全出口。

D. 2、3 层的建筑（医院、疗养院、托儿所、幼儿园除外）符合表 4-2 的要求时，可设一个疏散楼梯。

设置一个楼梯的条件　　　　　　　　　　　　　　表 4-2

耐火等级	层数	每层最大建筑面积/m²	人　数
一、二级	2、3 层	500	第 2 层和第 3 层人数之和不超过 100 人
三级	2、3 层	200	第 2 层和第 3 层人数之和不超过 50 人
四级	2 层	200	第 2 层人数不超过 30 人

E. 18 层及 18 层以下，每层不超过 8 户，建筑面积不超过 650m² ，且设有一座防烟楼梯和消防电梯（可与客梯合用）的塔式住宅，可设一个安全出口。单元式高层住宅的每个单元，可设一座疏散楼梯，但应通至屋顶。

F. 公共建筑中相邻两个防火分区的防火墙上如有防火门连通，且两防火分区面积之和不超过《建筑设计防火规范》（GBJ 18—87，2001 版）规定的一个防火分区（地下室除外）面积的 1.4 倍时，该防火门可作为第二安全出口。

G. 地下室、半地下室有两个以上防火分区时，每个防火分区可利用防火墙上通向相邻分区的防火门作为第二安全出口。但每个防火分区必须有一个直通室外的安全出口，或通过长度不超过 30m 的走道直通室外。人数不超过 30 人，且面积不超过 500m² 的地下室、半地下室，其垂直金属梯即可作为第二安全出口。

H. 设有不少于两个疏散楼梯的一、二级耐火等级的公共建筑。如顶层局部层数不超过两层，每层面积不超过 200m² ，人数之和不超过 50 人时，该高出部分可只设一个楼梯，但应另设一个直通平屋面的安全出口。

2）安全出口的宽度：在一个建筑物内的人员是否能在允许的疏散时间内迅速安全疏散完毕，与疏散人数、疏散距离、安全出口宽度三个主要因素有关。若安全出口宽度不足，则会延长疏散时间，不利于安全疏散，还会发生挤伤事故。

为了便于在实际工作中运用，确定安全出口总宽度的简便方法是预先按各种已知因素计算出一套"百人宽度指标"。运用时只要按使用人数乘上百人宽度指标即可，即：

安全出口的总宽度（m）＝疏散总人数（百人）×百人宽度指标（m/百人）

当每层人数不等时，其总宽度可分层计算，下层楼梯的总宽度按其上层人数最多一层的人数计算。底层外门的总宽度应按该层以上人数最多的一层人数计算，不供楼上人员疏散的外门，可按本层人数计算。

3）表达方式：如图 4-27 所示。

（4）供电要求

疏散指示照明的供电要求同应急照明。

课题 8　消 防 电 梯

电梯同火车、飞机、轮船一样，属于交通工具。电梯是高层建筑纵向交通的工具，而消防电梯则是在发生火灾时供消防人员扑救火灾和营救人员用的。火灾时，由于电源供电已无保障，因此无特殊情况不用客梯组织疏散。消防电梯控制一定要保证安全可靠。

消防控制中心在火灾确认后，应能控制电梯全部停于首层，并接受其反馈信号。电梯的控制有两种方式：一是将所有电梯控制的副盘显示设在消防控制中心，消防值班人员随时可直接操作，另一种是消防控制中心自行设计电梯控制装置（一般是通过消防控制模块实现），火灾时，消防值班人员通过控制装置，向电梯机房发出火灾信号和强制电梯全部停于首层的指令。在一些大型公共建筑里，利用消防电梯前的感烟探测器直接联动控制电梯，这也是一种控制方式，但是必须注意感烟探测器误报的危险性，最好还是通过消防中心进行控制。

消防电梯在火灾状态下应能在消防控制室和首层电梯门厅处明显的位置设有控制归底的按钮。消防在联动控制系统设计时，常用总线或多线控制模块来完成此项功能。如图 4-28 所示。

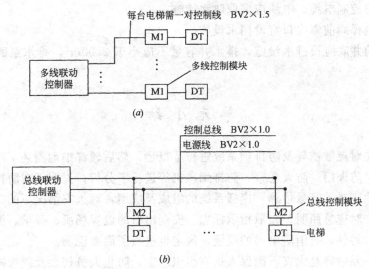

图 4-28　消防电梯控制系统示意图

（a）消防电梯多线制控制系统；（b）消防电梯总线制控制系统

（1）消防电梯的设置场所

1）一类公共建筑；

2）塔式住宅；

3）十二层及十二层以上的单元和通廊式住宅；

4）高度超过 32m 的其他二类公共建筑。

（2）消防电梯的设置数量

1）当每层建筑面积不大于 1500m² 时，应设 1 台；

2）当大于 1500m² 但小于或等于 4500m² 时，应设 2 台；

3）当大于 4500m² 时，应设 3 台；

4）消防电梯可与客梯或工作电梯兼用，但应符合消防电梯的要求。

（3）消防电梯的设置规定

1）消防电梯的载重量不应小于 800kg；

2）消防电梯轿厢内装修应用不燃材料；

3）消防电梯宜分别设在不同的防火分区内；

4）消防电梯轿厢内应设专用电话，并应在首层设置供消防队员专用的操作按钮；

5）消防电梯间应设前室，其面积：居住建筑不应小于 4.50m²，公共建筑不应小于 6.00m²。当与防烟楼梯间合用前室时，其面积：居住建筑不应小于 6.00m²；公共建筑不应小于 10m²。

6）消防电梯井、机房与相邻其他电梯井、机房之间应采用耐火极限不低于 2.00h 的隔墙隔开，当在隔墙上开门时，应设甲级防火门；

7）消防电梯间前室宜靠外墙设置，在首层应设直通外室的出口或经过长度不超过 30m 的通道通向室外；

8）消防电梯间前室的门，应采用乙级防火门或具有停滞功能的防火卷帘；

9）消防电梯的行驶速度，应按从首层到顶层的运行时间不超过 60s 计算确定；

10）动力与控制电缆、电线应采取防水措施；

11）消防电梯间前室门口宜设挡水设施。

消防电梯的井底应设排水设施，排水井容量不应小于 2.00m³，排水泵的排水量不应小于 10L/s。

单 元 小 结

本单元首先对疏散诱导及防排烟系统进行了概述，然后较详细地阐述了防排烟系统中的各种系统。对防火门、防火卷帘、防排烟风机等进行了分析；说明了对防排烟设备的监控；对火灾事故广播的容量估算，广播系统的组成及应用，对火灾情况下的广播方式及切换进行了论述；对应急照明\疏散指示标志、安全出口的设置场所、要求、设置方式进行了概括的叙述；另外，对消防电梯的设置、规定也进行了简要说明。

总之，本单元内容是火灾下确保人员有组织逃生，防止人员伤亡及损失减小的重要组成部分。

习 题 与 能 力 训 练

【习题部分】

1. 说明防烟分区是如何划分的，并说明防烟分区和防火分区的区别。

2. 简单介绍机械排烟系统的组成。

3. 说明排烟阀的使用场合及工作过程。

4. 说明排烟防火阀的使用场合及工作过程。

5. 简单介绍机械加压送风系统的组成。

6. 说明余压阀的作用。

7. 简要说明当发生火灾时，各防排烟设备是如何动作的。

8. 试说明防火卷帘的工作过程。

9. 简述安全出口的定义及数量要求。

10. 说明消防电梯的基本要求。

11. 挡烟垂壁的作用是什么？

12. 扬声器布置应注意考虑哪些因素？

13. 消防专用电话如何设置？

14. 说明疏散指示标志的间距及设置场所。

15. 火灾应急照明有哪些规定？

【能力训练】

训练1 防排烟系统实训要求：

(1) 熟悉防排烟设施；

(2) 进行防火卷帘二步降试验；

(3) 对排烟口及风机进行试验；

(4) 编出实训程序，实训后，写出实训报告。

训练2 广播通信、疏散及消防电梯实训要求：

(1) 分层广播、对讲；

(2) 疏散指示及火灾照明；

(3) 消防电梯的强降；

(4) 记录实训情况并写出实训报告。

单元 5　消防系统的供电、安装及布线接地

　　知 识 点：从消防供电入手，介绍了其特点、供电方式，接着详细地分析了消防设备的安装，最后对系统的布线与接地的相关方法、规定及要求进行了阐述。

　　教学目标：

　　(1) 了解消防系统供电特点；

　　(2) 熟悉消防布线要求与接地方法；

　　(3) 掌握消防设备的安装；

　　(4) 具有指导施工的能力；

　　(5) 教学法建议：在现场结合实际工程，边做边讲。

课题 1　消防系统的供电

1.1　对消防供电的要求及规定

　　建筑物中火灾自动报警及消防设备联动控制系统的工作特点是连续、不间断。为了保证消防系统的供电可靠性及配线的灵活性，根据《建筑设计防火规范》和《高层民用建筑设计防火规范》应满足下列要求：

　　(1) 火灾自动报警系统应设有主电源和直流备用电源；

　　(2) 火灾自动报警系统的主电源应采用消防电源，直流备用电源宜采用火灾报警控制器专用蓄电池。当直流电源采用消防系统集中设置的蓄电池时，火灾报警控制器应采用单独的供电回路，并能保证消防系统处于最大负荷状态下不影响报警器的正常工作；

　　(3) 火灾自动报警系统中的 CRT 显示器、消防通信设备、计算机管理系统、火灾广播等的交流电源应由 UPS 装置供电。其容量应按火灾报警器在监视状态下工作 24h 后，再加上同时有两个分路报火警 30min 用电量之和来计算；

　　(4) 消防控制室、消防水泵、消防电梯、防排烟设施、自动灭火装置、火灾自动报警系统、火灾应急照明和电动防火卷帘、门窗、阀门等消防用电设备，一类建筑应按现行国家电力设计规范规定的一类负荷要求供电；二类建筑的上述消防用电设备，应按二级负荷的两回线路要求供电；

　　(5) 消防用电设备的两个电源或两回线路，应在最末一级配电箱处自动切换；

　　(6) 对容量较大或较集中的消防用电设施（如消防电梯、消防水泵等）应自配电室采用放射式供电；

　　(7) 对于火灾应急照明、消防联动控制设备、报警控制器等设施，若采用分散供电

时，在各层（或最多不超过 3～4 层）应设置专用消防配电箱；

（8）消防联动控制装置的直流操作电压，应采用 24V；

（9）消防用电设备的电源不应装设漏电保护开关；

（10）消防用电的自备应急发电设备，应设有自动启动装置，并能在 15s 内供电，当由市电转换到柴油发电机电源时，自动装置应执行先停后送程序，并应保证一定时间间隔；

（11）在设有消防控制室的民用建筑工程中，消防用电设备的两个独立电源（或两回线路），宜在下列场所的配电箱处自动切换：

1）消防控制室；

2）消防电梯机房；

3）防排烟设备机房；

4）火灾应急照明配电箱；

5）各楼层配电箱；

6）消防水泵房。

1.2 消防设备供电系统

消防设备供电系统应能充分保证设备的工作性能，当火灾发生时能充分发挥消防设备的功能，将火灾损失降到最小。这就要求对电力负荷集中的高层建筑或一、二级电力负荷（消防负荷），一般采用单电源或双电源的双回路供电方式，用两个 10kV 电源进线和两台变压器构成消防主供电电源。

1.2.1 一类建筑消防供电系统

一类建筑（一级消防负荷）的供电系统如图 5-1 所示。

图 5-1 (a) 中，表示采用不同电网构成双电源，两台变压器互为备用，单母线分段提供消防设备用电源；图 5-1 (b) 中，表示采用同一电网双回路供电，两台变压器备用，单母线分段，设置柴油发电机组作为应急电源向消防设备供电，与主供电电源互为备用，满足一级负荷要求。

1.2.2 二类建筑消防供电系统

对于二类建筑（二级消防负荷）的供电系统如图 5-2 所示。

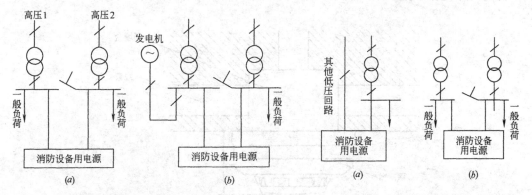

图 5-1　一类建筑消防供电系统　　　　图 5-2　二类建筑消防供电系统

(a) 不同电网；(b) 同一电网　　　　(a) 一路为低压电源；(b) 双回路电源

从图 5-2（a）中可知，表示由外部引来的一路低压电源与本部门电源（自备柴油发电机组）互为备用，供给消防设备电源；图 5-2（b）表示双回路供电，可满足二级负荷要求。

1.3　备用电源的自动投入

备用电源的自动投入装置（BZT）可使两路供电互为备用，也可用于主供电电源与应急电源（如柴油发电机组）的连接和应急电源自动投入。

1.3.1　备用电源自动投入线路组成

如图 5-3 所示，由两台变压器、1KM、2KM、3KM 三只交流接触器、自动开关 QF、手动开关 SA1、SA2、SA3 组成。

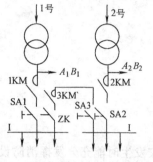

图 5-3　电源自动投入装置接线

1.3.2　备用电源自动投入原理

正常时，两台变压器分列运行，自动开关 QF 闭合状态，将 SA1、SA2 先合上后，再合上 SA3，接触器 1KM、2KM 线圈通电闭合，3KM 线圈断电触头释放。若母线失压（或 1 号回路掉电），1KM 失电断开，3KM 线圈通电其常开触头闭合，使母线通过 Ⅱ 段母线接受 2 号回路电源供电，以实现自动切换。

应当指出：两路电源在消防电梯、消防泵等设备端实现切换（末端切换）常采用备用电源自动投入装置，双电源自动投入控制线路在单元 3 中已作了讲述。

课题 2　消防系统的设备安装

2.1　探测器安装

2.1.1　常用探测器的安装

（1）探测器安装

探测器安装方式如图 5-4 所示。

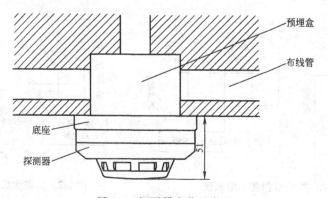

图 5-4　探测器安装示意图

接线盒可采用 86H50 型标准预埋盒，其结构尺寸如图 5-5 所示。

DZ-02 探测器通用底座示意图如图 5-6 所示。

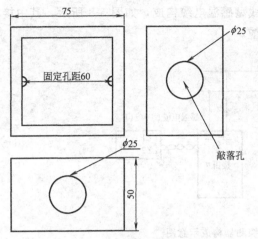

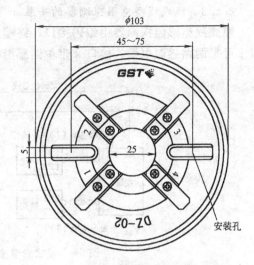

图 5-5　86H50 预埋盒外形示意图　　　　图 5-6　探测器通用底座外形示意图

底座上有 4 个导体片，片上带接线端子，底座上不设定位卡，便于调整探测器报警指示灯的方向。预埋管内的探测器总线分别接在任意对角的二个接线端子上（不分极性），另一对导体片用来辅助固定探测器。

待底座安装牢固后，将探测器底部对正底座顺时针旋转，即可将探测器安装在底座上。

（2）探测器的安装要求

1）探测器的底座应固定牢靠，其导线连接必须可靠压接或焊接。当采用焊接时，应使用带防腐剂的助焊剂；

2）探测器的确认灯应面向人员观察的主要入口方向；

3）探测器导线应采用红蓝导线；

4）探测器底座的外接导线，应留有不小于 15cm 的余量，入端处应有明显标志；

5）探测器底座的穿线宜封堵，安装完毕后的探测器底座应采取保护措施（以防进水或污染）；

6）探测器在即将调试时方可安装，在安装前妥善保管，并应采取防尘、防腐、防潮措施。

2.1.2　线型感温探测器的安装

（1）线型感温探测器适用于垂直或水平电缆桥架、可燃气体、容器管道、电气装置（配电柜、变压器）等的探测防护，如图 5-7 所示。

（2）线型感温探测器的安装不应妨碍例行的检查及运动部件的动作；

（3）用于电气装置时应保证安全

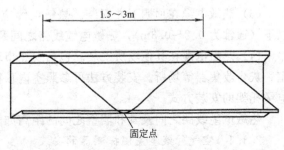

图 5-7　电缆桥架敷设

距离；

（4）应根据不同的环境温度来选择不同规格的探测器。

2.1.3 缆式线型感温探测器的安装

缆式线型感温探测器由编码接口、终端及线型感温电缆构成，如图 5-8 所示，其中接口 1 可带两路感温电缆，接口 n 带单路感温电缆。

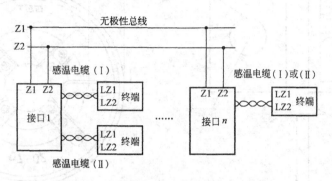

图 5-8 缆式线型感温探测器构成示意图

（1）接线盒、终端盒可安装在电缆隧道内或室内，并应将其固定在现场附近的墙壁上。安装于户外时，加外罩雨箱；

（2）热敏电缆安装在电缆托架或支架上，应紧贴电力电缆或控制电缆的外护套，呈正弦波方式敷设，如图 5-9 所示。固定卡具宜选用阻燃塑料卡具。

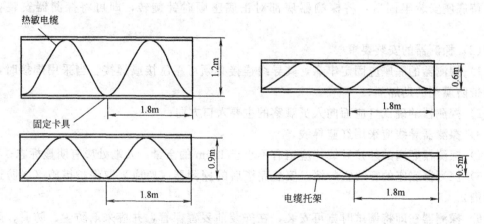

图 5-9 热敏电缆在电缆托架上的敷设方式

（3）热敏电缆在顶棚下方安装。热敏电缆应安装在其线路距顶棚垂直距离 $d = 0.5m$ 以下（通常为 $0.2 \sim 0.3m$），热敏电缆线路之间及其和墙壁之间的距离如图 5-10 所示。

（4）热敏电缆在其他场所安装。包括安在市政设施、高架仓库、冷却塔、袋室、沉渣室、灰尘收集器等场所。安装方法可参照室内顶棚下的方式，在靠近和接触安装时可参照电缆托架的安装方式。

热敏电缆线路之间及其和墙壁之间的距离如图 5-11 所示。

2.1.4 空气管线型差温探测器的安装

（1）使用安装时的注意事项

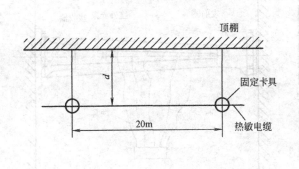

图 5-10　热敏电缆在顶棚下安装　　　　　图 5-11　热敏电缆线路之间及其和墙壁之间的距离

1) 安装前必须做空气管的流通试验，在确认空气管不堵、不漏的情况下再进行安装；

2) 每个探测器报警区的设置必须正确，空气管的设置要有利于一定长度的空气管足以感受到温升速率的变化；

3) 每个探测器的空气管两端应接到传感元件上；

4) 同一探测器的空气管互相间隔应在 5～7m 之内，当安装现场较高或热量上升后有阻碍以及顶部有横梁交叉几何形状复杂的建筑，间隔要适当减小；

5) 空气管必须固定在安装部位，固定点间隔在 1m 之内；

6) 空气管应安装在距安装面 100mm 处，难以达到的场所不得大于 300mm；

7) 在拐弯的部分空气管弯曲半径必须大于 5mm；

8) 安装空气管时不得使铜管扭弯、挤压、堵塞，以防止空气管功能受损；

9) 在穿通墙壁等部位时，必须有保护管、绝缘套管等保护；

10) 在人字架顶棚设置时，应使其顶部空气管间隔小一些，相对顶部比下部较密些，以保证获得良好的感温效果；

11) 安装完毕后，通电监视：用 U 形水压计和空气注入器组成的检测仪进行检验，以确保整个探测器处于正常状态；

12) 在使用过程中，非专业人员不得拆装探测器以免损坏探测器或降低精度；另外应进行年检以确保系统处于完好的监视状态。

(2) 安装实例

这里举空气管线型差温探测器在顶棚上安装实例，如图 5-12 所示。另外，当空气管需在人字形顶棚、地沟、电缆隧道、跨梁局部安装时，应按工程经验或厂家出厂说明进行。

2.1.5　红外光束线性火灾探测器（即光束感烟探测器）的安装（如图 5-13 所示）

(1) 将发射器与接收器相对安装在保护空间的两端且在同一水平直线上；

(2) 相邻两面束轴线间的水平距离不应大于 14m；

(3) 建筑物净高 $h \leqslant 5m$ 时，探测器到顶棚的距离 $h_2 = h - h_1 \leqslant 30cm$，如图 5-14 (a)所示（顶棚为平顶棚 H 面）；

(4) 建筑物净高 $5m \leqslant h \leqslant 8m$ 时，探测器到顶棚的距离为 $30cm \leqslant h_2 \leqslant 150cm$；

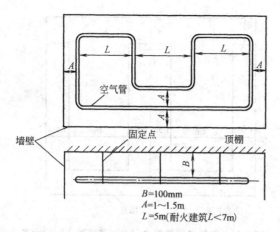

$B=100mm$
$A=1\sim1.5m$
$L=5m$(耐火建筑$L<7m$)

图 5-12 空气管探测器在顶棚上安装示意图

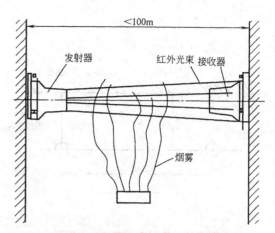

图 5-13 红外光束感烟探测器安装示意图

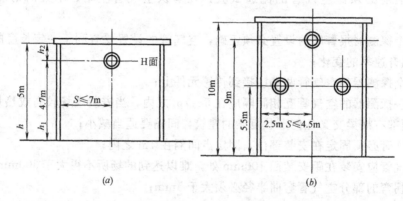

(a)   (b)

图 5-14 不同层间高度时探测器的安装方式
(a) 平顶层；(b) 高大平顶层

（5）建筑物净高 $h>8m$ 时，探测器需分层安装，一般 h 在 $8\sim14m$ 时分两层安装，如图 5-14（b）所示，h 在 $14\sim20m$ 时，分三层安装（图中 S 为距离）；

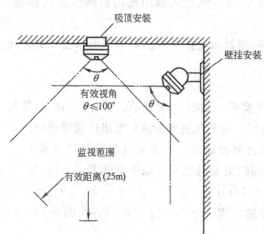

图 5-15 火焰探测器有效视角的安装方式

（6）探测器的安装位置要远离强磁场；

（7）探测器的安装位置要避免日光直射；

（8）探测器的使用环境不应有灰尘滞留；

（9）应在探测器相对面空间避开固定遮挡物和流动遮挡物；

（10）探测器的底座一定要安装牢固，不能松动。

2.1.6 火焰探测器的安装说明

（1）火焰探测器适用于封闭区域内易燃液体、固体等的储存加工部分；

（2）探测器与顶棚、墙体以及调整螺栓的固定应牢固，以保证透镜对准防护区域；

（3）不同产品有不同的有效视角和监视

距离，如图 5-15 所示；

（4）在具有货物或设备阻挡探测器"视线"的场所，探测器靠接收火灾辐射光源动作，如图 5-16 所示。

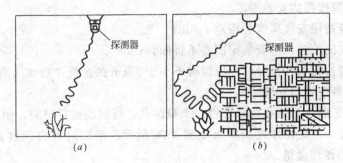

（a）　　　　　　　　　　　　（b）

图 5-16　火焰探测器受光线的作用图
（a）光线直射；（b）光线反射

2.1.7　可燃气体探测器的安装方式

可燃气体探测器的安装应符合下列要求：

（1）可燃气体探测器应安装在距煤气灶 4m 以内，距地面应为 30cm，如图 5-17（a）所示；

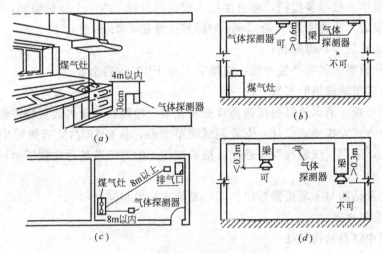

图 5-17　可燃气体探测器的设置方式

（2）梁高大于 0.6m 时，气体探测器应安装在有煤气灶的梁的一侧，如图 5-17（b）所示；

（3）气体探测器应安装在距煤气灶 8m 以内的屋顶板上，当屋内有排气口时，气体探测器允许装在排气口附近，但是位置应距煤气灶 8m 以上，如图 5-17（c）所示；

（4）在室内梁上安装探测器时，探测器与顶棚距离应在 0.3m 以内，如图 5-17（d）所示。

2.1.8　设置火灾探测器的注意事项

这里列举的探测器的设置方式是实际常见的典型做法，具体实际的工程现场情况千变万化，不可能一一列举出来，安装者应根据安装规范要求灵活掌握。

2.2 报警附件安装

2.2.1 手动报警按钮的安装

(1) 手动报警按钮的安装要求

1) 手动报警按钮安装高度为距地 1.5m；

2) 手动火灾的按钮，应安装牢固并不得倾斜；

3) 手动报警按钮的外接导线，应留有不小于 10cm 的余量，且在其端部有明显标志。

(2) 手动报警按钮的安装

手动报警按钮底盒背面和底部各有一个敲落孔，可明装也可暗装，明装时可将底盒装在 86H50 预埋盒上，安装方式如单元 2 图 2-69 所示。暗装时可将底盒装进埋入墙内的 YM—02C 型专用预埋盒里。

按规范要求，手动报警按钮旁应设计消防电话插孔，考虑到现场实际安装调试的方便性，将手动报警按钮与消防电话插座设计成一体，构成一体化手动报警按钮。按钮采用拔插式结构，可电子编码，安装简单、方便。

手动报警按钮（带消防电话插座）安装方法与上述手动报警按钮相同。

2.2.2 消火栓报警按钮的安装

(1) 消火栓报警按钮的安装要求

1) 编码型消火栓报警按钮，可直接接入控制器总线，占一个地址编码；

2) 墙上安装，底边距地 1.3～1.5m，距消火栓箱 200mm 处；

3) 应安装牢固并不得倾斜；

4) 消火栓报警按钮的外接导线，应留有不小于 10cm 的余量。

(2) 消火栓报警按钮的安装

按新规范要求，消火栓报警按钮通常安装在消火栓箱外，新兴的报警按钮采用电子编码技术，安装方式为拔插式设计，安装调试简单方便；具有 DC24V 有源输出和现场设备无源回答输入，采用三线制与设备连接。报警按钮上的有机玻璃片在按下后可用专用工具复位。

外形尺寸及结构与手动报警按钮相同，安装方法也相同。

2.2.3 总线中继器

(1) 总线中继器结构特征

总线中继器的外形尺寸及结构如图 5-18 所示。

(2) 总线中继器的安装

总线中继器的安装采用 M3 螺钉固定，室内墙上安装。

2.2.4 消防广播设备安装

(1) 用于事故广播扬声器间距，不超过 25m；

(2) 广播线路单独敷设在金属管内；

(3) 当背景音乐与事故广播共用的扬声器有音量调节时，应有保证事故广播音量的措施；

(4) 事故广播应设置备用扩音机（功率放大器），其容量不应小于火灾事故广播扬声器的三层（区）扬声器容量的总和。

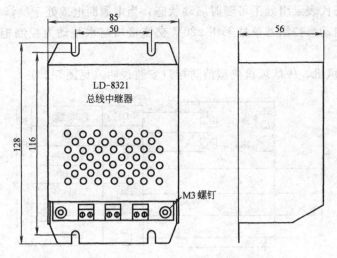

图 5-18　LD-8321 总线中继器外形示意图

2.2.5　消防专用电话安装

（1）消防电话墙上安装时其高度宜和手动报警按钮一致，距地 1.5m；

（2）消防电话位置应有消防专用标记。

2.2.6　消防联动控制现场模块（接口）的安装

消防联动控制设备均与各种现场模块相接，不同厂家的产品，不同的消防设备与现场模块的接线各有差异，安装时综合考虑产品样本和控制功能，下面针对一些典型现场模块作简要说明：

（1）工频互投泵组典型消防接口安装（如图 5-19 所示）

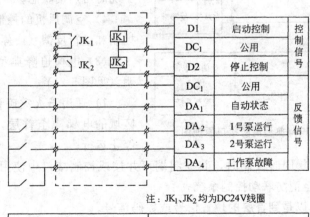

注：JK₁、JK₂ 均为DC24V线圈

被控设备		消防设备
控制回路	控制接口	消防联动控制系统

图 5-19　工频互投泵组典型消防接口原理图

1）适用于火灾确认后，需要消防用水而自动或手动启动消火栓加压泵或喷淋加压泵组（一用一备形式）；

2）在水泵动力控制柜中应能实现工作泵启动故障时备用泵能自动投入；

3）自动状态代表泵组处于可随时启动状态，当电源断电或处于检修状态时应灭灯；

4）消火栓启动泵按钮若单独采用 220V 交流接口与水泵动力控制柜连接时，其控制线路应单独敷设。

（2）正压送风机、排烟风机典型消防接口安装说明（见图 5-20）

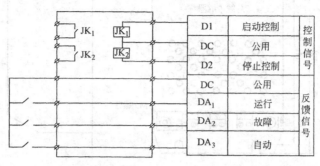

		D1	启动控制	控制信号
		DC	公用	
		D2	停止控制	
		DC	公用	反馈信号
		DA₁	运行	
		DA₂	故障	
		DA₃	自动	

注：JK_1、JK_2 均为 DC24V 线圈

被控设备		消防设备
控制回路	控制接口	消防联动控制系统

图 5-20　正压送风机、排烟风机典型消防接口原理图

1）适用于火灾报警后，启动相关区域的防排烟风机；

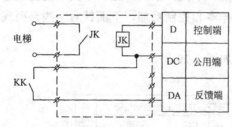

被控设备		消防设备
主回路	控制接口	消防联动控制系统

图 5-21　电梯迫降典型消防接口原理图

2）本例中风机属防排烟系统中的核心设备，宜设置停止功能；

3）反馈信号中自动状态代表风机处于随时可启动状态；

4）空调风机的控制接口仅保留停止控制和运行反馈（或停止信号）。

（3）电梯迫降典型消防接口安装说明（见图 5-21）

1）适用于火灾确认后，将所有相关区域的电梯降至首层，开门停机，扶梯停止运行；

2）当有多部电梯同时控制时，其控制端可并接或控制接口中使用扩展继电器接点；反馈信号宜单独引至消防联动控制系统；

3）反馈信号可以是到首层的位置信号或数码信号。

（4）防火卷帘门典型消防接口安装说明（见图 5-22）

1）适用于火灾确认后，迫降相关区域内的防火卷帘门，实现防火阻隔的目的；

2）当用于一步降防火卷帘门或延时二步降的防火卷帘门时，不使用二步降控制及二步反馈信号；

3）控制卷帘门下降的信号可同时控制防护卷帘门的水幕等的控制阀，但需考虑驱动电流。

（5）灭火控制典型接口安装说明（见图 5-23）

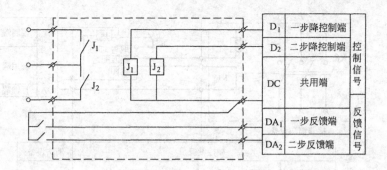

被控设备		消防设备
控制回路	控制接口	消防联动控制系统

图 5-22　防火卷帘门典型消防接口原理图

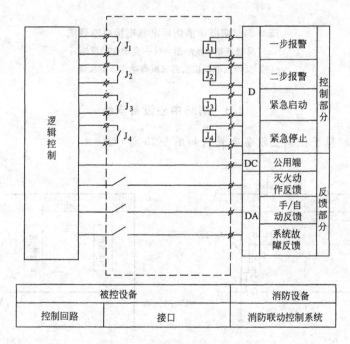

被控设备		消防设备
控制回路	接口	消防联动控制系统

图 5-23　灭火控制典型接口原理图

1）适用于火灾确认后启动灭火控制盘（一般安装在现场），例如气体灭火系统、雨淋灭火系统、水雾系统等；

2）紧急停止信号一般用于火灾确认后需延时启动灭火系统；

3）当灭火系统设置灭火剂（气体、水等）的压力或质量等自动监测时，其故障信号应并入系统故障信号。

（6）切断非消防用电典型接口安装说明（见图 5-24）

1）适用于火灾确认后动作，以切断火灾区域的非消防设备的电源；

2）施工中特别注意低压直流与高压交流线路的绝缘、颜色区分等。

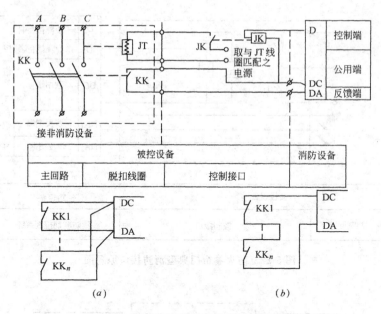

图 5-24 切断非消防用电典型接口原理图

(a) 反馈点并联接法图（任一点动作即反馈）；

(b) 反馈点串联接法图（所有动作才有反馈）

2.3 消防中心设备安装

2.3.1 消防报警控制室设备布置（如图 5-25 所示）

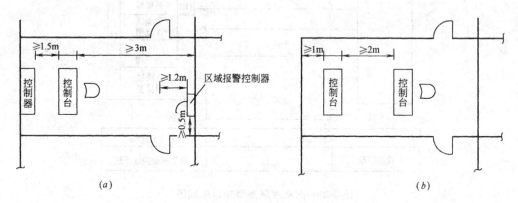

图 5-25 消防报警控制室设备布置示意图

(a) 布置图；(b) 双列布置图

（1）壁挂式设备靠近门轴的侧面距离不应小于 0.5m。

（2）控制盘的排列长度大于 4m 时，控制盘两端应设置宽度不小于 1m 的通道。

2.3.2 火灾报警控制器的安装

（1）火灾报警控制器在墙上安装时，其底边距地（楼）面高度不应小于 1.5m；

（2）控制器应安装牢固，不得倾斜；安装在轻质墙上时，应采取加固措施；

（3）引入控制器的电缆导线，应符合下列要求：

1）配线整齐，避免交叉并应固定牢靠；

2）电缆芯线和所配导线的端部，均应标明编号，并与图纸一致，字迹清晰不易褪色；

3）端子板的每个接线端，接线不得超过2根；

4）电缆芯和导线，应留不小于20cm的余量；

5）导线应绑扎成束；

6）在进线管处应封堵。

（4）控制器的主电源引入线，应直接与消防电源连接，严禁使用电源插头，主电源应有明显标志；

（5）控制器的接地、应牢固，并有明显标志。

2.3.3 消防控制设备的安装

（1）消防控制设备在安装前，应进行功能检查，不合格者不得安装；

（2）消防控制设备的外接导线，当采用金属软管作套管时，其长度不宜大于2m，且应采用管卡固定，其固定点间距不应大于0.5m；金属软管与消防控制设备的接线盒（箱），应采用锁紧螺母固定，并应根据配管规定接地；

（3）消防控制设备外接导线和端部，应有明显标志；

（4）消防控制设备盘（柜）内不同电压等级、不同电流类的端子，应分开并有明显标志。

课题3 消防系统的布线与接地

3.1 布线及配管

布线及配管如表5-1所列。

火灾自动报警系统用导线最小截面 表 5-1

类 别	线芯最小截面（mm²）	备 注
穿管敷设的绝缘导线	1.00	
线槽内敷设的绝缘导线	0.75	
多芯电缆	0.50	
由探测器到区域报警器	0.75	多股铜芯耐热线
由区域报警器到集中报警器	1.00	单股铜芯线
水流指示器控制线	1.00	
湿式报警阀及信号阀	1.00	
排烟防火电源线	1.50	控制线＞1.00mm²
电动卷帘门电源线	2.50	控制线＞1.50mm²
消火栓控制按钮线	1.50	

（1）火灾自动报警系统的传输线路应采用铜芯绝缘导线或铜芯电缆，其电压等级不应低于交流250V，线芯最小截面一般应符合表5-3的规定。

（2）火灾探测器的传输线路宜采用不同颜色的绝缘导线，以便于识别，接线端子应有标号。

（3）配线中使用的非金属管材、线槽及其附件，均应采用不燃或非延燃性材料制成。

（4）火灾自动报警系统的传输线，当采用绝缘电线时，应采取穿管（金属管或不燃、难燃型硬质、半硬质塑料管）或封闭式线槽进行保护。

（5）不同电压、不同电流类别、不同系统的线路，不可共管或在线槽的同一槽孔内敷设。横向敷设的报警系统传输线路，若采用穿管布线，则不同防火分区的线路不可共管敷设。

（6）消防联动控制、自动灭火控制、事故广播、通信、应急照明等线路，应穿金属管保护，并宜暗敷设在非燃烧体结构内，其保护层厚度不宜小于3cm。当必须采用明敷设时，则应对金属管采取防火保护措施。当采用具有非延燃性绝缘和护套的电缆时，可以不穿金属保护管，但应将其敷设在电缆竖井内。

（7）弱电线路的电缆宜与强电线路的电缆竖井分别设置。若因条件限制，必须合用一个电缆竖井时，则应将弱电线路与强电线路分别布置在竖井两侧。

（8）横向敷设在建筑物的暗配管，钢管直径不宜大于25mm；水平或垂直敷设在顶棚内或墙内的暗配管，钢管直径不宜大于20mm。

（9）从线槽、接线盒等处引至火灾控测器的底座盒、控制设备的接线盒、扬声器箱等的线路，应穿金属软管保护。

3.2　消防系统的接地

为了保证消防系统正常工作，对系统的接地规定如下：

（1）火灾自动报警系统应在消防控制室设置专用接地板，接地装置的接地电阻值应符合下列要求：当采用专用接地装置时，接地电阻值不大于4Ω；当采用共用接地装置时，接地电阻值不应大于1Ω。

（2）火灾报警系统应设专用接地干线，由消防控制室引至接地体。

（3）专用接地干线应采用铜芯绝缘导线，其芯线截面积不应小于25mm²，专用接地干线宜穿硬质型塑料管埋设至接地体。

（4）由消防控制室接地板引至各消防电子设备的专用接地线应选用铜芯塑料绝缘导线，其芯线截面积不应小于4mm²。

（5）消防电子设备凡采用交流供电时，设备金属外壳和金属支架等应作保护接地，接地线应与电气保护接地干线（PE线）相连接。

（6）区域报警系统和集中报警系统中各消防电子设备的接地亦应符合上述（1）～（5）条的要求。

单 元 小 结

本单元共分为三部分内容：消防系统的供电、安装与接地。

从消防系统供电入手，概述了消防供电的要求及规定、消防设备供电系统及备用电源的自动投入；对消防系统探测器的安装，报警附件的安装（包括手动报警按钮、消火栓报警按钮、消防专用电话、灭火设备、防火卷帘、消防电梯、非消防电源的安装）进行了详细地介绍；最后对消防系统的布线、配管及接地进行了说明。消防系统的安装是本单元的核心内容。

习题与能力训练

【习题部分】

1. 常用探测器的安装有哪些特点及要求？
2. 特殊探测器的安装有哪些特点及要求？
3. 报警附件有哪些？如何安装？
4. 消防中心设备安装有何要求？
5. 消防系统的布线有何要求？
6. 简述消防系统的接地装置的安装要求。
7. 消防系统的供电要求与规定有哪些？
8. 简述手动报警按钮的安装要求。
9. 消防中心控制设备的安装要求有哪些？
10. 系统布线有哪些规定？
11. 消防广播如何安装？

【能力训练】

训练1　对一个探测器、手报或消报的安装进行实地考察，必要时可进行拆装，同时写出实训报告；

训练2　对一个联动模块的安装进行实地考察，必要时可进行拆装，同时写出实训报告；

训练3　消防中心设备的安装实训要求：

（1）目的：能施工、会操作；

（2）设备：自行设计并选取；

（3）写出训练步骤；

（4）模拟安装；

（5）做好消防中心接地的考虑，应满足布线的要求；

（6）写出训练报告。

单元6 消防系统的调试验收及维护

知识点：首先详细地叙述了消防系统各环节的调试项目及步骤，对验收要求和维护方法进行了说明；最后作者根据多年的工程实践给出了施工与调试的配合及消防报警设备的选择技巧。为本书的独到之处。

教学目标：

（1）了解火灾自动报警及联动控制系统施工时应该符合哪些规定、验收前系统的调试内容、检测验收时所包含的项目、交付使用后要进行的维护与保养知识；

（2）掌握验收条件及维护方法；

（3）具有独立调试和维护的能力；

（4）学会施工与调试的配合及消防报警设备的选择技巧；

（5）教学法建议：结合现场实际工程，边做边讲。

课题1 概 述

消防系统在安装完成后即进入系统调试阶段。所谓的系统调试就是对已经安装完毕的各子系统，按照国家消防有关规范要求及现场实际情况需要调整相关组件和设施的参数，使其性能达到国家有关消防规范及使用的要求，以便保证火灾发生时有效发挥作用的工作过程。从该阶段的性质上讲分为两个小阶段：

第一阶段，即各子系统单独调试。各子系统（例如通风、排烟、消防水系统）分别按照国家有关消防规范对其性能、指标和参数进行调整，通过模拟火灾方式实际测量其系统参数，直至达到规范及使用的要求为止；第二阶段，在各子系统已经完成自身系统调试工作并达到规范及使用的要求后，以自动报警联动系统为中心，按照规范使用要求进行消防系统自动功能整体调试（例如外部设备定义、联动编程等）。从时间上讲也应是先完成第一阶段的内容后再进行第二阶段工作，按照这样顺序第一阶段是各工种分别按照自己的专业进行工作，既不浪费劳动力也能为第二阶段顺利进行做好准备工作，第二阶段的工作以电气专业为主进行联动关系调试，其他专业配合。第二阶段的调试过程也是检验各子系统在第一阶段调试中所达到参数的稳定性的过程。

消防系统的验收是在调试后交工前的一项重要内容，消防系统交工技术保证资料必须符合要求。系统的维护与保养是竣工后的长期任务，也是系统安全运行的关键。

课题2 消防系统的开通调试

这里介绍的消防系统的开通调试主要有：系统稳压装置的调试；室内消火栓系统的调

试；自动喷水灭火系统的调试；防排烟系统的调试；防火卷帘门的调试等，下面分别阐述。

2.1 系统稳压装置的调试

系统的稳压装置是消防水系统的一个重要设施，它是保证消火栓灭火系统和自动喷淋灭火系统能否达到设计和规范要求及主要设备能否满足火灾初期 10min 灭火的基础。在高层建筑中稳压装置有稳压水泵和气压罐给水设备等。我们这里主要介绍一下隔膜式气压给水设备的调试。隔膜式气压给水设备的调试工作主要是对其压力值的设定，其设定方式可参考以下方法进行：

2.1.1 压力设置原则

压力设置的原则主要是使消防给水管道最不利点的压力始终保持防火所需的要求。

2.1.2 消防系统最不利点所需压力 P_1 的计算

按照稳压设备安装的位置，P_1 的计算方法分以下几种：

(1) 安装在底层的稳压设备从水池吸水时，消火栓系统中最不利点所需压力 P_1 的计算式为：

$$P_1 = H_1 + H_2 + H_3 + H_4 \quad (mH_2O)$$

式中　H_1——自水池最低水位至最不利点消火栓的几何高度；

　　　H_2——管道系统的沿程和局部压力损失之和；

　　　H_3——水龙带及消火栓本身的压力损失；

　　　H_4——水枪喷射充实水柱长度所需压力。

(2) 稳压设备安装在高位水箱间，水箱以自灌吸水方式工作时，消火栓系统压力 P_1 计算式为：

$$P_1 = H_3 + H_4 \quad (mH_2O)$$

(3) 稳压设备安装在底层从水池吸水时，自动喷水灭火系统的压力 P_1 计算式为：

$$P_1 = \sum H + H_0 + H_r + Z \quad (mH_2O)$$

式中　$\sum H$——自动喷水管道至最不利点喷头的沿程和局部压力损失之和；

　　　H_0——最不利点喷头的工作压力；

　　　H_r——报警阀的局部水头损失；

　　　Z——最不利点喷头与水池最低水位（或供水干管）之间的几何高度。

(4) 稳压设备安装在高位水箱间，从水箱自灌吸水且最不利点喷头低于设备时，自动喷水灭火系统的压力计算式为：

$$P_1 = \sum H + H_0 + H_r \quad (mH_2O)$$

2.1.3 消防泵启动压力 P_2 的计算

在工程中通常将 $P_2 - P_1$ 的值设定在 0.1MPa 左右。

2.1.4 稳压泵启动压力 P_{s1} 的计算

$$P_{s1} = P_2 + (0.02 \sim 0.03) \quad (MPa)$$

2.1.5 稳压泵停泵压力 P_{s2} 的计算

$$P_{s2} = P_{s1} + (0.05 \sim 0.06) \quad (MPa)$$

按照上述的要求设定压力，压力设定后应进行压力限位试验，观察加压水泵在压力下限时能否启泵，在达到系统设置的上限时能否停止。

2.2　室内消火栓系统的调试

在消防灭火设施中最常用也是系统形式最简单的就是消火栓系统。这里我们所指的消火栓系统仅以高层建筑室内消火栓系统为例加以说明，且该室内消火栓系统的稳压装置是采用隔膜式气压罐给水装置。该系统调试时应按照以下步骤进行。

2.2.1　系统的水压强度试验

消火栓系统在完成管道及组件安装后，应首先进行水压强度试验。水压强度试验的压力值应按照下列方式设定：当系统设计压力等于或小于1.0MPa时，水压强度试验压力为设计工作压力的1.5倍，并不应低于1.4MPa；当系统设计工作压力大于1.0 MPa时，水压强度试验压力应为工作压力加上0.4MPa。

做水压试验时应考虑试验时的环境温度，如果环境温度低于5℃时，水压试验应采取防冻措施。

水压强度试验的测试点应设在系统管网的最低点。对管网注水时，应将管网内的空气排净，并应缓慢升压，达到试验压力后稳压30min，观察管网应无泄漏和无变形，且压力降不应大于0.05MPa。

2.2.2　消火栓系统水压严密性试验

消火栓系统在进行完水压强度试验后应进行系统水压严密性试验。试验压力应为设计工作压力，稳压为24h，应无泄漏。

2.2.3　系统工作压力设定

消火栓系统在系统水压和严密性试验结束后，进行稳压设施的压力设定，稳压设施的稳压值应保证最不利点消火栓的静压力值满足设计要求。当设计无要求时最不利点消火栓的静压力应不小于0.2MPa。

2.2.4　静压测量

当系统工作压力设定后，下一步是对室内消火栓系统内的消火栓栓口静水压力和消火栓栓口的出水压力进行测量。静水压力不应大于0.80MPa，出水压力不应大于0.50MPa。

当测量结果大于以上数值时应采用分区供水或增设减压装置（如减压阀等），使静水压力和出水压力满足要求。

2.2.5　消防泵的调试

上述调试工作结束后开始进行消防泵的调试。

在消防泵房内通过开闭有关阀门将消防泵出水和回水构成循环回路，保证试验时启动消防泵不会对消防管网造成超压。

以上工作完成后，将消防泵控制装置转入到手动状态，通过消防泵控制装置的手动按钮启动主泵，用钳型电流表测量启动电流，用秒表记录水泵从启动到正常出水运行的时间，该时间不应大于5min，如果启动时间过长，应调节启动装置内的时间继电器，减少降压过程的时间。

主泵运行后观察主泵控制装置上的启动信号灯是否正常，水泵运行时是否有周期性噪声发出，水泵基础连接是否牢固，通过转速仪测量实际转速是否与水泵额定转速一致，通过消防泵控制装置上的停止按钮停止消防泵。

利用上述方法调试备用泵，并在主泵故障时备用泵应自动投入。

以上工作完成后，将消防泵控制装置转入到自动状态。因为消防泵本身属于重要被控设备，所以一般需要进行两路控制，即总线制控制（通过编码模块）和多线制直接启动。所以在针对该设备调试时要从这两方面入手。总线制调试可利用24V电源带动相应24V中间继电器线圈，观察主继电器是否吸合，同时用万用表测量消防泵控制柜中相应的泵运行信号回答端子（无源）是否导通；多线制直接启动调试可利用短路线短接消防泵远程启动端子（注意强电220V），观察主继电器是否吸合，同时用万用表测量泵直接启动信号回答端子（无源或有源220V），观察是否导通。

对双电源自动切换装置实施自动切换，测量备用电源相序是否与主电源相序相同。利用备用电源切换时消防泵应在1.5min内投入正常运行。

2.2.6 最不利点消火栓充实水柱的测量

当消火栓系统的静压值经调整测量符合要求后，再下一步就是要进行最不利点消火栓充实水柱的测量。

打开试验消火栓，接好水带、水枪，启动消防泵。当消火栓出水稳定后测量充实水柱长度是否满足下列要求：

当建筑物高度不超过100m时充实水柱长度应不小于10m；

当建筑物高度超过100m时充实水柱长度应不小于13m。

应当指出，这里所指的启动消防泵是指启动消火栓系统的主泵，同时自动关闭稳压装置。测量时水枪的上倾角应为45°，当测量结果满足不了要求时应校核主泵的扬程，审核设计资料。如是泵的问题应更换主泵并重新按照上述要求进行测量直到满足要求。

2.3 自动喷水灭火系统的调试

自动喷水灭火系统在管网安装完毕后应按照顺序进行水压强度试验、严密性试验和冲洗管网。

2.3.1 自动喷水灭火系统的水压强度试验

自动喷水灭火系统在进行水压强度试验前应对不能参与试压的设备、仪表、阀门及附件进行隔离或拆除。对于加设临时盲板应准确，盲板的数量、位置应确定，以便试验结束后拆除。

水压强度试验压力同消火栓系统相同，具体做法如下：

当系统设计压力等于或小于1.0MPa时，水压强度试验压力应为设计工作压力的1.5倍，并不应低于1.4MPa；当系统设计工作压力大于1.0MPa时，水压强度试验压力应为工作压力加上0.4MPa。做水压试验时应考虑试验时的环境温度，如果环境温度低于5℃时，水压试验应采取防冻措施。

水压强度试验的测试点应设在系统管网的最低点。对管网注水时，应将管网内的空气排净，并应缓慢升压，达到试验压力后稳压30min，观察管网应无泄漏和无变形，且压力降不应大于0.05MPa。

2.3.2 自动喷水灭火系统的水压严密性试验

自动喷水灭火系统在进行完水压强度试验后应进行系统水压严密性试验。试验压力应为设计工作压力，稳压24h，应无泄漏。

2.3.3 管道的冲洗

管道冲洗应在试压合格后分段进行。冲洗的顺序应先室外，后室内；先地下，后地上；室内部分的冲洗应按照配水干管、配水管、配水支管的顺序进行。

管网冲洗前应对系统的仪表采取保护措施。止回阀和报警阀等应拆除，冲洗工作结束后应及时复位。

管网冲洗用水应为生活用水，水流速度不宜小于 3m/s，流量不宜小于表 6-1 所列数据。

当现场冲洗流量不能满足要求时，应按系统设计流量进行冲洗，或采用水压气动冲洗法进行冲洗。管网冲洗应连续进行，当出口处水的颜色、透明度与入口处水的颜色一致时，冲洗方可结束。

冲洗水流量　　　　　　　　　　　　　　　　　　　　　　　表 6-1

管道公称直径(mm)	300	250	200	150	125	100	80	65	50	40
冲洗流量(L/s)	220	154	98	58	38	25	15	10	6	4

2.3.4 喷淋系统消防泵调试

自动喷水灭火系统上述调试工作结束后开始进行消防泵的调试。

（1）喷淋泵的手动启停试验

1）首先，在消防泵房内通过开闭阀门将喷淋泵出水和回水构成循环回路，保证试验时启动喷淋泵不会对管网造成超压。

2）以上工作完成后，将喷淋泵控制装置投入到手动状态，通过喷淋泵控制装置手动按钮启动主泵，通过钳型电流表测量启动电流，通过秒表记录水泵从启动到正常出水运行的时间，该时间不应大于 5min。

3）主泵运行后观察主泵控制装置上的启动信号灯是否正常，水泵运行时的是否有周期性噪声发出，水泵基础连接是否牢固，通过转速仪测量实际转速是否与水泵额定转速一致，通过喷淋泵控制装置上的停止按钮停止消防泵。

4）利用上述方法调试备用泵。

（2）备用泵自动投入试验

将喷淋泵控制装置内启动主泵的接触器的主触头电源摘除，启动主泵，观察主泵启动失败后备用泵是否自动投入启动直至正常运行。

（3）喷淋泵自动启动实验

以上工作完成后，将喷淋泵控制装置投入到自动状态。因为喷淋泵本身属于重要被控设备，所以一般需要进行两路控制，即总线制控制（通过编码模块）和多线制直接启动。所以在针对该设备调试时要从这两方面入手。总线制调试可利用 24V 电源带动相应 24V 中间继电器线圈，观察主继电器是否吸合，同时用万用表测量消防泵控制柜中相应的泵运行信号回答端子（无源）是否导通；多线制直接启动调试可利用短路线短接消防泵远程启动端子（注意强电 220V），观察主继电器是否吸合，同时用万用表测量泵直接启动信号回答端子（无源或有源 220V），观察是否导通。

（4）备用电源切换试验

主泵运行时切断主电源，观察备用电源自动投入时，喷淋泵应在 1.5min 内投入正常运行。

2.3.5 水流指示器的调试

水流指示器分机械式和感应式两种。

启动自动喷水灭火系统的末端试水装置，通过万能表测量水流指示器输出信号端子（动作时应为导通状态），利用秒表测量在末端试水装置放水后 5～90s 内水流指示器是否发出动作信号。如发不出动作信号，则应重新调整检查水流指示器的桨叶是否打开，方向是否正确，微动开关是否连接可靠，与联动机构接触是否可靠。调试工作期间系统稳压装置应正常工作。

2.3.6 湿式报警装置的调试

湿式报警装置在系统充水结束后，阀前压力表和阀后压力表的读数应相等，表明水源压力正常，管网无漏损。

打开报警铃阀观察水力警铃应在 5～90s 内发出报警声音。用万能表测量压力开关是否有信号输出（动作时应为导通状态），用声压计在距离水力警铃 3m 处（水力警铃喷嘴处压力不小于 0.05MPa 时）测量，其警铃声强度应不小于 70dB。

2.3.7 信号蝶阀的调试

确定信号蝶阀开关是否到位、顺畅，同时在信号蝶阀处于打开状态时其电信号输出端子应为开路；当信号蝶阀处于关闭状态时其电信号回答端子应为短路。调试时可用万用表检验。

2.4 防排烟系统的调试

在高层建筑中防排烟系统的调试分为正压机械送风系统的调试和机械排烟系统的调试。

2.4.1 正压送风系统

正压送风系统主要是设置在封闭楼梯间及前室和电梯前室。正压送风系统的调试主要是正压送风机的启停和余压值的测量。

首先检查风道是否畅通及有无漏风，然后把正压送风口手动打开，观察机械部分打开是否顺畅，有无卡堵现象（电气自动开启可在联动调试时进行）。在风机室手动启动风机，利用微压计测量余压值，防烟楼梯间余压值应为 40～50Pa，前室、合用前室、消防电梯前室的余压值应为 25～30Pa。

以上工作完成后，将送风机控制装置投入到自动状态。因为送风机本身属于重要被控设备，所以一般需要进行两路控制，即总线制控制（通过编码模块）和多线制直接启动。所以在针对该设备调试时要从这两方面入手。总线制调试可利用 24V 电源带动相应 24V 中间继电器线圈，观察主继电器是否吸合，同时用万用表测量消防泵控制柜中相应的泵运行信号回答端子（无源）是否导通；多线制直接启动调试可利用短路线短接消防泵远程启动端子（注意强电 220V），观察主继电器是否吸合，同时用万用表测量泵直接启动信号回答端子（无源或有源 220V），观察是否导通。

送风阀的调试：送风阀一般情况下默认为关闭状态，动作时打开。调试时首先通过手动方式开关送风阀，观察其动作是否灵活，同时通过 24V 蓄电池为其启动端子供电，观察其能否打开，同时用万用表实测其动作状态下电信号回答端子是否导通。

防火阀的调试：防火阀一般情况下默认为打开状态，当温度升高到一定值时动作，动作时关闭。通过手动方式开关防火阀看其是否灵活顺畅，同时在其关闭状态下用万用表实测其电信号回答端子是否导通。

2.4.2 排烟系统

排烟系统的调试主要是进行排烟风机的调试和排烟口风速的测量（关于排烟口的自动打开、排烟风机的自动启动及防火阀动作、联动风机停止等项目在联动调试时进行）。排烟风机的调试主要是进行风机的手动启停试验和远距离启停试验，如采用双速风机应当在火灾时启动高速运行，这里只对单速风机进行调试，首先在风机室启动排烟风机，在排烟风机达到正常转速后测量该防烟分区排烟口的风速，该值宜在 3～4m/s，但不应大于10m/s（测量方式在后面消防系统检测验收中叙述）。在风机室手动停止排烟风机。

以上工作完成后，将排烟机控制装置投入到自动状态。因为排烟机本身属于重要被控设备，所以一般需要进行两路控制，即总线制控制（通过编码模块）和多线制直接启动。所以在针对该设备调试时要从这两方面入手。总线制调试可利用 24V 电源带动相应 24V 中间继电器线圈，观察主继电器是否吸合，同时用万用表测量消防泵控制柜中相应的泵运行信号回答端子（无源）是否导通；多线制直接启动调试可利用短路线短接消防泵远程启动端子（注意强电 220V），观察主继电器是否吸合，同时用万用表测量泵直接启动信号回答端子（无源或有源 220V），观察是否导通。

排烟阀调试：排烟阀一般情况下默认为常闭，动作时打开。调试时首先通过手动方式开关排烟阀，看其动作是否灵活到位，同时通过 24V 蓄电池为其启动端子供电，看其能否打开，同时用万用表实测其动作状态下电信号回答端子是否导通。

2.5 防火卷帘门的调试

在高层建筑内采用的防火卷帘门主要是电动防火卷帘门，我们以下所指均为电动防火卷帘门。

防火卷帘门的调试主要分三部分进行：（1）机械部分的调试（限位装置、手动速降装置和手动提升装置）；（2）电动部分调试（现场手动启停按钮升、降、停试验）；（3）自动功能调试（将在联动调试进行）。

2.5.1 机械部分调试

（1）限位调整

在防火卷帘门安装结束后，首先要进行的是机械部分的调整。设定限位（一步降、二步降的停止位置）位置。两步降落的防火卷帘门的一步降位置应在距地面 1.8m 位置，降落到地面位置应保证帘板底边与地面最大间距不大于 20mm。

（2）手动速放装置试验

手动速放装置的试验通过手动速放装置拉链下放防火卷帘门，帘板下降顺畅，速度均匀，一步停降到底。

（3）手动提升装置试验

通过手动拉链拉起防火卷帘门，拉起全程应顺利，停止后防火卷帘门应当靠其自重下降到底。

2.5.2 电动部分调试

通过防火卷帘门两侧安装的手动按钮升、停、降防火卷帘门，防火卷帘门应能在任意位置通过停止按钮停止防火卷帘门。

2.5.3 自动功能调试

卷帘门自动控制方式分有源和无源启动两种。无源启动的卷帘门可利用短路线分别短接中限位和下限位的远程控制端子，观察其下落是否顺畅，悬停的位置是否准确。同时要用万用表实测中限位和下限位电信号的无源回答端子是否导通；有源启动方式的卷帘门在自动方式调试时需要 24V 电源（可用 24V 电池代替）为其远程控制端子供电以启动卷帘门，观察其下落是否顺畅，悬停的位置是否准确。同时要用万用表实测中限位和下限位的电信号的无源回答端子观察其是否导通。

2.6 空调机、发电机、及电梯的电气调试

（1）空调机的电气调试

从消防电气角度讲在发生火情时，为避免火焰和烟气通过空调系统进入其他空间，需要立即停止空调的运行。一般情况下除要求通过总线制控制外有时还需要多线制直接控制，以便更可靠的将其停止。具体调试方法同送风机。

（2）发电机的电气调试

发电机的电气调试主要是看其在市电停止后能否立即自动发电，同时要求其启动回答信号能反馈到消防报警控制器上，该回答信号可通过万用表实测其电信号回答端子获得。

（3）电梯的电气调试

电梯的电气调试需要通过对其远程端子的控制，使电梯能立即降到底层，在此期间任何呼梯命令均无效。同时当其降落到底层后，相应的电信号回答端子导通，可通过万用表实测以便确认。

2.7 火灾自动报警及联动系统的调试

在上述各子系统的分步调试结束后，就可以进行最后的火灾自动报警及消防联动系统的调试了，这也是整个消防系统调试最后也是最关键的步骤。火灾自动报警及消防联动系统的调试流程大致如下：外部设备（探测器和模块）的编码、各类线路的测量、报警控制器内部线路的连接、设备注册、外部设备定义、手动消防启动盘的定义、联动公式的编写、报警和联动试验。以下是针对各步骤进行具体的说明。

（1）外部设备（探测器和模块）的编码：按照图纸中相应设备的编码，通过电子编码器或手动拔码方式对外部设备（探测器和模块）进行编码，同时对所编设备的编码号、设备种类及位置信息进行书面记录以防出错。原则上外部设备不允许重码。

（2）各类线路的测量：各外部设备（探测器和模块）接线编码完毕后需把各回路导线汇总到消防控制中心，通过万用表测量各报警回路和电源回路的线间及对地阻值是否符合规范要求的绝缘要求（报警和联动总线的绝缘电阻不小于 20MΩ），符合要求后接到报警控制器相应端子上。消防专用接地线对地电阻是否符合要求，测量合格后接到报警控制器专用接地端子上。有条件的可采用兆欧表对未接设备的线路进行绝缘测试。同时要对控制器内部的备用电源和交流电源（测量电压范围不应超出 220V＋10%）进行安装接线，以

便做好开机调试前的最后准备工作。

　　(3) 设备注册：线路连接完毕后打开消防报警控制器，对外部设备（探测器和模块）进行在线注册。并通过注册表上的外部设备数量及其具体编码来判断线路上设备的连接情况，以便指导施工人员对错误接线进行改正。

　　(4) 外部设备定义：根据现场施工人员提供的针对每个编码设备的具体信息向报警主机内输入相关数据。这其中包括设备的类型（如感烟、感温、手报等）、对应设备的编码、对应设备具体位置的汉字注释等等。

　　(5) 手动消防启动盘的定义：手动消防启动盘是厂家为了方便对消防联动设备的控制，在主机上单独添加的一些手动按钮，因为其数量巨大，所以需要单独调试。该项调试完成后即可方便地对外部消防设备进行手动控制了。

　　(6) 联动程序的编写：为实现火灾发生时整个消防系统中各子系统的自动联动，需要依据消防规范并结合现场实际情况向报警控制器内编写相应的联动公式。因为涉及的联动公式数量较多而且相对复杂，所以需要单独调试。此项工作完成后就可以实现相关设备的联动控制了。

　　(7) 报警和联动试验：以上各步分别完成后就可以进行最终的报警和联动试验。首先可以按照实际的防火分区均匀的挑选10％的报警设备（探测器和手动报警按钮等）进行报警试验，观察能否按照以下的要求准确无误的报警。具体要求是：①探测器报警、手动报警按钮被按下，报警信息反馈到火灾报警控制器上；②消火栓报警按钮被按下，动作信息被反馈到火灾报警控制器上。

　　一切正常后可通过手动消防启动盘和远程启动盘（也叫多线制控制盘）有针对性地启动相关的联动设备，看这些联动设备能否正常动作，同时观察动作设备的回答信号能否正确的反馈到火灾报警控制器上。具体要求如下：①启动消防泵、喷淋泵，启动后信号是否反馈到火灾报警控制器上；②启动排烟机、送风机，启动后信号是否反馈到火灾报警控制器上；③启动排烟阀、送风阀，启动后信号是否反馈到火灾报警控制器上；④关闭空调机，关闭后信号是否反馈到火灾报警控制器上；⑤启动消防广播、消防电话，启动后信号是否反馈到火灾报警控制器上；⑥启动一步降或二步降卷帘门，启动后信号是否反馈到火灾报警控制器上；⑦启动切断非消防电源和迫降消防电梯，启动后信号是否反馈到火灾报警控制器上。

　　最后把火灾报警控制器上的自动功能打开，分别在相应的防火分区内做报警试验，观察出现报警信息后其相应防火分区内的相应联动设备是否动作，动作后其动作回答信号能否显示到火灾报警控制器上。具体的联动要求如下：①探测器报警信号"或"手动报警按钮报警信号——相应区域的讯响器报警；②消火栓报警按钮按下——消火栓报警按钮动作信号反馈到控制器上——启动消火栓系统消防泵——消防泵启动信号反馈到控制器上；③压力开关动作——压力开关动作信号反馈到控制器上——启动喷淋泵——喷淋泵启动信号反馈到控制器上；④探测器报警信号"或"手动报警按钮报警信号——打开本层及相邻层正压送风阀——正压送风阀打开信号反馈到控制器上——启动正压送风机——正压送风机启动信号反馈到控制器上；⑤探测器报警信号"或"手动报警按钮报警信号——打开本层及相邻层排烟阀——排烟阀打开信号反馈到控制器上——启动排烟机——排烟机启动信号反馈到控制器上；⑥排烟风、正压送风机或空调机入口处的防火阀关闭——防火阀关闭信号反馈到控制器上——停止相应区域的排烟机、正压送风机或空调机；⑦探测器报警信号"或"手动报警按钮报警信号——打开本层及相邻层消防广播；⑧探测器报警信号"或"手动报警按钮报警信号——相应区域的防火防烟分割的卷帘门降到底——卷帘门动作信号反馈到控制器上；⑨疏散用卷帘门附近的感烟探测器报警——卷帘门一步降——卷帘门一步降动作信号反馈到控制器上；⑩疏散用卷帘门附近的感温探测器报警——卷帘门二步降——卷帘门二步降动作信号反馈到控制器上；手动报警按钮"或"两只探测器报警信号"与"——切断非消防电源同时迫降消防电梯到首层——切断和迫降信号反馈到控制器上。以上就是对一般情况下联动关系的介绍，在实际调试中遇到特殊情况时要以消防规范和实际情况为原则进行适当的调整。

在完成上述内容后，即可进行系统验收交工的工作。

课题 3　消防系统的检测验收

3.1　验收条件及交工技术保证资料

消防工程的验收分为两个步骤。第一个步骤是在消防工程开工之初对消防工程进行的审核审批；第二步骤是当消防工程竣工后进行的消防验收。以下是在进行这两个步骤工作时所需具备条件及办理时限的详细说明，同时附有所需的主要表格（表 6-2）以供参考。

3.1.1　新建、改建、扩建及用途变更的建筑工程项目审核审批条件

建设单位应当到当地公安消防机构领取并填写《建筑消防设计防火审核申报表》见表6-2 所示；设有自动消防设施的工程，还应领取并填写《自动消防设施设计防火审核申报表》，并报送以下资料：

（1）建设单位上级或主管部门批准的工程立项、审查、批复等文件；

（2）建设单位申请报告；

（3）设计单位消防设计专篇（说明）；

（4）工程总平面图、建筑设计施工图；

（5）消防设施系统、灭火器配置设计图纸及说明；

（6）与防火设计有关的采暖通风、防排烟、防爆、变配电设计图及说明；

（7）审核中需要涉及的其他图纸资料及说明；

（8）重点工程项目申请办理基础工程提前开工的，应报送消防设计专篇，总平面布局及书面申请报告等材料；

（9）建设单位应将报送的图纸资料装订成册（规格为 A4 大小）。

建筑消防设计防火审核申报表　　　　　　　　　　　表 6-2

工程名称			预计开工时间		
工程地点			预计竣工时间		
单位类别	单位名称	负责人	联系人		联系电话
建设单位					
设计单位					
施工单位					

使用类别	1. 饭店、旅馆	2. 公寓、住宅	3. 体育场、馆、俱乐部、影剧院	4. 办公、科研、医院
	5. 商业、金融	6. 交通、通信枢纽	7. 甲、乙类厂房	8. 甲、乙类库房
	9. 丙类厂房	10. 丙类库房	11. 丁、戊类厂房	12. 丁、戊类库房
	13. 油罐站、管线	14. 气罐站、管线	15. 高级综合建筑	16. 一般综合建筑
	17. 其他			

工程性质	工程类别	工程方式	总投资（概算）		水源	进水管	
1. 国家直属	1. 新建	1. 中资		万元	1. 市政	数量（条）	管径（mm）
2. 省属	2. 改建	2. 合资			2. 河流		
3. 市属	3. 扩建	3. 外资	消防投资（概算）		3. 湖泊		
4. 县（市、区）属	4. 改变用途				4. 深井		
5. 私营				万元	5. 水池		
					6. 无		

电力负荷等级	电　源　情　况		
1. 一级负荷	1. 一路供电	2. 二回路供电	3. 二路供电
2. 二级负荷	4. 三路供电	5. 一路供电、自备发电	6. 二回路供电、自备发电
3. 三级负荷	7. 二路供电、自备发电	8. 三路供电、自备发电	

	结构类型	耐火等级	层数（层）		高度	建筑面积	占地面积	火灾危险性
单　　体 建筑名称	1. 砖木	1. 一级	地	地				1. 甲
	2. 混合	2. 二级						2. 乙
	3. 钢筋混凝土	3. 三级			米	m²	m²	3. 丙
	4. 钢结构	4. 四级	上	下				4. 丁
	5. 其他							5. 戊

	储罐位置						
储 存 情 况		储　罐　类　型			储　存　物　状　态		
	1. 桶装、瓶装	2. 内浮顶罐	3. 水槽式罐	1. 可燃液体	2. 易燃液体		
	4. 浮顶罐	5. 球型罐	6. 拱型罐	3. 可燃气体	4. 助燃气体		
	7. 卧式罐	8. 其他		5. 不燃气体	6. 可燃固体		
				7. 其他			
	储罐材质	储存形式	储存工作压力	储存温度		储　存　物	
	1. 钢	1. 半地下	1. 高压	1. 低温			
	2. 混凝土	2. 地上	2. 常压	2. 常温			
	3. 硅	3. 地下	3. 低压	3. 降温			
	4. 洞穴						
	罐　体 几何容积	m³	罐　区 几何容积	m³		储罐直径 （m）	

防火及疏散系统	设施名称	有无状况		设施名称	有无状况	
	疏散指示标志	1. 有；2. 无		防火门	1. 有；2. 无	
	消防电源	1. 有；2. 无		防火卷帘	1. 有；2. 无	
	应急照明	1. 有；2. 无		消防电梯	1. 有；2. 无	

消防供水系统	产品名称	有无状况		产品名称	有无状况	
	室内消火栓	1. 有；2. 无		水泵接合器	1. 有；2. 无	
	室外消火栓	1. 有；2. 无		气压罐	1. 有；2. 无	
	消防水泵	1. 有；2. 无		稳压泵	1. 有；2. 无	
通风空调系统	产品名称	有无状况		产品名称	有无状况	
	风 机	1. 有；2. 无		防火阀	1. 有；2. 无	
防烟排烟系统	部 位	系统方式	产品名称	有无状况		
	防烟楼梯间		防火阀	1. 有；2. 无		
	前室及合用前室		送风机	1. 有；2. 无		
	走 道		排烟阀	1. 有；2. 无		
	房 间		排烟机	1. 有；2. 无		
	系统方式分：1. 自然排烟；2. 机械排烟；3. 送风排烟；4. 正压送风；5. 通风兼排烟					
火灾自动报警系统	系统有无状况：1. 有；2. 无			设置部位		
	形式	1. 控制中心报警 2. 集中报警 3. 区域报警		应急广播系统有无状况 1. 有；2. 无		应急照明和疏散诱导系统有无状况 1. 有；2. 无
自动灭火系统	系统名称及有无状况：1. 有；2. 无			系统名称及有无状况：1. 有；2. 无		
	自动喷水灭火系统			蒸汽灭火系统		
	卤代烷灭火系统			干粉灭火系统		
	二氧化碳灭火系统			设置位置		
	泡沫灭火系统		消控室	面积		
	其他灭火系统及名称			耐火等级		
灭火器配置设计	火灾配置场所类别			1. A 类　2. B 类　3. C 类　4. D 类		
	危险等级			1. 严重危险　2. 中危险　3. 轻危险		
	选择类型	1. 清水	2. 干粉	3. 泡沫	4. 二氧化碳	5. 其他
	数 量					

工程简要说明

3.1.2 建筑工程消防验收条件

建筑工程验收由申请消防验收的单位到当地公安消防机构领取并填写《建筑工程消防

验收申报表》两份如表 6-3 所示，并报送以下资料：

（1）公安消防机构下发的《建筑工程消防设计审核意见书》复印件；

（2）防火专篇；

（3）室内、室外消防给水管网和消防电源的竣工资料；

（4）具有法定资格的监理单位出具的《建筑消防设施质量监理报告》；

（5）具有法定资格的检测单位出具的《建筑消防设施检测报告》（只有室内消火栓且无消防水泵房系统的建筑不做要求）；

（6）主要建筑防火材料、构件和消防产品合格证明；

（7）电气设施消防安全检测报告；

（8）建设单位应将报送的图纸资料装订成册（规格为 A4 大小）。

建筑工程消防验收申报表 表 6-3

建设单位				联系人		
工程名称				电话		
建筑地点			使用性质			
批准文号						
土建情况	建筑结构		耐火等级		建筑面积	m²
	高度	m	层数	层	防火间距	m
	消防车道				防火分区面积	m²
	登高面情况				防烟分区面积	m²
	消防控制室位置				消防控制室面积	m²
	单层最多人数			人	疏散宽度	m
	疏散楼梯(出口)数量			个	消防电梯数量	台
	最大安全疏散距离			m	消防电梯速度	m/s
	防火门	型号	数量	生产厂家		电缆井、管道井封堵情况
	防火卷帘	型号	数量	生产厂家		
	危险品储存				工艺流程	
自验意见	设计单位					
					单位盖章： 年　月　日	
	施工单位					
					单位盖章： 年　月　日	

214

	监理单位			单位盖章： 年　月　日		
自验意见	建设单位			单位盖章： 年　月　日		
土建验收情况	验收意见		公安消防 监督机构 经办人签名			
	参加验收有关单位负责人签名					
消防设施	室内外消火栓系统	进水管数量	个	室内消防用水量	L/s	
		进水管直径	mm	室外消防用水量	L/s	
		消防储水量	m³	室外消火栓管径	mm	
		室内消火栓间距	m	室内消火栓数量	个	
		室外消火栓间距	m	室外消火栓数量	个	
		消防立管直径	mm	配套消防卷盘	个	
		消防水泵	型号		扬程	m
			功率	kW	流量	L/s
			台数	台	生产厂家	
	自动喷水灭火系统	系统类型	1. 喷水灭火；2. 喷雾水灭火；3. 喷雾水冷却			
		喷洒类型	1. 干式；2. 湿式；3. 预作用；4. 开式			
		系统设置部位				
		系统保护面积	m²			
		产品名称	型号	生产厂家	数量	
		喷洒头				
		报警控制阀				
		水流指示器				
		压力开关				
		气压水罐				
		水泵接合器				
		水泵				
		稳压泵				
		设计流量		水泵类型	流量	扬程	功率
		设计压力		供水泵			
		总用水量		稳压泵			

消防设施	火灾自动报警系统	系统形式	1. 区域报警；2. 集中报警；3. 控制中心报警			
		设置部位				
		产品名称	型号	生产厂家		数量
		集中报警器				
		区域报警器				
		感烟探测器				
		感温探测器				
		应急广播				
		手动按钮和其他				
		手动报警按钮间距		供电等级		
		消防用电线路保护方式		用电总负荷		kVA
		备用电源情况		消防用电总负荷		kVA
		应有控制功能数	实有控制功能数		缺何种控制功能	
		应急照明与安全疏散诱导系统				
	防烟排烟系统	部位	防烟楼梯间	前室及合用前室	走道	房间	自然排烟口位置
		方式				自然排烟口面积
		1. 自然排烟；2. 机械排烟；3. 通风兼排烟；4. 正压送风				m²
		产品名称	型号	生产厂家		数量
		防烟阀				
		排烟阀				
		送风机				
		排烟机				
		机械防烟送风量	m³/h	机械排烟排烟量		m³/h
		其他通风空调设备情况				
	气体灭火	1. 卤代烷；2. 氮气；3. 二氧化碳；4. 其他	系统形式 1. 全充满；2. 局部应用		保护容积 m³	
		设置部位				
		产品名称	产品型号	生产厂家		数量
		喷头				
		瓶头阀				
		分配阀				
		远程启动装置				
		联动开启装置				
		手动开启装置				
		紧急制动				
		储罐	升/每瓶			

	系统设置部位					
	系统名称	系统类型	系统启动方式	用量或储量	工作压力	生产厂家
其他灭火设备	泡沫灭火系统	1. 抗溶性 2. 氟蛋白 3. 高倍 4. 低倍	1. 半固定 2. 移动 3. 固定	公斤	供给强度	
	干粉灭火系统	1. 磷酸二氢氨 2. 碳酸氢钠 3. 碳酸氢钾 4. 尿素	1. 半自动 2. 自动 3. 手动	公斤	供给强度	
	蒸汽灭火系统	1. 全充满半固定 2. 全充满固定 3. 固定		%	供给强度	

灭火器配置验收	火灾配置场所类别核实			1. A类;2. B类;3. C类		
	危险等级核实			1. 严重危险;2. 中危险;3. 轻危险		
	选择类型	1. 清水	2. 酸碱	3. 干粉	4. 化学泡沫	5. 二氧化碳	6. 其他
	数量						

	项目	调试情况	调试人员
自动消防系统工程	自动喷水灭火系统		
	防烟排烟系统		
	火灾自动报警系统(含联动控制)		
	其他灭火系统		
	进口产品复检情况		

自验意见	设计单位		单位盖章: 年　月　日
	施工单位		单位盖章: 年　月　日
	监理单位		单位盖章: 年　月　日
	建设单位		单位盖章: 年　月　日

消防系统工程	验收意见		公安消防 监督机构 经办人签名	
	参加验收 有关单位 负责人签名			

建筑内部装修工程	装修部位	装修面积 m²	装修材料	防火保护措施
	顶棚装修材料			
	墙面装修材料			
	地面装修材料			
	房间隔断材料			
	固定家具			
	装饰织物			
	其他装修材料			
	其他电器设备情况			

自验意见	设计单位		单位盖章: 年　　月　　日
	施工单位		单位盖章: 年　　月　　日
	监理单位		单位盖章: 年　　月　　日
	建设单位		单位盖章: 年　　月　　日

建筑内部装修工程验收情况	验收意见		公安消防监督 机构经办人签名	
	参加验收有关 单位负责人签名			

备注	

3.1.3 办理时限

（1）建筑防火审批时限：一般工程七个工作日内，重点工程及设置建筑自动消防设施的建筑工程十个工作日、工程复杂需要组织专家论证的十五个工作日内签发《建筑工程消防设计审核意见书》。

（2）建筑工程验收时限：五个工作日之内由对建筑工程进行现场验收，并在五个工作日之内下发《建筑工程消防验收意见书》。

3.1.4 消防系统交工技术保证资料

消防系统交工技术保证资料是消防系统交工检测验收中的重要部分，也是保证消防设施质量的一种有效手段，现将常用的有关保证资料内容加以列举，供有关人员使用参考。

（1）消防监督部门的建审意见书。

（2）图纸会审记录。

（3）设计变更。

（4）竣工图纸。

（5）系统竣工表。

（6）主要消防设备的形式检验报告。

形式检验报告是国家或省级消防检测部门对该设备出具的产品质量、性能达到国家有关标准，准许在我国使用的技术文件。无论是国内产品还是进口产品均应通过此类的检测并获得通过后方可在工程中使用。同时省外的产品还应具备使用所在地消防部门发布的"消防产品登记备案证"。

需要上述文件的设备主要有：

1）火灾自动报警设备（包括：探测器、控制器等）；

2）室内外消火栓；

3）各种喷头、报警阀、水流指示器等；

4）气压稳压设备；

5）消防水泵；

6）防火门、防火卷帘门；

7）防火阀；

8）水泵结合器；

9）疏散指示灯；

10）其他灭火设备（如二氧化碳等）。

（7）主要设备及材料的合格证。

除上述设备外，各种管材，电线、电缆等；难燃、不燃材料应有有关检测报告，钢材应有材质化验单等。

（8）隐蔽工程记录。

隐蔽工程记录是对已经隐蔽检测时又无法观察的部分进行评定的主要依据之一。隐蔽工程记录应有施工单位、建设单位的代表签字及上述单位公章方可生效。主要隐蔽工程记录如下：

1）自动报警系统管路敷设隐蔽工程记录；

2）消防供电、消防通信管路隐蔽工程记录；

3）消防管网隐蔽工程记录（包括水系统、气体、泡沫等系统）；

4）接地装置隐蔽工程记录。

（9）系统调试报告（包括火灾自动报警系统、水系统、气体、泡沫、二氧化碳等系统）。

（10）绝缘电阻测试记录。

（11）接地电阻测试记录。

（12）消防管网水冲洗记录（包括自动喷水系统、气体、泡沫、二氧化碳等系统）。

（13）管道系统试压记录（包括自动喷水系统、气体、泡沫、二氧化碳等系统）。

（14）接地装置安装记录。

（15）电动门及防火卷帘安装记录。

（16）电动门及防火卷帘调试记录。

（17）消防广播系统调试记录。

（18）风机安装记录。

（19）水泵安装记录。

（20）风机、水泵运行记录。

（21）自动喷水灭火系统联动试验记录。

（22）消防电梯安装记录。

（23）防排烟系统调试及联动试验、试运行记录。

（24）气体灭火联动试验记录。

（25）气体灭火管网冲洗、试压记录。

（26）泡沫液储罐的强度和严密性试验记录。

（27）阀门的强度和严密性试验记录。

3.2　项目验收的具体内容

系统的检测和验收应根据国家现行的有关法规，由具有对消防系统检测资质的中介机构进行系统性能检测，在取得检测数据报告后，向当地消防主管部门提请验收，验收合格后方可投入使用。

以下就几种常见的系统的检测和验收的内容加以整理和说明。

3.2.1　室内消火栓检测验收

（1）消火栓设置的位置检测

消火栓设置位置应能满足火灾时两只消火栓同时达到起火点。检测时通过对设计图纸的核对及现场测量进行评定。

（2）最不利点消火栓的充实水柱的测量

对于充实水柱的测量应在消防泵启动正常，系统内存留气体放尽后测量，在实际测量有困难时，可以采用目测，从水枪出口处算起至90％水柱穿过32cm圆孔为止的长度。

（3）消火栓静压测量

消火栓栓口的静水压力应不大于0.80MPa，出水压力应不大于0.50MPa。

对于高位水箱设置高度应保证最不利点消火栓栓口静水压力，当建筑物不超过100m时应不低于0.07MPa，当建筑物高度超过100m时应不低于0.15MPa，当设有稳压和增压设施时，应符合设计要求。

对于静压的测量应在消防泵未启动状态下进行。

（4）消火栓手动报警按钮

消火栓手动报警按钮应在按下后启动消防泵，按钮本身应有可见光显示表明已经启动，消防控制室应显示按下的消火栓报警按钮的位置。

（5）消火栓安装质量的检测

消火栓安装质量检测主要是箱体安装应牢固，暗装的消火栓箱的四周及背面与墙体之间不应有空隙，栓口的出水方向应向下或与设置消火栓的墙面相垂直，栓口中心距地面高度宜为 1.1m。

3.2.2　防火门的检测验收

对防火门的检测除进行有关形式检测报告、合格证等检查外，应进行下列项目检查：

（1）核对耐火等级

将实际安装的防火门的耐火等级同设计要求相对比，看是否满足设计要求。

（2）检查防火门的开启方向

安装在疏散通道上的防火门开启方向应向疏散方向开启，并且关闭后应能从任何一侧手动开启；安装在疏散通道上的防火门必须有自动关闭的功能。

（3）钢质防火门关闭后严密检查

1）门扇应与门框贴合，其搭接量不小于 10mm；

2）门扇与门框之间两侧缝隙不大于 4mm；

3）双扇门中缝不大于 4mm；

4）门扇底面与地面侧缝隙不大于 20mm。

3.2.3　防火卷帘门的检测验收

（1）防火卷帘门的安装部位、耐火及防烟等级应符合设计要求；防火卷帘门上方应有箱体或其他能阻止火灾蔓延的防火保护措施。

（2）电动防火卷帘门的供电电源应为消防电源；供电和控制导线截面积、绝缘电阻、线路敷设和保护管材质应符合规范要求。防火卷帘门供电装置的过电流保护整定值应符合设计要求。

（3）电动防火卷帘门应在两侧（人员无法操作侧除外）分别设置手动按钮控制电动防火卷帘门的升、降、停，并应在防火卷帘门火灾时下降关闭后提升该防火卷帘门的功能，且该防火卷帘门提升到位后应能自动恢复原关闭状态。

（4）设有自动报警控制系统的电动防火卷帘应设有自动关闭控制装置，用于疏散通道上的防火卷帘应有由探测器控制两步下降或下降到 1.5～1.8m 后延时下降到底功能；用于只起到防火分隔作用的卷帘应一步下降到底，手动速放装置，防火卷帘门手动速放装置的臂力不大于 50N；消防控制室应有强制电动防火卷帘门下降功能（应急操作装置）并显示其状态；安装在疏散通道上的防火卷帘门的启闭装置应能在火灾断电后手动机械提升已下降关闭的防火卷帘门，并且该防火卷帘门能依靠其自重重新恢复原关闭状态。手动防火卷帘门手动下放牵引力不大于 150N。

（5）帘板嵌入导轨（每侧）深度如表 6-4 所列。

（6）防火卷帘下降速度如表 6-5 所列。

帘板嵌入导轨（每侧）深度	表 6-4
门洞宽度 B(mm)	每端嵌入长度(mm)
＜3000	＞45
3000≤B＜5000	＞50
5000≤B＜9000	＞60

防火卷帘下降速度	表 6-5
洞口高度（m）	下放速度（m/min）
洞口高度在 2 以内	2～6
洞口高度在 2～5	2.5～6.5
洞口高度在 5 以上	3～9

（7）防火卷帘门的重复定位精度应小于 20mm。

（8）防火卷帘门座板与地面的间隙不大于 20mm；帘板与底座的连接点间距不大于 300mm。

（9）防火卷帘门导轨预埋钢件间距不大于 600mm。

（10）防火卷帘门的启闭装置处应有明显操作标志，便于人员操纵维护。

（11）防火卷帘门的导轨的垂直度不大于 5mm/m，全长不大于 20mm。

（12）防火卷帘门两导轨中心线平行度不大于 10mm。

（13）防火卷帘门座板升降时两端高低差不大于 30mm。

（14）导轨的顶部应制成圆弧形或喇叭口形，且圆弧形或喇叭口形应超过洞口以上至少 75mm。

（15）防火卷帘门运行时的平均噪声，如表 6-6 所示。

防火卷帘门运行时的平均噪声　　　　表 6-6

卷门机功率 W(kW)	平均噪声(dB)	卷门机功率 W(kW)	平均噪声(dB)
W≤0.4	≤50	1.5＜W	≤70
0.4＜W≤1.5	≤60		

（16）防火卷帘门的手动按钮安装高度宜为 1.5m 且不应加锁。

（17）检测方法：

1）按照产品的合格证及形式检测报告的耐火极限进行核对；

2）分别使用双电源的任一路做现场手动升、降、停实验；

3）模拟火灾信号做联动实验，核对联动程序；

4）观察消防控制室返回的信号；

5）消防控制室强降到底功能；

6）现场手动速放下降实验；

7）按照断路器的脱扣值对比电动防火卷帘门工作电流值；

8）测量秒表测量时间后换算速度；弹簧测力计测量臂力和牵引力；

9）导轨的垂直度：从导轨的上部吊下线坠到底部，分别用钢直尺测量上部及下部垂线至导轨的距离，其差值为导轨全长的垂直度，按照上述方法每隔 1m 测一次数据，取其最大差值为每米导轨的垂直度，以上测量应分别对导轨在帘板平面方向和垂直方向测量，测量结果取最大值；

10）两导轨中心线的平行度测量：在两导轨上部轴线上取两平行点，分别用线坠垂下，测量下部水平位置上各垂线与轨道纵向的水平距离，同侧偏移时取其中的最大距离，异侧偏移时取其两导轨的偏移距离之和为中心线偏移度；

11）利用声级计测量距离防火卷帘门 1m 远高度 1.5m 处防火卷帘门运行时的噪声，测量三次取平均值。

3.2.4　消防电梯的检测验收

消防电梯检测验收主要对下列内容：

（1）载重量。消防电梯的载重量应不小于 800kg。

（2）运行时间。消防电梯从首层运行到顶层的时间应不大于 1min。

（3）消防电梯轿厢内应设消防专用电话。

（4）消防控制室应对消防电梯具有强行下降功能，并且显示其工作状态。

（5）消防电梯前室应设有挡水措施，电梯井底应设排水措施。

3.2.5　发电机的检测验收

自备发电机的检测验收主要项目如下：

（1）发电机的发电容量应满足消防用电量的要求；

（2）发电机自动启动时间应不大于 30s；手动启动时间应不大于 1min；

（3）发电机供电线路应有防止市电倒送装置，且发电机相序与市电相序应相一致。

3.2.6　疏散指示灯的检测验收

（1）疏散指示灯的指示方向应与实际疏散方向相一致，墙上安装时安装高度应在 1m 以下且间距不宜大于 20m，人防工程不宜大于 10m；

（2）疏散指示灯的照度应不小于 $0.5L_x$，人防工程不低于 $1L_x$；

（3）疏散指示灯采用蓄电池作为备用电源时，其应急工作时间应不小于 20min，建筑物高度超过 100m 时其应急工作时间应不小于 30min；

（4）疏散指示灯的主备电源切换时间应不大于 5s。

3.2.7　火灾应急广播的检测验收

（1）扬声器的功率应不小于 3W，在环境噪声大于 60dB 的场所，在其播放范围内最远处的播放声压应高于背景 15dB。

（2）火灾广播接通顺序如下：

1）当 2 层及 2 层以上楼层发生火灾时，宜先接通火灾层及其相邻的上、下层；

2）当首层发生火灾时，宜先接通本层、2 层及地下各层；

3）当地下室发生火灾时，宜先接通地下各层及首层。若首层与 2 层有大共享空间时应包括 2 层。

3.2.8　火灾探测器的检测验收

（1）探测器应能输出火警信号且报警控制器所显示的位置应与该探测器安装位置相一致。

（2）探测器安装质量应符合下列要求：

1）实际安装的探测器的数量、安装位置、灵敏度等应符合设计要求；

2）探测器周围 0.5m 内不应有遮挡物，探测器中心距墙壁、梁边的水平距离应不小于 0.5m；

3）探测器中心至空调送风口边缘的水平距离应不小于 0.5m，距多孔送风顶棚孔口的水平距离不小于 0.5m；

4）探测器距离照明灯具的水平净距离不小于 0.2m，感温探测器距离高温光源（碘钨灯，100W 以上的白炽灯）的净距离不小于 0.5m；

5）探测器距离电风扇的净距离不小于 1.5m，距离自动喷水灭火系统的喷头不小于 0.3m；

6）对防火卷帘门、电动防火门起联动作用的探测器应安装在距离防火卷帘门、防火门 1～2m 的适当位置；

7）探测器在宽度小于 3m 的内走道顶棚上设置时宜居中布置，感温探测器安装间距应不超过 10m，感烟探测器的安装间距应不超过 15m，探测器距离端墙的距离应不大于探测器安装间距的一半；

8）探测器的保护半径及梁对探测器的影响应满足规范要求；

9）探测器的确认灯应面向便于人员观察的主要入口方向；

10）探测器倾斜安装时倾斜角不应大于 45 度；

11）探测器底座的外接导线应留有不小于 15cm 的余量。

3.2.9 报警（联动）控制器的检测验收

（1）报警控制器功能检测

1）能够直接或间接地接收来自火灾探测器及其他火灾报警触发器件的火灾报警信号并发出声光报警信号，指示火灾发生的部位，并予以保持；光报警信号在火灾报警控制器复位之前应不能手动消除，声报警信号应能手动消除，但再次有火灾报警信号输入时，应能再启动。

2）火灾报警自检功能。火灾报警控制器应能对其面板上的所有指示灯、显示器进行功能检查。

3）消音、复位功能。通过消音键消音，通过复位键整机复位。

4）故障报警功能。火灾报警控制器内部，火灾报警控制器与火灾探测器、火灾报警控制器与火灾报警信号作用的部件间发生下述故障时，应能在 100s 内发出与火灾报警信号有明显区别的声光故障信号。

A. 火灾报警控制器与火灾探测器、手动报警按钮及起传输火灾报警信号功能的部件间连接线断线、短路（短路时发出火灾报警信号除外）应能报警并指示其部位。

B. 火灾报警控制器与火灾探测器或连接的其他部件间连接线的接地，能显示出现妨碍火灾报警控制器正常工作的故障并指示其部位。

C. 火灾报警控制器与位于远处的火灾显示盘间连接线的断线、短路应进行故障报警并指示其部位。

D. 火灾报警控制器的主电源欠压时应报警并指示其类型。

E. 给备用电源充电的充电器与备用电源之间连接线断线、短路时应报警并指示其类型。

F. 备用电源与其负载之间的连接线断线、短路或由备用电源单独供电时其电压不足以保证火灾报警控制器正常工作时应报警并指示其类型。

G. （联动型）输出、输入模块连线断线、短路时应报警。

5）消防联动控制设备在接收到火灾信号后应在 3s 内发出联动动作信号，特殊情况需要延时时最大延时时间不应超过 10min。

6）火灾优先功能。当火警与故障报警同时发生时，火警应优先于故障警报。模拟故障报警后再模拟火灾报警，观察控制器上火警与故障报警优先。

7）报警记忆功能。火灾报警控制器应有能显示或记录火灾报警时间的记时装置，其日记时误差不超过 30s；仅使用打印机记录火灾报警时间时，应打印出月、日、时、分等信息。

8）电源自动转换功能。当主电源断电时能自动转换到备用电源；当主电源恢复时，能自动转换到主电源上；主备电源工作状态应有指示，主电源应有过流保护措施。

9）主电源容量检测。主电源应能在最大负载下连续正常工作 4h，按照下列最大负荷计算主电源容量是否满足最大负荷容量。

报警控制器最大负载是指：

A. 火灾报警控制器容量不超过 10 个构成单独部位号的回路时，所有回路均处在报警状态。

B. 火灾报警控制器容量超过 10 个构成单独部位号的回路时，20% 的回路（不少于 10 回路，但不超过 30 回路）处在报警状态。

联动控制器最大负载是指：

A. 所连接的输入输出模块的数量不超过 50 个时，所有模块均处于动作状态。

B. 所连接的输入输出模块的数量超过 50 个时，20% 模块（但不少于 50 个）均处于动作状态。

10）备用电源容量检测。当采用蓄电池时，电池容量应可提供火灾报警控制器在监视状态下工作 8h 后，在下述情况下正常工作 30min。或采用蓄电池容量测试仪测量蓄电池容量，然后计算报警器与联动控制器容量之和是否小于或等于所测蓄电池容量，以便确定是否合理。

报警控制器：

A. 火灾报警控制器容量不超过 4 回路时，处于最大负载条件下。

B. 火灾报警控制器容量超过 4 回路时，十五分之一回路（不少于 4 回路，但不超过 30 回路）处于报警状态。

联动控制器：

A. 所连接的输入输出模块的数量不超过 50 个时，所有模块均处于动作状态。

B. 所连接的输入输出模块的数量超过 50 个时，20% 模块（但不少于 50 个）均处于动作状态。

11）火灾报警控制器应能在额定电压（220V）的 +10%～15% 范围内可靠工作，其输出直流电压的电压稳定度（在最大负载下）和负载稳定度应不大于 5%。采用稳压电源提供 220V 交流标准电源，利用自耦调压器分别调出 242V 和 187V 两种电源电压，在这两种电源电压下分别测量控制器的 5V 和 24V 直流电压变化。

（2）报警控制器安装质量检查

1）控制器应有保护接地且接地标志应明显。

2）控制器的主电源应为消防电源，且引入线应直接与消防电源连接，严禁使用电源插头。

3）工作接地电阻值应小于 4 欧姆；当采用联合接地时接地电阻值应小于 1 欧姆；当采用联合接地时，应用专用接地干线由消防控制室引至接地体。专用接地干线应用铜芯绝缘导线或电缆，其芯线截面积不应小于 16 平方毫米。

4）由消防控制室接地板引至各消防设备的接地线，应选用铜芯绝缘软线，其线芯截面积不应小于 4 平方毫米。

5）集中报警控制器安装尺寸。其正面操作距离：当设备单列布置时，应不小于 1.5m；双列布置时，应不小于 2m。当其中一侧靠墙安装时，另一侧距墙应不小于 1m。需从后面检修时，其后面板距墙应不小于 1m，在值班人员经常工作的一面，距墙不应小于 3m。

6）区域控制器安装尺寸。安装在墙上时，其底边距地面的高度应不小于 1.5m，且应操作方便。靠近门轴的侧面距墙应不小于 0.5m。正面操作距离应不小于 1.2m。

7）盘、柜内配线清晰、整齐，绑扎成束，避免交叉；导线线号清晰，导线预留长度不小于 20cm。报警线路连接导线线号清晰，端子板的每个端子其接线不得超过两根。

3.2.10 湿式报警阀组的检测验收

（1）湿式报警阀

1）报警阀的铭牌、规格、型号及水流方向应符合设计要求，其组件应完好无损。

2）报警阀前后的管道中应顺利充满水，过滤器应安装在延迟器前。

3）安装报警阀组的室内地面应有排水措施。

4）报警阀中心至地面高度宜为 1.2m，侧面距墙 0.5m，正面距墙 1.2m。

（2）延迟器

1）延迟器应安装在报警阀与压力开关之间。

2）延迟器最大排水时间不应超过 5min。

（3）水力警铃

1）末端放水后，应在 5～90s 内发出报警声响，在距离水力警铃 3m 处声压应不小于 70dB。

2）水力警铃应设在公共通道、有人的室内或值班室里。水力警铃不应发生误报警。

3）水力警铃的启动压力不应小于 0.05MPa。

4）水力警铃应安装检修，测试用阀门。水力警铃应安装在报警阀附近，与报警阀连接的管道应采用镀锌钢管，当管径为 15mm 时，长度不大于 6m，当管径为 20mm 时，长度不大于 20m。

（4）压力开关

1）压力开关应安装在延迟器与水力警铃之间，安装应牢固可靠，能正确传送信号。

2）压力开关在 5～90s 内动作，并向控制器发出动作信号。

（5）报警阀组功能

1）试验时，当末端试水装置放水后，在 90s 内报警阀应及时动作，水力警铃发出报警信号，压力开关输出报警信号。

2）压力开关（或压力开关的输出信号与水流指示器的输出信号以"与"的关系）输出信号应能自动启动消防泵。

3）关闭报警阀时，水力警铃应停止报警，同时压力开关应停止动作；报警阀上、下压力表指示正常；延迟器最大排水时间不大于 5min。

（6）水流指示器

1）水流指示的安装方向应符合要求；输出的报警的信号应正常。

2）水流指示器应安装在分区配水干管上，应竖直安装在水平管道上侧，其前后直管段长度应保持 5 倍管径。

3）水流指示器应完好，有永久性标志，信号阀安装在水流指示器前的管道上，其间距为 300mm。

（7）末端试水装置

1）每个防火分区或楼层的最末端应设置末端试水装置，并应有排水设施。末端试水装置的组件包括试验阀、连接管、压力表和排水管齐全。

2）连接管和排水管的直径应不小于 25mm。

3）最不利点处末端试验放水阀打开，以 0.94～1.5L/s 的流量放水，压力表读值应不小于 0.049MPa。

3.2.11 正压送风系统的检测验收

（1）机械加压送风机应采用消防电源，高层建筑风机应能在末端自动切换，启动后运转正常。

（2）机械加压送风机的铭牌标志应清晰，风量、风压符合设计要求。

（3）加压送风口的风速不应大于 7m/s。

（4）加压送风口安装应牢固可靠，手动及控制室开启送风口正常，手动复位正常。

（5）机械正压送风余压值：防烟楼梯间内 40～50Pa；前室、合用前室、消防电梯前室、封闭避难层为 25～30Pa。

3.2.12 机械排烟系统的检测验收

（1）排烟风机应采用消防电源，并能在末端自动切换，启动后运转正常。

（2）排烟防火阀应设在排烟风机的入口处及排烟支管上穿过放火墙处。

（3）排烟风机铭牌应清晰，水风压、风量符合设计要求，轴流风机应采用消防高温轴流风机，在 280℃ 应连续工作 30min。

（4）排烟口的风速不大于 10m/s。

（5）排烟口的安装应牢固可靠，平时关闭，并应设置手动和自动开启装置。

（6）排烟管道的保温层、隔热层必须采用不燃材料制作。

（7）排烟防火阀平时处于开启状态，手动、电动关闭时动作正常，并应向消防控制室发出排烟防火阀关闭的信号，手动能复位。

（8）排烟口应设在顶棚或靠近顶棚的墙上，且附近安全出口沿走道方向相邻边缘之间的最小水平距离不应小于 1.5m，设在顶棚上的排烟口，距可燃物或可燃物件的距离应不小于 1m。

课题 4　消防系统的使用、维护及保养

因为消防系统相对庞大和复杂，同时因为该系统在建筑内的地位非常重要，所以其系统的维修与保养难度较大且非常重要。因此在消防系统经检测验收合格交付使用后，用户最好委托具有相应资质的消防物业管理公司进行维护保养。具体的维护保养方法如下。

4.1 一 般 规 定

（1）火灾自动报警系统必须经当地消防监督机构检查合格后方可使用，任何单位和个人不得擅自决定使用。

（2）使用单位应有专人负责系统的管理、操作和维护，无关人员不得随意触动。

（3）对于火灾自动报警系统应建立完整的值班制度，值班人员应认真填写系统运行日检登记表（值班记录表）、探测器日检登记表和季（年）检登记表。

（4）系统的操作维护人员应由经过专门培训，并经消防监督机构组织考试合格的专门人员担任。值班人员应熟悉掌握本系统的工作原理及操作规程，应清楚的了解本单位报警区域或探测区域的划分和火灾自动报警系统的报警部位号。

（5）系统正式启用时，使用单位必须具备下列文件资料：

1）系统竣工图及设备技术资料和使用说明书；

2）调试开通报告、竣工报告、竣工验收情况表；

3）操作使用规程；

4）值班员职责；

5）记录和维护图表。

（6）使用单位应建立系统的技术档案，将上述所到的文件资料及其他资料归档保存，其中试验记录表至少应保存5年。

（7）火灾自动报警系统应保持连续正常运行，不得随意中断运行。如一旦中断，必须及时作好记录并通报当地消防监督机构。

（8）为了保证火灾自动报警系统的连续正常运行和可靠性，使用单位应根据本单位的具体情况制定出具体的定期检查试验程序，并依照程序对系统进行定期的检查试验。在任何试验中，都要做好准备和安排，以防发生不应有的损失。

4.2 重点部位的说明

（1）对于探测器的维护及保养

对于火灾探测器，每隔一年检测一次，每隔三年应清洗一次。其中感烟探测器可在厂家的指导下自行清洗，离子感烟探测器具有一定的辐射且清洗难度大，所以必须委托专业的清洗公司进行清洗。

（2）对于火灾报警控制器在使用、维护及保养过程中要注意以下几点：

1）当火灾报警控制器报总线故障时，一般证明信号线线间或对地电阻太低或短路，此时应关闭火灾报警控制器，并通知相应的消防安装公司对信号线路进行维修；

2）当火灾报警控制器电源部分报输出故障时，一般证明24V电源线线间或对地电阻太低或短路，此时应关闭火灾报警控制器电源部分，并通知相应的消防安装公司对电源线进行维修；

3）当火灾报警控制器的广播主机和电话主机报过流故障时应关闭相应的广播和电话主机，并通知相应的消防安装公司对广播和电话线路进行维修；

4）当火灾报警控制器报备电故障时，一般证明电池因过放导致损坏，应尽早通知火灾报警控制器厂家对电池进行更换；

5）当火灾报警控制器发生异常的声光指示或气味等情况时，应立即关闭火灾报警控制器电源，并尽快通知厂家进行维修；

6）当使用备电供电时应注意供电时间不应超过 8 小时，若超过 8 小时应关闭火灾报警控制器的备电开关，待主电恢复后再打开，以防蓄电池损坏；

7）若现场设备（包括探测器或模块等）出现故障时应及时维修，若因特殊原因不能及时排除故障时应将其隔离，待故障排除后再利用释放功能将设备恢复。

8）用户应认真做好值班记录，如发生报警后应先按下火灾报警控制器上的"消音"键并迅速确认火情，酌情处理完毕后做好执行记录，最后按"复位"键清除。如确认为误报警，在记录完毕后可针对误报警的探测器或模块进行处理，必要时通知厂家进行维修。

（3）消防水泵的保养

1）消防水泵的一级保养一般每周进行一次，其内容如表 6-7 所列。

消防水泵一级保养内容　　　　　　　　表 6-7

序号	保养部位	保养内容和要求	序号	保养部位	保养内容和要求
1	消防泵体	1. 擦拭泵体外表,达到清洁无油垢 2. 紧固各部位螺栓	4	润滑	检查润滑油是否适量、保持油质良好
2	联轴器	检查联轴器,更换损坏的橡胶圈。确保可靠工作	5	阀门	1. 检查手轮转动是否灵活 2. 检查填料是否过期必要时更换
3	填料、压盖	1. 调节压盖,使之松紧适度 2. 检查填料是否发硬,必要时更换	6	电器	1. 检查电机的接线、接地 2. 检查电机的绝缘 3. 检查电机的启动控制装置

2）二级保养一般每年进行一次，其内容如表 6-8 所列。

消防水泵二级保养内容　　　　　　　　表 6-8

序号	保养部位	保养内容和要求	序号	保养部位	保养内容和要求
1	消防泵体	拆检泵体,更换已经损坏的零件	5	润滑	清洗轴承,更换润滑油
2	联轴器	检修联轴器,调整损坏零件	6	电器	1. 拆检电动机,清晰轴承,更换润滑油 2. 检修各开关接点、接头、使之接触良好
3	填料、压盖	更换填料,调节压盖			
4	磨水环	调整磨水环间隙			

（4）自动喷水灭火系统的维修与保养

1）自动喷水灭火系统日常检查内容如下：

A. 自动喷水灭火系统的水箱水位是否达到设计水位；

B. 水源通向系统的阀门是否打开；

C. 稳压泵进出口端阀门是否打开；

D. 稳压系统是否正常工作；

E. 报警阀前端阀门是否全开；

F. 报警阀上的压力表是否正常；

G. 报警阀上的排水阀是否关严。

2）湿式报警阀的保养内容，如表 6-9 所列。

（5）防排烟系统

序号	保养部位	保养内容与要求	序号	保养部位	保养内容与要求
1	阀体	1. 清理阀体内污锈 2. 紧固压板螺丝 3. 清理铰接轴 4. 检查阀瓣密封盘是否老化	3	阀外管道	清理全部附件管道
			4	单流阀	检查清理旁路单流阀,保证逆止功能
2	压力表	校核压力表,保证计量准确	5	过滤器	清理过滤器

1) 防排烟系统日常检查主要是对系统各部件外观检查,每日开启一次风机观察风机运行情况是否正常。

2) 定期检查。一般每隔 3 个月检查一次,主要是对风机的联动启动,风口的风速测量,封闭楼梯间余压值测量,风机的保养、润滑、传动带的松紧程度检查等。

(6) 消防电梯

消防电梯应每隔一个月进行一次强降试验及井道排水泵的启动,并进行排水泵保养、润滑、电器部分的检查。

(7) 防火卷帘门

对于作为防火分区的卷帘门每天下班后亦降半,对于所有卷帘门应每周进行依次联动试验;每月进行一次机械部分的保养、润滑;每年进行一次整体保养。

课题 5　施工与调试的配合及消防报警设备的选择技巧

一般情况下电气消防工程主要分为设备的选择、各设备的安装和火灾报警系统的调试三个阶段。前两部分一般由安装公司完成,后一部分一般由相应的设备的厂家来完成。因为火灾报警设备是消防报警系统的核心,火灾的探测和各消防子系统的协调控制均由其来完成,地位至关重要,所以该设备的选择及施工与调试的配合自然很关键!设备选择科学、施工与调试配合默契,则整个工程进度就快、出错几率小、排错容易、工程的质量高而且稳定可靠、后期维护方便;相反则会在施工及以后的使用中问题多多,甚于导致整个系统的瘫痪。在此提出一些建议,以供参考。具体说明如下:

(1) 先尽量选用无极性信号二总线的设备,电源也最好是无极性的,这样可大大降低安装难度减少出错的可能性,而且提高工作效率。

(2) 尽量选用底座和设备分离的报警产品(包括探测器和模块),因为一般底座的价格相对较低而且体积小,所以供货比较快,甚至于备货充足,所以工程进度受供货周期的影响小,同时因为外部设备的线均接在底座上,所以当设备损坏后只需用好设备替代就可以了,避免了重新接线的麻烦,实际施工中会方便很多。

(3) 因为在整个消防报警系统中感烟探测器所占的比例相对较大且分布较广,同时也担负着主要的火灾探测任务,所以对感烟探测器的选择相对要重要的多。建议尽量使用光电感烟探测器,离子感烟探测器因为探测范围窄、稳定性差、误报率高、放射源污染环境和后期维护费用高、难度大等缺点已渐渐被淘汰(欧洲国家已基本停止使用)。

(4) 尽量选用　十进制电子编码的外部设备,现在有些厂家已能实现部分外部设备的电子编码,有些(如 GST 系统产品)则能实现所有外部设备的十进制电子编码。尽量不选用通过拨码开关或短路环以二、三进制方式编码的设备。因为十进制电子编码即方便易学，不用进行数制转换，编码效率高且不易出错，又避免了因拨码开关或短路环拨不到位或接触不良而产生错码的可能性，同时因为电子编码设备取消了拨码开关和短路环，所以避免了由此处进水或进灰的可能性，使系统更耐用。

（5）外部设备编码应尽可能遵循以下一些规则，同一回路的设备编码不能重复，不同回路的编码可以重复；每一回路的编码顺序要有规律，或者以设备类型为顺序依次编码（例如：感烟、感温、手报、消防、声光报警器、模块等），或者以场所和楼层为顺序依次编码（例如：一层大厅、一层走廊、一层会议室、二层大厅、二层走廊、二层会议室等）。切不可毫无规律乱编码，否则将会给后期的调试工作带来很大的麻烦，例如调试效率低、出错的可能性大且不易排错，严重时可能不得不重新编码。

（6）现场施工人员要以所选报警设备每个回路所带的总点数为依据，合理、清晰并有层次的布线，切忌只图一时方便毫无规律的把所有线路全部互连。可一个回路带一个或几个连续的防火分区，但尽量避免一个防火分区被几个回路瓜分，同时这几个回路又分别连接到其他防火分区上，因为相互关系混乱，所以会给后期的调试和查线带来很大的隐患。每个回路要有 10％ 左右的预留量。

（7）因为弱电系统对线路的电气参数要求相对较高，所以在施工中要严格按照要求控制各线路的线间和对地电阻，以便使系统稳定可靠的运行，否则整个系统将会出现很多意想不到的奇怪问题。

（8）因为施工方接触现场早且时间长，所以对现场实际情况相对熟悉，而厂家的调试人员则相反，所以为了双方能够配合默契以便提高工作效率，除了要向调试人员详细介绍现场情况外，还应把编码、设备类型、位置信息等的对应关系以表格的形式提供给调试人员，这点很重要。以下为可供参考的表格格式如表 6-10 所示，可根据现场实际情况进行删改。

编码、设备类型、位置信息表　　　　　　　　　　　表 6-10

编码	设备类型	位置信息	备　注	编码	设备类型	位置信息	备　注
1	感烟探测器	一层大厅		6	水流指示器	二层大厅	
2	感温探测器	一层大厅		7	卷帘门	二层大厅	中位
3	手动报警按钮	一层走廊		8	卷帘门	二层大厅	下位
4	消火栓报警按钮	二层走廊		…	…	…	…
5	声光讯响器	二层大厅					

单 元 小 结

本单元共分为五部分内容：从概述入手，叙述了系统稳压装置、室内消火栓、自动喷水灭火、防排烟、防火卷帘、火灾报警及联动系统的调试，目的是检验施工质量并为验收打好基础；说明了验收所包含的内容、程序及方法；概括了消防系统的具体使用、维护及保养的内容及其相关注意事项；同时根据作者的经验，阐述了设备选择技巧及与调试的配合技巧。

本单元的内容可使学习者掌握消防系统的全部调试过程，掌握验收程序及今后运行中的维护保养知识。

习题与能力训练

【习题部分】

1. 室内消火栓系统调试步骤有哪些？
2. 消防泵如何进行调试？
3. 湿式报警阀如何调试？
4. 防排烟系统的调试如何进行？
5. 防火卷帘的调试方法如何？
6. 简述室内消火栓系统的检测与验收步骤。
7. 简述消防系统的检测验收包括哪些内容？
8. 消防系统的维护保养有哪些内容？
9. 消防系统调试前的准备工作有哪些？
10. 消防系统调试的内容有哪些？
11. 系统竣工验收的要求是什么？
12. 系统运行有哪些规定？

【能力训练】 消防设备调试要求：

1. 对一个已竣工的消防控制室进行实地考察，同时写出实训报告；
2. 对一个消防报警主机进行实地考察，并对其相关功能进行了解，条件允许的话可进行相关操作；
3. 进行分系统调试，做好记录；
4. 了解报警控制器的一般调试过程，同时要熟悉一般联动编程关系；
5. 同时写出实训报告。

单元 7　消防系统的设计知识与应用实例

知　识　点：作者根据多年的设计经验，从消防系统设计的基本原则和内容；消防系统的设计程序及方法；消防系统设计实例三个课题，对系统的设计进行了透彻的阐述，为从业奠定了基础。

教学目标：

(1) 了解消防设计原则和程序；

(2) 学会根据具体工程查阅相关规范，确定工程类别、防火等级等；

(3) 按规范要求设计出完整的火灾自动报警及联动控制系统的施工图；

(4) 结合工程图纸讲授，并进行设计实训。

课题 1　消防系统设计的基本原则和内容

1.1　设计内容

消防系统设计一般有两大部分内容：一是系统设计，二是平面图设计。

1.1.1　系统设计

(1) 火灾自动报警与联动控制系统设计的形式有以下三种，可根据实际情况选择。

1) 区域系统；

2) 集中系统；

3) 控制中心系统。

(2) 系统供电

火灾自动报警系统应设有主电源和直流备用电源。应独立形成消防、防灾供电系统，并要保障供电的可靠性。

(3) 系统接地

系统接地装置可采用专用接地装置或共用接地装置。

1.1.2　平面设计

平面设计一般有两大部分内容：一是火灾自动报警系统；二是消防联动控制系统。具体设计内容如表 7-1 所列。

一个建筑物内合理设计火灾自动报警系统，能及早发现和通报火灾，防止和减少火灾危害，保证人身和财产安全。设计的优劣主要从以下几方面进行评价。

(1) 满足国家火灾自动报警设计规范及建筑设计防火规范的要求；

(2) 满足消防功能的要求；

设　备　名　称	内　　　容
报警设备	火灾自动报警控制器，火灾控测器，手动报警按钮，紧急报警设备
通信设备	应急通信设备，对讲电话，应急电话等
广播	火灾事故广播设备，火灾警报装置
灭火设备	喷水灭火系统的控制； 室内消火栓灭火系统的控制； 泡沫、卤代烷、二氧化碳等； 管网灭火系统的控制等
消防联动设备	防火门、防火卷帘门的控制，防排烟风机、排烟阀控制、空调通风设施的紧急停止，电梯控制监视，非消防电源的断电控制
避难设施	应急照明装置、火灾疏散指示标志

（3）技术先进，施工、维护及管理方便；

（4）设计图纸资料齐全，准确无误；

（5）投资合理，即性能价格比高。

1.2　消防系统的设计原则

消防系统设计的最基本原则就是应符合现行的建筑设计消防法规的要求。积极采用先进的防火技术，协调合理设计与经济的关系，做到"防患于未然"。

必须遵循国家有关方针、政策、针对保护对象的特点，做到安全适用、技术先进、经济合理，因此在进行消防工程设计时，要遵照下列原则进行：

（1）熟练掌握国家标准、规范、法规等，对规范中的正面词及反面词的含义领悟准确，保证做到依法设计；

（2）详细了解建筑的使用功能，保护对象及有关消防监督部门的审批意见；

（3）掌握所设计建筑物相关专业的标准、规范等，如车库、卷帘门、防排烟、人防等，以便于综合考虑后着手进行系统设计。

我国消防法规大致分为五类，即：建筑设计防火规范、系统设计规范、设备制造标准、安全施工验收规范及行政管理法规。设计者只有掌握了这五大类的消防法规，设计中才能做到应用自如，准确无误。

在执行法规遇到矛盾时，应按以下几点进行：

（1）行业标准服从国家标准；

（2）从安全方面采用高标准；

（3）报请主管部门解决，包括公安部、建设部等主管部门。

课题 2　设计程序及方法

2.1　设　计　程　序

设计程序一般分为两个阶段，第一阶段为初步设计（即方案设计），第二阶段为施工图设计。

2.1.1 初步设计

(1) 确定设计依据

1) 相关规范；

2) 建筑的规模、功能、防火等级、消防管理的形式；

3) 所有土建及其他工种的初步设计图纸；

4) 采用厂家的产品样本。

(2) 方案确定

由以上内容进行初步概算，通过比较和选择，决定消防系统采用的形式，确定合理的设计方案，这一阶段是第二阶段的基础、核心。设计方案的确定是设计成败的关键所在，一项优秀设计不仅是工程图纸的精心绘制，而且更要重视方案的设计、比较和选择。

2.1.2 施工图设计

(1) 计算

包括探测器的数量，手动报警按钮数量，消防广播数量，楼层显示器、短路隔离器、中继器、支路数、回路数，控制器容量。

(2) 施工图绘制

1) 平面图　图中包括探测器、手动报警按钮、消防广播、消防电话、非消防电源、消火栓按钮、防排烟机、防火阀、水流指示器、压力开关、各种阀等设备，以及这些设备之间的线路走向。

2) 系统图　根据厂家产品样本所给系统图结合平面中的实际情况绘制系统图，要求分层清楚，设备符号与平面图一致、设备数量与平面图一致。

3) 绘制其他一些施工详图　消防控制室设备布置图及有关非标准设备的尺寸及布置图等。

4) 设计说明　说明内容有：设计依据，材料表、图例符号及补充图纸表述不清楚的部分。

2.2 设计方法

2.2.1 设计方案的确定

火灾自动报警与消防联动控制系统的设计方案应根据建筑物的类别、防火等级、功能要求、消防管理以及相关专业的配合才能确定，因此，必须掌握以下资料：

(1) 建筑物类别和防火等级；

(2) 土建图纸：防火分区的划分、防火卷帘樘数及位置、电动防火门、电梯；

(3) 强电施工图中的配电箱（非消防用电的配电箱）；

(4) 通风与空调专业给出的防排烟机、防火阀；

(5) 给排水专业给出消火栓位置、水流指示器、压力开关及相关阀体。

总之，建筑物的消防设计是各专业密切配合的产物，应在总的防火规范指导下各专业密切配合，共同完成任务。电气专业应考虑的内容如表 7-2 所列。

火灾自动报警系统的三种传统形式所适应的保护对象如下：

区域报警系统，一般适用于二级保护对象；

序　号	设 计 项 目	电气专业配合措施
1	建筑物高度	确定电气防火设计范围
2	建筑防火分类	确定电气消防设计内容和供电方案
3	防火分区	确定区域报警范围、选用探测器种类
4	防烟分区	确定防排烟系统控制方案
5	建筑物内用途	确定探测器形式类别和安装位置
6	构造耐火极限	确定各电气设备设置部位
7	室内装修	选择探测器形式类别、安装方法
8	家具	确定保护方式、采用探测器类型
9	屋架	确定屋架探测方法和灭火方式
10	疏散时间	确定紧急和疏散标志、事故照明时间
11	疏散路线	确定事故照明位置和疏散通路方向
12	疏散出口	确定标志灯位置指示出口方向
13	疏散楼梯	确定标志灯位置指示出口方向
14	排烟风机	确定控制系统与连锁装置
15	排烟口	确定排烟风机连锁系统
16	排烟阀门	确定排烟风机连锁系统
17	防火卷帘门	确定探测器联动方式
18	电动安全门	确定探测器联动方式
19	送回风口	确定探测器位置
20	空调系统	确定有关设备的运行显示及控制
21	消火栓	确定人工报警方式与消防泵连锁控制
22	喷淋灭火系统	确定动作显示方式
23	气体灭火系统	确定人工报警方式、安全启动和运行显示方式
24	消防水泵	确定供电方式及控制系统
25	水箱	确定报警及控制方式
26	电梯机房及电梯井	确定供电方式、探测器的安装位置
27	竖井	确定使用性能,采取隔离火源的各种措施,必要时放置探测器
28	垃圾道	设置探测器
29	管道竖井	根据井的结构及性质,采取隔断火源的各种措施,必要时设置探测器
30	水平运输带	穿越不同防火区,采取封闭措施

集中报警系统,一般适用于一、二级保护对象;

控制中心报警系统,一般适用于特级、一级保护对象。

为了使设计更加规范化,且又不限制技术的发展,消防规范对系统的基本功能形式规定了很多原则,工程设计人员可在符合这些基本原则的条件下,根据工程规模和对联动控制的复杂程度,选择检验合格且质量上乘的厂家产品,组成合理、可靠的火灾自动报警与消防联动系统。

2.2.2 消防控制中心的确定及消防联动设计要求

(1) 消防控制系统设计的主要内容

1) 火灾自动报警控制系统;

2) 灭火系统;

3) 防排烟及空调系统;

4) 防火卷帘门、水幕、电动防火门;

5) 电梯;

6）非消防电源的断电控制；

7）火灾应急广播及消防专用通信系统；

8）火灾应急照明与疏散指示标志。

（2）消防控制室

1）消防控制室应设置在建筑物的首层，距通往室外出入口不应大于20m；

2）消防控制室的最小使用面积不宜小于15m²；

3）不应将消防控制室设于厕所及锅炉房、浴室、汽车库、变压器室等的隔壁和上、下层相对应的房间；

4）消防控制室外的门应向疏散方向开启，且入口处应设置明显的标志；

5）消防控制室的布置应符合有关要求；

6）消防控制室内不应穿过与消防控制室无关的电气线路及其他管道，不装设与其无关的其他设备；

7）消防控制室应设在内部和外部的消防人员能容易找到并可以接近的房间部位，并应设在交通方便和发生火灾时不易延燃的部位；

8）宜与防火监控、广播、通信设施等用房相邻近；

9）消防控制室的送、回风管在其穿墙处应设防火阀；

10）消防控制室应具有接受火灾报警、发出火灾信号和安全疏散指令、控制各种消防联动控制设备及显示电源运行情况等功能。

（3）消防联动控制系统

消防联动控制应根据工程规模、管理体制、功能要求合理确定控制方式，一般可采取：

1）集中控制（适用于单体建筑），如图7-1所示；

2）分散与集中相结合（适用于大型建筑），如图7-2所示。

无论采用何种控制方式应将被控对象执行机构的动作信号送至消防控制室。

（4）消防联动控制设备的功能

1）灭火设施

A. 消防控制设备对消火栓系统应具有的控制显示功能如下：

a. 控制消防水泵的启、停；

b. 显示消防水泵的工作、故障状态；

c. 显示消火栓按钮的工作部位。

B. 消防控制设备对自动喷水灭火系统宜有下列控制监测功能：

a. 控制系统的启、停；

b. 系统的控制阀，报警阀及水流指示器的开启状态；

c. 水箱、水池的水位；

d. 干式喷水灭火系统的最高和最低气压；

e. 预作用喷水灭火系统的最低气压；

f. 报警阀和水流指示器的动作情况。

在消防控制室宜设置相应的模拟信号盘，接收水流指示器和压力报警阀上压力开关的报警信号，显示其报警部位，值班人员可按报警信号启动水泵，也可由总管上的压力开关

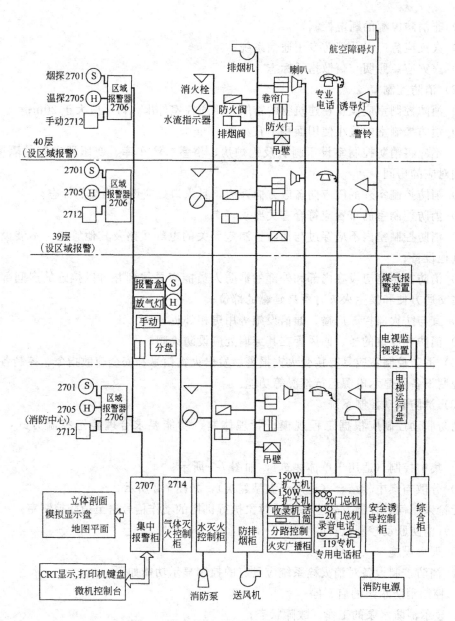

图 7-1 联动控制系统集中控制示意图

直接控制水泵的启动。在配水支管上装的闸阀，在工作状态下是开启的，当维修或其他原因使闸阀关闭时，在控制室应有显示闸阀开关状态的装置，以提醒值班人员注意使闸阀复原。为此应选用带开关点的闸阀或选用明杆闸阀加装微动开关，以便将闸阀的工作状态反映到控制室。

C. 消防控制设备对泡沫和干粉灭火系统应有下列控制、显示功能：

a. 控制系统的启、停；

b. 显示系统的工作状态。

D. 消防控制设备对管网气体灭火系统应有下列控制及显示功能：

a. 气体灭火系统防护区的报警、喷放及防火门（帘）、通风空调等设备的状态信号应

238

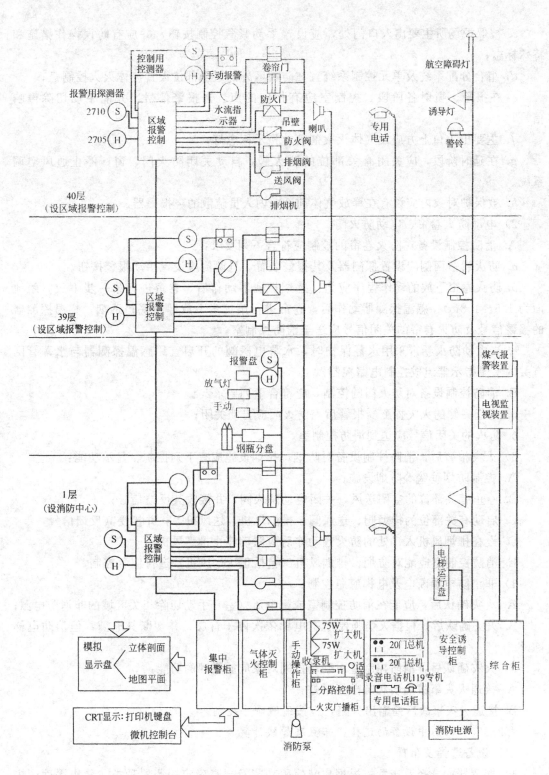

图 7-2　联动控制系统分散与集中相结合示意图

送到消防控制室；

　　b. 显示系统的手动及自动工作状态；

c. 被保护场所主要出入口门处，应设置手动紧急控制按钮，并应有防误操作措施和特殊标志；

d. 组合分配系统及单元控制系统宜在防护区外的适当部位设置气体灭火控制盘；

e. 在报警、喷射各阶段，控制室应有相应的声、光报警信号，并能手动切除声响信号；

f. 主要出入口上方应设气体灭火剂喷放指示标志灯；

g. 在延时阶段，应关闭有关部位的防火阀，自动关闭防火门、窗，停止通风空调系统。

h. 被保护对象内应设有在释放气体前 30s 内人员疏散的声报警器。

2) 电动防火卷帘、电动防火门

A. 消防控制设备对防火卷帘的控制应符合下列要求：

a. 防火卷帘两侧应设置探测器及其报警装置，且两侧应设置手动报警按钮。

b. 防火卷帘下放的动作程序应为：感烟探测器动作后，卷帘进行第一步下放（距地面为 1.5～1.8m）；感温探测器动作后，卷帘进行第二步下放即归底；感烟、感温探测器的报警信号及防火卷帘的关闭信号应送至消防控制室。

c. 当电动防火卷帘采用水幕保护时，水幕电磁阀的开启宜用感温探测器与水幕管网有关的水流指示器组成控制电路控制。

B. 消防控制设备对防火门的控制，应符合下列要求：

a. 门任一侧的火灾探测器报警后，防火门应自动关闭；

b. 防火的关闭信号应送到消防控制室。

3) 火灾报警后，消防控制设备对防烟、排烟设施应有下列控制、显示功能：

A. 控制防烟垂壁等防烟设施；

B. 停止有关部位的空调送风，关闭电动防火阀，并接收其反馈信号；

C. 启动有关部位的排烟阀、送风阀、排烟风机、送风机等，并接受其反馈信号；

D. 设在排烟风机入口处的防火阀动作后应联动停止排烟风机；

E. 消防控制室应能对防烟、排烟风机（包括正压送风机）进行应急控制。

4) 非消防电源断电及电梯应急控制：

A. 火灾确认后，应能在消防控制室或配电所（室）手动切除相关区域的非消防电源；

B. 火灾确认后，根据火情强制所有电梯依次停于首层，并切断其电源，但消防电梯除外。

5) 火灾确认后，消防控制室对联动控制对象应能实现的功能：

A. 接通火灾事故照明和疏散指示灯；

B. 接通火灾事故广播输出分路，应按疏散顺序控制。

2.2.3 平面图中设备的选择、布置及管线计算

(1) 设备选择及布置

1) 探测器的选择及布置：根据房间使用功能及层高确定探测器种类，量出平面图中所计算房间的地面面积，再考虑是否为重点保护建筑，还要看房顶坡度是多少，然后按 $N \geqslant \dfrac{S}{k \cdot A}$ 分别算出每个探测区域内的探测器数量，最后再进行布置。

火灾探测器的选用原则如下：

A. 火灾初期有阴燃阶段，产生大量的烟和少量的热，很少或没有火焰辐射，应选用感烟探测器；

B. 火灾发展迅速，有强烈的火焰辐射和少量的热、烟，应选用火焰探测器；

C. 火灾发展迅速，产生大量的热、烟和辐射，应选用感温、感烟火焰探测器或其组合（即复合型探测器）；

D. 若火灾形成的特点不可预料，应进行模拟试验，根据试验结果选用适当的探测器。探测器种类选择在探测器中已有表可查，但这里还需进一步说明其种类选择范围。

下列场所宜选用光电和离子感烟探测器：

电子计算机房、电梯机房、通信机房、楼梯、走道、办公楼、饭店、教学楼的厅堂、办公室、卧室等，有电气火灾危险性的场所、书库、档案库、电影或电视放映室等。

有下列情况的场所不宜选用光电感烟探测器：存在高频电磁干扰；在正常情况下有烟滞流；可能产生黑烟；可能产生蒸汽和油雾；大量积聚粉尘。

有下列情况的场所不宜选用离子感烟探测器：产生醇类、醚类酮类等有机物质；可能产生腐蚀气体；有大量粉尘、水雾滞留；相对湿度长期大于95%；在正常情况下有烟滞留；气流速度大于5m/s。

有下列情况的场所不宜作出快速反应：无阴燃阶段的火灾；火灾时有强列的火焰辐射。

下列情况的场所不宜选用火焰探测器：

在正常情况下有明火作业以及 x 射线、弧光等影响；探测器的"视线"易被遮挡；在火焰出现前有浓烟扩散；可能发生无焰火灾；探测器的镜头被污染；探测器易受阳光或其他光源直接或间接照射。

下列情况的场所宜选用感温探测器：

可能发生无烟火灾；在正常情况下有烟和蒸汽滞留；吸烟室、小会议室、烘干车间、茶炉房、发电机房、锅炉房、厨房、汽车库等；其他不宜安装感烟探测器的厅堂和公共场所；相对湿度经常高于95%以上的场所；有大量粉尘的场所。

在库房、电缆隧道、天棚内、地下汽车库及地下设备层等场所，可选用空气管线型差温探测器。

在电缆托架、电缆隧道、电缆夹层、电缆沟、电缆竖井等场所，宜采用缆式线型感温探测器。

在散发可燃气体、可燃蒸汽和可燃液体的场所，宜选用可燃气体探测器。

A. 因气流影响，靠火灾探测器不能有效发现火灾的场所；

B. 火灾探测器的安装面与地面高度大于12m（感烟）、8m（感温）的场所；

C. 顶棚和上层楼板间距、地板与楼板间距小于0.5m。

2）火灾自动报警装置的选择及布置：规范中规定火灾自动报警系统应有自动和手动两种触发装置。

自动触发器件有：压力开关、水流指示器、火灾探测器等。

手动触发器件有：手动报警按钮、消火栓报警按钮等。

要求探测区域内的每个防火分区至少设置一个手动报警按钮。

A. 手动报警按钮的安装场所：各楼层的电梯间、电梯前室主要通道等经常有人通过的地方；大厅、过厅、主要公共活动场所的出入口；餐厅、多功能厅等处的主要出入口。

B. 手动报警按钮的布线宜独立设置。

C. 手动报警按钮的数量应按一个防火分区内的任何位置到最近一个手动报警按钮的距离不大于 25m 来考虑。

D. 手动报警按钮在墙上安装的底边距地高度为 1.5m，按钮盒应具有明显的标志和防误动作的保护措施。

3）其他附件选择及布置：

A. 模块：由所确定的厂家产品的系统确定型号，安装距顶棚 0.3m 的高度，墙上安装；

B. 短路隔离器：与厂家产品配套选用，墙上安装，距顶棚 0.2～0.5m；

C. 总线驱动器：与厂家产品配套选用，根据需要定数量，墙上安装，底边距地 2～2.5m；

D. 中继器：由所用产品实际确定，现场墙上安装，距地 1.5m。

4）火灾事故广播与消防专用电话：

A. 火灾事故广播及警报装置：火灾警报装置（包括警灯、警笛、警铃等）是当发生火灾时发出警报的装置。火灾事故广播是火灾时（或意外事故时）指挥现场人员进行疏散的设备。两种设备各有所长，火灾发生初期交替使用，效果较好。

火灾报警装置的设置范围和技术条件：国家规范规定，设置区域报警系统的建筑，应设置火灾警报装置；设置集中和控制中心报警系统的建筑，宜设置火灾警报装置；在报警区域内，每个防火分区应至少安装一个火灾报警装置，其安装位置，宜设在各楼层走道靠近楼梯出口处。

为了保证安全，火灾报警装置应在确认火灾后，由消防中心按疏散顺序统一向有关区域发出警报。在环境噪声大于 60dB 的场所设置火灾警报装置时，其声压级应高于背景噪声 15dB。

火灾事故广播与其他广播合用时应符合以下要求：

火灾时，应能在消防控制室将火灾疏散层的扬声器和公共广播扩音机强制转入火灾应急广播状态；消防控制室应能监控用于火灾应急广播时的扩音机的工作状态，并能开启扩音机进行广播。火灾应急广播设置备用扩音机，其容量不应小于火灾应急广播扬声器最大容量总和的 1.5 倍。床头控制柜设有扬声器时，应有强制切换到应急广播的功能。

B. 消防专用电话：安装消防专用电话十分重要，它对能否及时报警、消防指挥系统是否畅通起着关键作用。为保证消防报警和灭火指挥畅通，规范对消防专用电话都有明确规定。最后根据以上设备选择列出材料表。

（2）消防系统的接地

为了保证消防系统正常工作，对系统的接地应按单元 5 规定执行。

（3）布线及配管

布线及配管按单元 5 进行。

2.2.4 画出系统图及施工详图

设备、管线选好且在平面图中标注后，根据厂家产品样本，再结合平面图画出系统图，并进行相应的标注：如每处导线根数及走向、每个设备的数量、所对应的层数等。施工详图主要是对非标产品或消防控制室而言的，比如非标控制柜（控制琴台）的外形、尺寸及布置图；消防控制室设备布置图，应标明设备位置及各部分距离等。

课题 3　消防系统应用实例

3.1　工　程　概　况

某综合楼共 18 层，地下 1 层、地上 17 层，1～2 层为商业用房、3～17 层为办公用房。地下层为设备用房、库房。总建筑面积 456070m²。

管理要求：该楼与周围的综合楼构成整个商业区，实行统一管理，并把管理单位放在该建筑物内。

建设单位要求，在满足规范的情况下，力求经济合理。

本工程采用北京中安厂的 7000 系列产品。采用集中—区域报警系统，在总消防控制室采用集中报警控制器和三台区域报警控制器，即集中机和区域机均设在消防控制室。

3.2　设　计　内　容

图纸共十张，电消施 10—1 为设计说明、图例符号、图纸目录及管线图例，电消施 10—2 为系统图，电消施 10—3 及其他图为平面图。为和本书一致将 10 张图编号为：图 7-3～图 7-12。

3.2.1　设计说明

一般情况下，应具备以下内容：

（1）设计依据

1）《民用建筑电气设计规范》（JGJ/T 16—92）；

2）《高层民用建筑设计防火规范》（GB 50045—95）；

3）《火灾自动报警系统设计规范》（GB 50116—98）；

4）建筑平、立、剖面图及暖通专业、给排水专业提供的功能要求和设备电容量及平面位置。

（2）电容量及平面位置

消防报警及控制：本工程为一类建筑，按防火等级为一级设计，消防控制室设在首层，具有以下功能：

1）火灾自动报警系统：采用总线制配线，按消防分区及规范进行感烟、感温探测器的布置。在消防中心的报警控制器上能显示各分区、各报警点探头的状态，并设有手动报警按钮。

2）联动报警

A. 火灾情况下，任一消火栓上的敲击按钮动作时，消防控制室能显示报警部位，自动或手动启动消防泵。

B. 对于气体灭火系统应有下列控制、显示功能：

a. 控制系统的紧急启动和切断；

b. 由火灾探测器联动的设备，应具有 30s 可调的延时功能；

c. 显示系统的手动、自动状态；

d. 在报警、喷射各阶段控制室应有相应的声、光报警信号，并能手动切除声响信号；

e. 在延时阶段应能自动关闭防火门，停止通风、空调系统；

f. 气体灭火系统在报警或释放灭火剂时，应在建筑物的消防控制室有显示信号；

g. 当被保护对象的房间无直接对外窗户时，气体释放灭火剂后应有排除有害气体的措施，但此设施在气体释放时应是关闭的。

C. 火灾确认后，控制中心发出指令（自动或手动）将相关楼层紧急广播接通，实施紧急广播。

D. 消防中心与消防泵房、变电所、发电机房处均设固定对讲电话，消防中心设直接对外的 119 电话，每层适当部位还设有对讲电话插孔。

E. 火灾情况下，消防中心能切断非消防用电，启动柴油发电机组。

（3）探测器等消防设备的安装

应根据单元 2 和单元 5 的规定进行。

（4）配线

1）对于消防配电线路，控制线路均采用塑料铜芯绝缘导线或铜芯电缆，其电压等级不应低于交流 250V；

2）绝缘导线，电缆线芯应满足机械强度的要求；

3）消防控制，通信和报警线路，应采取穿金属管保护，导线敷设于非燃烧体结构内，其保护层厚度不小于 3cm；

4）穿管绝缘导线或电缆的总面积不应超过管内截面积的 40%。

（5）电缆井（强电井、弱电井）每层上下均封闭

（6）接地

1）消防控制室工作接地采用单独接地，电阻值应小于 4Ω；

2）应用专用接地干线由消防控制室引至接地体，接地干线应用铜芯绝缘导线或电缆，其线芯截面积不应小于 25mm²；

3）由消防控制室接地板引至各消防设备的接地线，应选用铜芯绝缘软线，其线芯截面积不应小于 4mm²。

本设计的说明如图 7-3 电消施 10—1 所示。

3.2.2 火灾报警及联动控制系统系统图

火灾报警及联动控制系统系统图如图 7-4 电施 10—2 所示，要求按样本标注支路数、回路数、容量。

3.2.3 平面布置图

地下一层平面布置图如图 7-5 电消施 10—3 所示，一层平面布置图如图 7-6 电消施 10—4 所示，二层平面布置图如图 7-7 电消施 10—5 所示，三层平面布置图如图 7-8 电消施 10—6 所示，四层平面布置图如图 7-9 电消施 10—7 所示，17.1m 标高设备层平面布置图如图 7-10 电消施 10—8 所示，标准层平面布置图如图 7-11 电消施 10—9 所示，顶层平面布置图如图 7-12 电消施 10—10 所示，平面图中表述了各种设备的位置以及线路走向。

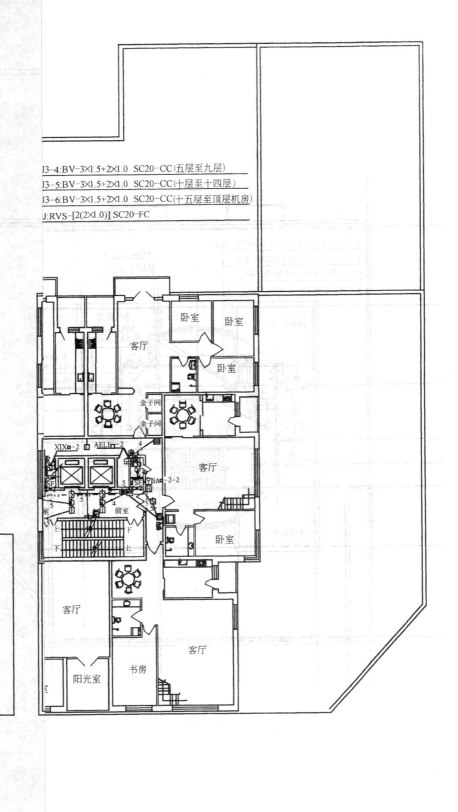

J3-4:BV-3×1.5+2×1.0 SC20-CC(五层至九层)

J3-5:BV-3×1.5+2×1.0 SC20-CC(十层至十四层)

J3-6:BV-3×1.5+2×1.0 SC20-CC(十五层至顶层机房)

J:RVS-[2(2×1.0)] SC20-FC

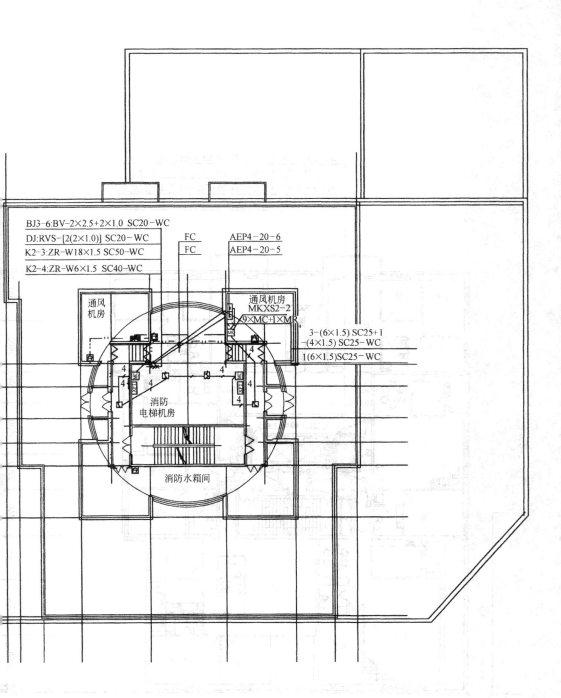

BJ3-6:BV-2×2.5+2×1.0 SC20-WC
DJ:RVS-[2(2×1.0)] SC20-WC
K2-3:ZR-W18×1.5 SC50-WC
K2-4:ZR-W6×1.5 SC40-WC

FC
FC

AEP4-20-6
AEP4-20-5

通风
机房

通风机房
MKXS2-2
9×MC+1×MR

3-(6×1.5) SC25+1
-(4×1.5) SC25-WC
1(6×1.5)SC25-WC

4
4
4
4
4

消防
电梯机房

消防水箱间

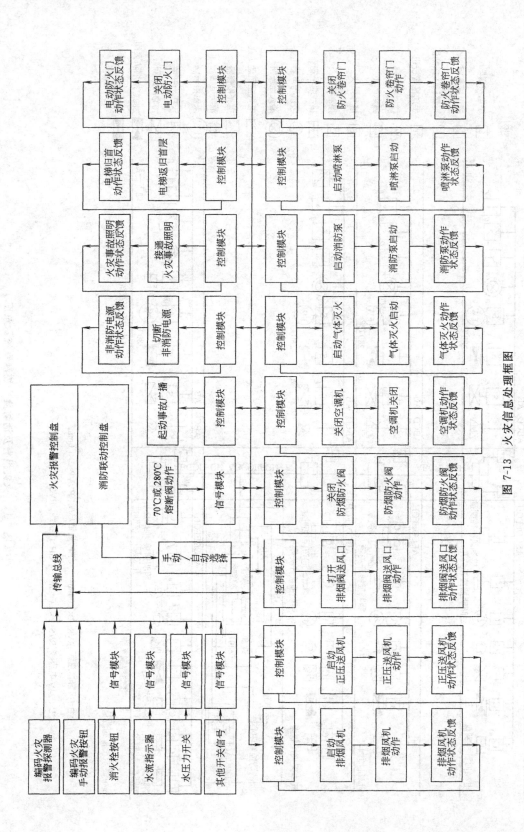

图 7-13　火灾信息处理框图

245

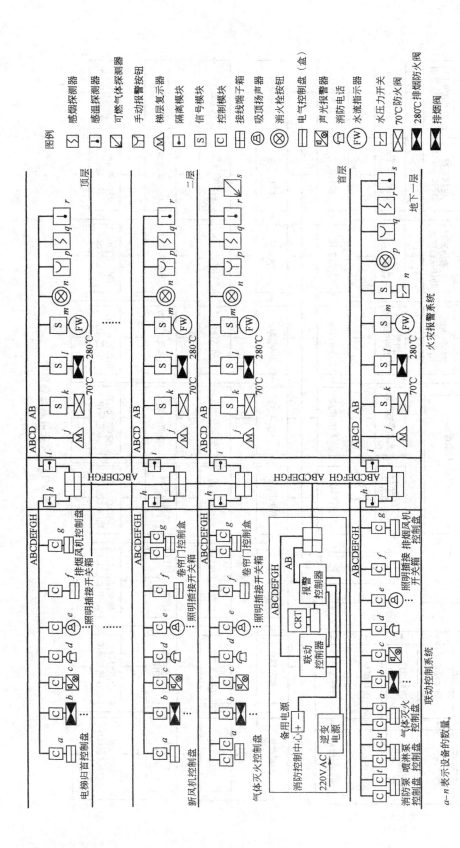

图 7-14　火灾报警及消防集中控制系统示意图

图例

图例		图例	
感烟探测器		接线端子箱	
感温探测器		吸顶扬声器	
可燃气体探测器		消火栓按钮	
手动报警按钮		电气控制盘（盒）	
梯层复示器		声光报警器	
隔离模块		消防电话	
信号模块		水流指示器	
控制模块		水压力开关	
		70℃防火阀	
		280℃排烟防火阀	
		排烟阀	

AB：报警二总线，RVS=2×1.0mm² 　　EF：电话总线，RVVP=2×1.0mm²

CD：24V 电照线，RVS=2×2.0mm² 　　GH：广播线，RVS=2×1.0mm²

a~n 表示设备的数量。

246

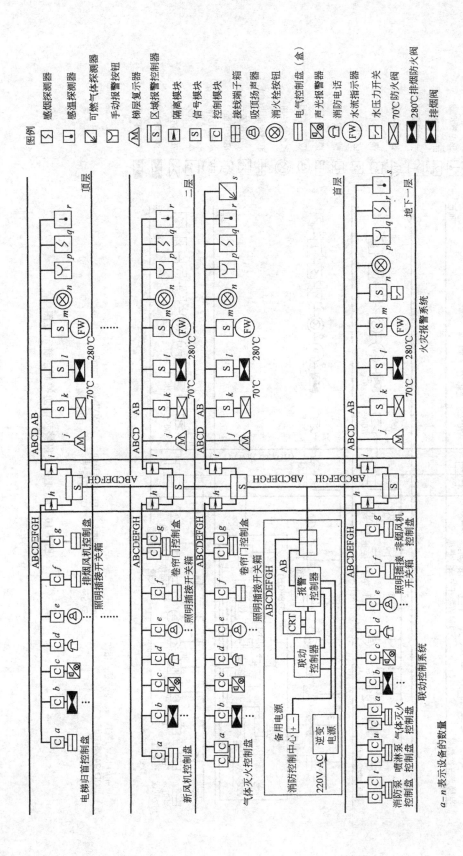

图例

☒ 感烟探测器
□ 感温探测器
☒ 可燃气体探测器
☒ 手动报警按钮
⚠ 楼层复示器
S 区域报警控制器
→ 隔离模块
S 信号模块
C 控制模块
田 接线端子箱
⊗ 吸顶扬声器
⊗ 消火栓按钮
□ 电气控制箱（盒）
☒ 声光报警器
FW 消防电话
FW 水流指示器
☒ 70℃防火阀
☒ 280℃排烟防火阀
☒ 排烟阀

AB：报警二总线，RVS=2×1.0mm²
CD：24V电源线，RVS=2×2.0mm²
EF：目话总线，RVVP=2×1.0mm²
GH：广播线，RVS=2×1.0mm²

$a-n$ 表示设备的数量

图 7-15　火灾区域-集中报警及消防控制系统示意图

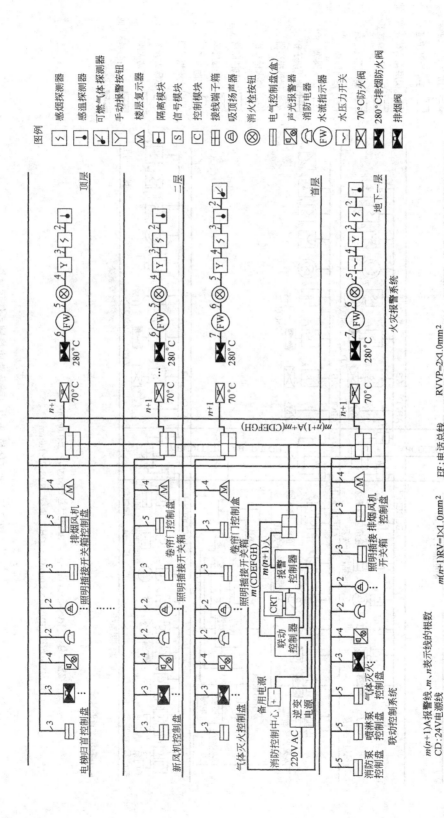

图 7-16 $n+1$ 火灾报警及消防控制系统示意图

图例

$\boxed{S}$	感烟探测器
$\boxed{\bullet}$	感温探测器
$\boxed{\swarrow}$	可燃气体探测器
$\boxed{Y}$	手动报警按钮
$\boxed{\Lambda\Lambda}$	楼层复示器
$\boxed{\bullet}$	隔离模块
$\boxed{S}$	信号模块
$\boxed{C}$	控制模块
$\boxminus$	接线端子箱
$\otimes$	吸顶扬声器
$\boxminus$	消火栓按钮
$\boxed{\text{FW}}$	电气控制盘(盒)
$\otimes$	声光报警器
$\boxed{\bullet}$	消防指示器
$\sim$	水流指示器
$\bowtie$	70°C防火阀
$\blacktriangleright\!\!\blacktriangleleft$	280°C排烟防火阀
$\blacktriangleright\!\!\blacktriangleleft$	排烟阀

$m(n+1)$A报警线,m、n表示线的根数
CD:24V电源线

$m(n+1)$RV=1×1.0mm²
RVS=2×2 mm²

EF:电话总线
CH:广播线

RVVP=2×1.0mm²
RVS=2×1.0mm²

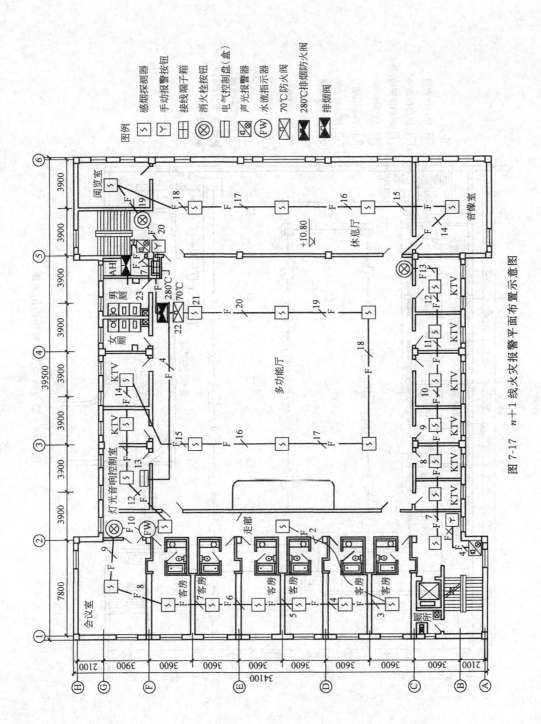

图 7-17 *n*+1 线火灾报警平面布置示意图

图例

⟨S⟩ 感烟探测器
Y 手动报警按钮
⊞ 接线端子箱
⊗ 消火栓按钮
▭ 电气控制盘（盒）
声光报警器
FW 水流指示器
⊠ 70℃防火阀
◼ 280℃排烟防火阀
▨ 排烟阀

249

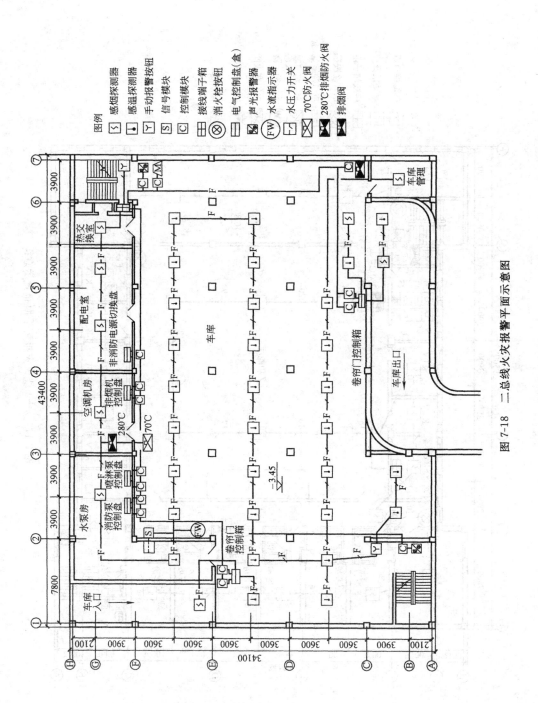

图例 感烟探测器 感温探测器 手动报警按钮 信号模块 控制模块 接线端子箱 消火栓按钮 电气控制盘（盒） 声光报警器 水流指示器 水压力开关 70℃防火阀 280℃排烟防火阀 排烟阀

图 7-18 二总线火灾报警平面示意图

3.3 设计效果图举例

从以上实例可以看出，对于同一工程的消防设计，即使选用同一厂家的产品，当线制不同或系统不同（分体化或总体化）时，施工图也是不同的。为了便于读者对消防系统设计有所把握，下面给出几种不同线制的系统图及平面图。

（1）火灾信息处理即消防联动：关于消防系统的联动控制是很复杂的，各环节的联动功能前已述及，这里为了对联动关系有总体的掌握，给出火灾信息处理框图，见图 7-13。

（2）火灾报警及消防集中控制系统：该系统无区域报警器，采用楼层显示器显示，如图 7-14 所示。

（3）火灾区域—集中报警及消防控制系统：这种系统中设有区域报警控制器，如图 7-15 所示。

（4）传统的多线制控制实例：这里仅以两线制（也称 $n+1$）为例，其系统如图 7-16 所示，其平面布置如图 7-17 所示。

（5）现代总线制系统实例：这里以二总线火灾报警系统为例，说明其平面布置情况，如图 7-18 所示。

综上可知：在消防系统的设计中，选用不同厂家不同系列的产品，其绘制的图形是不同的。设计者可根据情况进行选择。

单 元 小 结

为了便于进行消防工程设计，本单元根据设计的实际过程对消防设计作了详细的阐述，首先给出了设计的基本原则和内容，接着介绍了探测器的选用、设计程序和方法，通过设计实例加深对消防设计的感性认识。

本单元目的是为设计者介绍如何着手设计和怎样完成一个合格的设计。掌握消防设计是较好从事施工的基础，是进行消防预算的必要条件，由此可见，学会消防设计事关重大。

习题与能力训练

【习题部分】

1. 消防设计的内容有哪些？
2. 消防系统的设计原则是什么？
3. 简述消防系统的设计程序。
4. 简述火灾探测器的设置部位。
5. 系统图、平面图表示了哪些内容？
6. 消防控制中心的设备如何布置？
7. 选择消防中心应符合什么条件？
8. 消防联动控制设计有什么要求？
9. 对消防控制室有哪些要求？

【能力训练】

训练1　某火灾自动报警系统设计。

建筑规模：某25层住宅，建筑面积为5.8万 m²，给出图纸四张，已知条件在图中示出，请作出火灾自动报警系统设计。（教师自找合适图纸进行）

训练2　某综合楼消防设计。

设计任务书：某综合楼为17层，层高为3m，建筑面积为4.5万 m²。其中水流指示器、排烟口、送风口、防火阀、压力开关等由水暖通风专业给出，空调、事故照明配电箱、非消防电源等由电力设计给出，给出图纸7张，其中：一、二层为泳池，三、四层为KTV包房、五层为餐厅，六层为办公用房，其他为客房，货梯从一层到五层，两部电梯和两部消防电梯从一层到十七层，试：

(1) 确定消防设计方案；

(2) 进行平面图设计；

(3) 设备选择及布线；

(4) 系统图设计；

(5) 消防中心局部图设计；

(6) 编写设计计算书和说明书；

(7) 装订上交。

（注：本设计任务书仅供参考，教师可根据本校情况自行选择。）

【笔试训练部分】

一、填空

1. 消防系统有_____种类型，分别称为_____。

2. 火灾自动报警系统由_____组成。

3. 报警区域应按_____划分，一个报警区域由_____组成。

4. 从主要出入口可看清其内部，其探测区域的面积不超过_____。

5. 在电梯井，升降机井布置探测器时，其位置宜在_____。

6. 楼梯或斜坡道至少垂直距离每_____。

7. 房间被书架、设备等阻断分隔，其顶部至顶棚或梁的距离_____，则每个被隔开的部分至少_____探测器。

8. 当梁高超过600mm时，_____。

9. 疏散通道上的防火门应能在火灾时_____。

10. 接地线上不应连接_____。

11. 导线引入线管后要塞住，_____。

12. 端子板的每个接线柱，接线不得超过_____。

13. 我国消防工作执行的方针是_____。

14. 层高在_____，建筑高度在_____的称高层建筑。

15. 消防系统由_____组成。

16. 一个探测区域的面积不宜超过_____。

17. 在空调机房内，探测器应安装在离送风口_____以上的地方，离多孔送风顶棚孔口距离不应_____。

18. 探测器宜水平安装，如果倾斜安装时角度不应_____，如果超过，应加平台。

19. 每个防烟分区的建筑面积_____，且防烟分区不应跨越_____。

20. 根据防火类别，保护对象分为_____，分别每级应设置的系统为_____。

21. 控制器的供电电源应采用_____，并有_____标记。

22. 探测器_____不允许有遮挡物。

23. 建筑物一般应设_____的安全出口。

24. 安全疏散路线分为四个阶段，第一阶段为_____；第二阶段为_____；第三阶段为_____；第四阶段为_____。

25. 一个探测区域的面积不宜超过_____。

二、多选

1. 下列场所应单独划分探测区域_____。

A. 敞开、封闭楼梯间；　　　　　　B. 防烟楼梯前室；

C. 配电室前室；　　　　　　　　　D. 内走道。

2. 耐火等级分为_____。

A. 一级；　　B. 两级；　　C. 三级；　　D. 一、二级。

3. 火灾确定后，消防控制设备对联动控制对象应有功能为_____

A. 切断有关部门的非消防电源；　　B. 关闭有关部位的排烟口；

C. 接通火灾事故照明灯；　　　　　D. 发出电梯强降首层信号。

4. 消防控制室的消防通讯设备应符合_____。

A. 消防控制室与值班室设对讲电话；　　B. 消防控制室与经理室设对讲电话；

C. 消防控制室与配电室设对讲电话；　　D. 消防控制室与区域报警控制处设对讲电话

5. 火灾自动报警系统的线路采用铜芯绝缘导线时应满足_____。

A. 额定电压小于 50V 时，导线的电压等级不应低于交流 380V；

B. 额定电压小于 50V 时，导线的电压等级不应低于交流 250V；

C. 额定电压大于 50V 时，导线的电压等级不应低于交流 500V；

D. 额定电压大于 50V 时，导线的电压等级不应低于交流 220V；

6. 下列场所应单独划分探测区域_____。

A. 变压器室前室；　　　　　　　　B. 管道井；

C. 消防电梯前室；　　　　　　　　D. 建筑物夹层。

7. 耐火等级按_____划分。

A. 建筑构件；　　　　　　　　　　B. 建筑构件的燃烧性能；

C. 建筑构件的耐火极限；　　　　　D. 建筑构件的燃烧性能和耐火极限。

8. 火灾确认后，消防控制设备对联动控制对象应有功能为_____

A. 接通疏散指示灯；　　　　　　　B. 关闭有关部位的防火门；

C. 关闭所有排烟风机；　　　　　　D. 下降有关部位的防火卷帘。

9. 消防控制室的消防通讯设备应符合_____。

A. 消防控制室与消防泵房设对讲电话；

B. 消防控制室与通风空调机房设对讲电话；

C. 消防控制室与厂长室设对讲电话；

D. 手动报警按钮处宜设对讲电话插孔。

10. 火灾确认后，消防控制设备对联动控制对象应有功能为_____。

A. 关闭有关部位的排烟口；   B. 接通火灾事故照明灯；

C. 发出电梯强降首层信号；   D. 切断有关部位的非消防电源。

三、单选

1. 属于二类防火的是_____。

A. 建筑高度为48m的科研楼；   B. 建筑高度为100m的普通住宅；

C. 省级邮政楼。

2. 管路长度超过20m时，有_____应加一个接线盒。

A. 一个弯；   B. 两个弯；   C. 三个弯

3. 某50m的建筑，房高为2.8m，室内有两道梁高分别为0.62m和0.2m，应划为_____探测区域。

A. 一个；   B. 两个；   C. 三个。

4. 二类建筑每个防火分区的建筑面积为_____。

A. 2000m²；   B. 1500m²；   C. 1000m²。

5. 属于特级保护对象宜采用_____。

A. 控制中心报警系统；   B. 集中报警系统；   C. 区域报警系统。

6. _____个探测器报警防火门关闭。

A. 一个；   B. 两个；   C. 三个。

7. 某18层建筑，地下有五层，如地下三层着火，应先接通_____的火灾事故广播。

A. 一、二、三层；   B. 二、三、四层；   C. 地下室、三层

8. 火灾自动报警系统每回路对地绝缘电阻值应大于_____。

A. 30MΩ；   B. 20MΩ；   C. 10MΩ。

9. 探测器安装位置的正下方及周围_____内不应有遮挡物。

A. 1.5m；   B. 1.0m；   C. 0.5m。

10. 探测器至送风口边的水平距离应不小于_____。

A. 0.5m；   B. 1.0m；   C. 1.5m。

11. 管路超过30m时，有_____应加一个接线盒。

A. 一个弯；   B. 两个弯；   C. 三个弯。

12. 某30m的建筑，房高为3.6m，室内有两道梁高分别为0.68m和0.18m，应划为_____探测区域。

A. 一个；   B. 两个；   C. 三个。

13. 属于一类防火的是_____。

A. 建筑高度为58m的实验楼；

B. 建筑高度为30m的普通住宅；

C. 省级通讯楼。

14. 属于一级保护对象宜采用_____。

A. 控制中心报警系统；　　B. 集中报警系统；　　C. 区域报警系统。

15. 某 30 层建筑，如 2 层楼发生火灾，应先接通_____火灾事故广播。

A. 2、3、4 层；　　　　B. 1、2、3 层；　　　　C. 4、5、6 层。

16. 属于一类防火的是_____。

A. 17 层的普通住宅；　　B. 高级住宅；　　　　C. 49m 的教学楼。

17. 某 40m² 的建筑，房高为 4m，屋内有两书架，一个高为 3.9m，一个高为 2m，应划为_____探测区域。

A. 三个；　　　　　　　B. 两个；　　　　　　　C. 一个。

18. 一类建筑每个防火分区的建筑面积为_____。

A. 1000m²；　　　　　　B. 1500m²；　　　　　　C. 500m²。

19. 每个防烟分区的建筑面积不宜超过_____。

A. 500m²；　　　　　　　B. 600m²；　　　　　　C. 1000m²。

20. _____探测器报警，防火卷帘一步降。

A. 感光；　　　　　　　B. 感温；　　　　　　　C. 感烟。

21. 某 20 层建筑，如 5 层楼发生火灾，应先接通_____火灾报警装置。

A. 首层及全地下室；　　B. 5 层以上；　　　　　C. 4、5、6 层。

22. 探测器至墙（梁）边的水平距离不应小于_____。

A. 0.5m；　　　　　　　B. 安装间距的一半；　　C. 1m。

四、计算

1. 某阶梯教室，房间高度为 3.5m，地面面积为 30m×32m，房顶坡度 $Q=11°$，属于特级保护建筑，试（1）选类型；（2）确定探测器的数量；（3）布置。（感烟探测器 $A=80m²$，$R=6.7m$；感温探测器 $A=20m²$，$R=3.6m$）

2. 某多媒体教室，房高为 3.6m，房间长 25m，宽 15m，房顶坡度位 9°，属于一级保护建筑。试（1）选择探测器类型；（2）确定探测器的数量；（3）布置（感烟探测器 $A=80m²$，$R=6.7m$；感温探测器 $A=20m²$，$R=3.6m$）。

3. 某煤炉房，地面面积为 20m×10m，房间高度 3m，平顶棚，属于二级保护建筑，试（1）选择探测器类型；（2）确定探测器的数量；（3）布置（感烟探测器 $A=80m²$，$R=6.7m$；感温探测器 $A=20m²$，$R=3.6m$）。

五、简答

1. 手动报警按钮安装时有哪些要求？
2. 消防系统设计的内容有哪些？
3. 对消防系统接地有哪些要求？
4. 消防控制器布置在中心时应有什么要求？
5. 防火卷帘是如何下放和停止的？
6. 对消防控制室有哪些要求？
7. 消防控制器布置在中心时应有什么要求？
8. 消防系统如何设计？
9. 安装消火栓时应如何考虑？
10. 火灾报警控制器的安装要求是什么？
11. 消防专用电话设置有哪些规定？

12. 选择探测器的种类应考虑哪几方面？

13. 系统验收须具备哪些条件？

六、技能考核

1. 编写防火卷帘施工方案。

2. 探测器的编码操作 66、98 号。

3. 广播扬声器的安装与布线。

4. 火灾报警调试。

主 要 参 考 文 献

1. 孙景芝主编. 楼宇电气控制系统. 北京：中国建筑工业出版社，2002
2. 郎禄平编. 建筑自动防灾系统. 西北建筑工程学院，1993
3. 蒋永琨主编. 中国消防工程手册. 北京：中国建筑工业出版社，1998
4. 孙景芝主编. 电气消防技术. 北京：中国建筑工业出版社，2005
5. 陈一才编著. 楼宇安全系统设计手册. 北京：中国计划出版社，1997
6. 梁华编著. 建筑弱电工程设计手册. 北京：中国建筑工业出版社，1998
7. 姜文源主编. 建筑灭火设计手册. 北京：中国建筑工业出版社，1997
8. 王东涛，徐立君，牛宝平，李永等编. 建筑安装工程施工图集. 北京：中国建筑工业出版社，1998
9. 中国计划出版社编. 消防技术标准规范汇编. 北京：中国计划出版社，1999
10. 焦兴国论文. 点型感烟火灾探测器原理及其性能检验及线型火灾探测器原理及其工程应用. 消防技术与产品信息增刊，1996
11. 中国建筑设计研究所等. 火灾报警及消防控制. 北京：中国建筑标准设计研究所，1998
12. 孙景芝，韩永学主编. 电气消防. 北京：中国建筑工业出版社，2000
13. 李东明主编. 自动消防系统设计安装手册. 北京：中国计划出版社，1996
14. 陆荣华，史湛华编. 建筑电气安装工长手册. 北京：中国建筑工业出版社，1998
15. 北京市建筑设计研究院. 建筑电气专业设计技术措施. 北京：中国建筑工业出版社，1998
16. 华东建筑设计研究院编著. 智能建筑设计技术. 上海：同济大学出版社，1996
17. 郑强，么达主编. 智能建筑设计与施工系列图集. 北京：中国建筑工业出版社，2002
18. 马克忠. 建筑安装工程预算与施工组织. 重庆：重庆大学出版社，1997
19. 吴心伦. 安装工程定额与预算. 重庆：重庆大学出版社，1996
20. 张文焕. 电气安装工程定额与预算. 北京：中国建筑工业出版社，1999
21. 余辉. 城乡电气工程预算员必读. 北京：中国计划出版社，1992
22. 徐鹤生、周广连. 消防系统工程. 北京：高等教育出版社，2004
23. 林琅. 现代建筑电气技术资质考试复习问答. 北京：中国电力出版社，2002
24. 蒋永琨，王世杰主编. 高层建筑防火设计实例. 北京：中国建筑工业出版社，2004
25. 黄文艺，刘碧峰. 消防及安全防范设备安装工程预算知识问答. 北京：机械工业出版社，2004
26. 沈瑞珠. 楼宇智能化技术. 北京：中国建筑工业出版社，2004
27. 郑李明，徐鹤生. 安全防范系统工程. 北京：高等教育出版社，2004
28. 郑强，么达. 智能建筑设计与施工图集（2）. 北京：中国建筑工业出版，2002
29. 薛颂石. 智能建筑设计与施工图集（3）. 北京：中国建筑工业出版社，2002
30. 朱立彤，孙兰. 智能建筑设计与施工图集（5）. 北京：中国建筑工业出版社，2003